人工智能概论

主 编 刘 鹏
副主编 程显毅 李纪聪

清华大学出版社

北 京

内 容 简 介

本书全面介绍了人工智能的基本技术，目标是用通俗易懂的方法帮助读者构建完整的人工智能知识体系，为后续的深入学习打下基础。本书共分为 10 章，内容包括人工智能概述、知识表示、搜索技术、机器学习、深度学习、自然语言处理、机器人及智能控制等。

本书适合高职高专和应用型本科，作为非人工智能专业的选修课和人工智能专业的导论课教材。也适合作为人工智能技术爱好者的入门书。

图书在版编目（CIP）数据

人工智能概论 / 刘鹏主编. —北京：清华大学出版社，2021.5
ISBN 978-7-302-57865-9

Ⅰ．①人…　Ⅱ．①刘…　Ⅲ．①人工智能—概论—教材　Ⅳ．①TP18

中国版本图书馆 CIP 数据核字（2021）第 057367 号

责任编辑：贾小红
封面设计：刘　超
版式设计：文森时代
责任校对：马军令
责任印制：宋　林

出版发行：清华大学出版社
　　　　网　　　址：http://www.tup.com.cn，http://www.wqbook.com
　　　　地　　　址：北京清华大学学研大厦 A 座　　　邮　　　编：100084
　　　　社 总 机：010-62770175　　　邮　　　购：010-62786544
　　　　投稿与读者服务：010-62776969，c-service@tup.tsinghua.edu.cn
　　　　质量反馈：010-62772015，zhiliang@tup.tsinghua.edu.cn
印 刷 者：北京富博印刷有限公司
装 订 者：北京市密云县京文制本装订厂
经　　销：全国新华书店
开　　本：185mm×260mm　　　印　　张：21.5　　　字　　数：492 千字
版　　次：2021 年 7 月第 1 版　　　印　　次：2021 年 7 月第 1 次印刷
定　　价：68.00 元

产品编号：087654-01

前　言

　　人工智能是对人的意识、思维的信息过程的模拟。人工智能不是人的智能，但它能像人那样思考，也可能超过人的智能。人工智能是计算机学科的一个分支，20 世纪 70 年代以来被称为世界三大尖端技术（空间技术、能源技术、人工智能）之一。也被认为是 21 世纪三大尖端技术（基因工程、纳米科学、人工智能）之一。这是因为近 30 年来它获得了迅速的发展，在很多学科领域都获得了广泛应用，并取得了丰硕的成果，人工智能已逐步成为一个独立的分支，在理论和实践上都已自成系统。人工智能从诞生以来，理论和技术日益成熟，应用领域也不断扩大，可以设想，未来人工智能带来的科技产品，将会是人类智慧的“容器”。人工智能在计算机领域内，得到了更为广泛的重视，并在机器人、经济政治决策、控制系统、仿真系统中得到应用。

　　本书系统讨论了人工智能的技术基础，几乎涵盖了人工智能领域的大多数热点和前沿问题。希望通过本书能够增进人工智能领域跨学科的思考、交流和探讨。本书以朴素的语言和浅显的例子，以图文并茂的形式，向读者生动展示了新一代人工智能的专业知识。本书特点如下。

　　（1）趣味性。把抽象的概念形象化，让学生有体验感，有吸引力。

　　（2）先进性。科技进步瞬息万变，通过辅助材料让学生实时了解世界、企业最新技术动态和人才需求动态，对于经典的人工智能技术没有过多介绍。

　　（3）针对性。因为本书是面向全专业学生的，所以知识点根据不同专业进行了有针对性地解释。

　　（4）系统性。教材内容按人工智能知识体系安排：问题求解、知识与推理、学习与发现、感知与理解、系统与建造。

　　每章提供了习题和实验，用于检查学生对知识的掌握程度。

　　本书可作为人工智能相关专业的基础平台课或通识课程教材。由于笔者专业领域和视野有限，本书很难做到面面俱到，也不免有错漏或不当之处，敬请读者批评指正。

《人工智能概论》编写组

2021 年 2 月

目　录

◆ 第1章　AI 时代的起航

第 4 章 搜索技术

第 7 章　自然语言处理

第 10 章 建筑智能化技术

◈ **附录 A AIRack 人工智能实验平台**

◈ **附录 B AICloud 人工智能云平台**

◈ **附录 C 云创学习工场——专注大数据、人工智能培训与认证**

第 1 章

AI 时代的起航

如同蒸汽时代的蒸汽机、电气时代的发电机、信息时代的计算机和网络时代的互联网，人工智能（AI）正在迅速成为推动人类进入智能时代的决定性力量。全球产业界充分认识到人工智能技术引领新一轮产业变革的重大意义，纷纷转型发展，抢滩布局人工智能创新生态。世界主要发达国家均把发展人工智能作为提升国家综合竞争力、维护国家安全的重大战略，力图在国际科技竞争中掌握主导权。习近平总书记在十九届中央政治局第九次集体学习时深刻指出，加快发展新一代人工智能是事关我国能否抓住新一轮科技革命和产业变革机遇的战略问题。错失机遇，就有可能落后于整个时代。新一轮科技革命与产业变革已曙光可见，在这场关乎前途命运的大赛场上，我们必须抢抓机遇、奋起直追、力争超越。

1.1 一波三折的 AI

1.1.1 发展历程概览

在 1956 年正式创造出人工智能这一术语之前，人工智能的朴素思想早已在人类社会中萌生和不断孕育演化，并随着人类科技的发展逐渐变成现实。从人工智能梦想的产生到人工智能学科的出现，人类经历了一个相当漫长的历史过程。回顾人工智能的发展历程，人工智能从孕育、形成到成长、繁荣，走过了一条坎坷曲折、充满喜悦和泪水的发展道路。

20 世纪 40 年代以来，人工智能从孕育到诞生的脚步悄然加快。1943年，美国神经生理学家麦卡洛克（W.McCulloch）和皮茨（W.Pitts）一起研制出了世界上第一个人工神经网络模型（MP 模型），开创了以仿生学观点和结构化方法模拟人类智能的途径；1948 年，美国著名数学家威纳（N.Wiener）创立了控制论，为以行为模拟观点研究人工智能奠定了理论和技术基础；1950 年，图灵发表了题为《计算机能思维吗？》的著名论文，明确提出了"机器能思维"的观点并给出了图灵测试的实验；1955 年，纽厄尔（Newell）和西蒙（Simon）编写了一个名为"逻辑专家"（Logic Theorist）的程序，该程序被认为是第一个 AI 程序。至此，人工智能的雏形已初步形成。

1956 年达特茅斯会议是现代人工智能诞生的起点，此后人工智能的发展先后经历过几次高潮和低谷，并且在半个多世纪的发展过程中出现了多个里程碑事件，如图 1-1 所示。

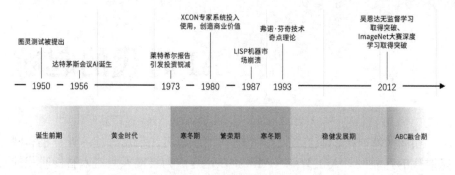

图 1-1 人工智能发展的不同时期及标志性事件

从图 1-1 可以看到，人工智能从最初的高调起步到随后的沉沦反思，从 20 世纪 80 年代的知识驱动到 90 年代的踟蹰不前，从 21 世纪前 10 年的稳步发展到目前的高歌猛进，上演了一部部情节跌宕起伏、令人心潮澎湃的 IT 大剧。

1. 图灵测试

图灵测试是推动人工智能诞生的重大事件。1950 年，英国数学家图灵提出了"机器能思维"的观点，并设计了一个很著名的测试机器智能的实验，称为"图灵测试"。图灵测试采用"问"与"答"的模式进行测试，即测试人（观察者）通过计算机终端打字的方式与两个测试对象通话，其中一个是人，另一个是机器（见图 1-2）。要求测试人不断提出各种问题并通过观察两个测试对象的即时回答，辨别回答者是人还是机器。如果测试人不能分辨出两个被测试对象中哪个是人，哪个是机器，则认为该机器具有智能。

图 1-2 图灵测试示意图

图灵测试的主要贡献在于，它给出了一个相对客观的智能概念。尽管对图灵测试的争议至今没有平息过，但其对人工智能学科发展所产生的影响却是十分深远的。

2. 达特茅斯会议

1956 年夏天，由洛克菲勒基金会赞助的"达特茅斯（Dartmouth）暑期人工智能项目"中，麦卡锡（J. McCarthy）正式提出"人工智能（Artificial Intelligence，AI）"一词。而一个令人意想不到的后果是，这个词暗示了用机器代替人类头脑的想法。麦卡锡曾指出，达特茅斯夏季研讨会的提案并不涉及对人类行为研究的批评。麦卡锡认为"人工智能"一词与人类行为几乎毫无关系，它唯一可能暗示的是机器可以去执行类似人类执行的任务。

达特茅斯会议上，除了年轻的计算机专家麦卡锡大放异彩，参加此次盛会的著名学者还有哈佛大学的数学家明斯基（M. L. Minsky）、IBM 公司的洛切斯特（N. Lochester）、莫尔（T. More）和塞缪尔（A. L. Samuel）、贝尔实验室的研究员香农（C. E. Shannon）、麻省理工学院的塞尔弗里奇（O. Selfridge）和索罗蒙夫（R. Solomonff）以及兰德公司和卡内基梅隆大学的纽厄尔（A. Newell）和西蒙（H. A. Simon）等。2006 年，达特茅斯会议当事人重聚（见图 1-3），左起依次为莫尔、麦卡锡、明斯基、塞尔弗里奇、索罗蒙夫。

图 1-3　达特茅斯会议的部分当事人

3. AI 第 1 个寒冬

在人工智能历史的头 10 年，人们对人工智能的乐观预测无处不在。1956 年，西蒙和纽厄尔预言"10 年之内，数字计算机将成为国际象棋世界冠军。"然而 10 年过去后，人工智能的发展远远滞后于当时的预测，西蒙再次过分乐观地预言"20 年内，机器将能完成人所能做到的一切工作"。对人工智能的乐观情绪一直持续到 1973 年《莱特希尔报告》的出现，该报告用详实的数据说明，几乎所有人工智能的研究都远未达到早前承诺的水平。

接二连三的失败和预期目标的落空使人工智能的发展陷入低谷。究其原因，主要归结为算力有限。让科学家们头痛的是，虽然很多难题理论上是可以解决的，看上去只是增加少量的规则和移动几个棋子，但增加的计算量却是惊人的，以至于根本无法解决，这就是所谓的计算量爆炸问题（见图 1-4）。就像 26 个字母魔法般地组合成数万个单词，进而在不同语境下组合成无限种语句。比如，运行某个有 2 的 100 次方个计算的程序，即使用现今运算性能很高的计算机也要花上数万亿年，这是不可想象的。

计算量爆炸

 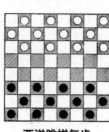 

每多一个路口　　　西洋跳棋每步　　　国际象棋每步

图 1-4　计算量爆炸示例

4．专家系统 XCON 的商业价值

20 世纪 70 年代出现的专家系统模拟人类专家的知识和经验解决特定领域的问题，实现了人工智能从理论研究走向实际应用，从一般推理策略转向运用专门知识的重大突破。专家系统在医疗、化学、地质等领域取得成功，推动人工智能走入应用发展的新高潮。

专家系统的起源可以追溯到黄金时代——1965 年，美国著名计算机学家费根鲍姆（见图 1-5）在斯坦福大学带领学生开发了第一个专家系统 Dendral，这个系统可以根据化学仪器的读数自动鉴定化学成分。费根鲍姆还是斯坦福大学认知实验室的创始人，20 世纪 70 年代他在这里还开发了另外一个用于血液病诊断的专家程序 MYCIN（霉素），这可能是最早的医疗辅助系统软件。

爱德华·费根鲍姆
Edward Albert Feigenbaum
1936~
专家系统之父
1965年创建第一个专家系统Dendral

图 1-5　专家系统之父——费根鲍姆

专家系统其实就是一套计算机软件，它往往聚焦于某个专业领域，模拟人类专家回答问题或提供知识，帮助工作人员做出决策。它一方面需要人类专家整理和录入庞大的知识库（专家规则），另一方面需要计算机科学家编写程序，设定如何根据提问进行推理进而找到答案，也就是推理引擎。专家系统把自己限定在一个小的范围内，解决了通用人工智能面临的各种难题。它充分利用现有专家的知识经验，务实地解决人类特定工作领域中的任务，它不是创造机器生命，而是制造更有用的活字典、好工具。

1980 年，卡耐基梅隆大学（CMU）研发的 XCON 正式投入使用，成为这个新时期的里程碑，专家系统开始在特定领域发挥威力，也带动整个人工智能技术进入了一个繁荣阶段。XCON 取得了的巨大商业成功，当时有三分之二的世界 500 强公司开始开发和部署各自领域的专家系统。据统计，1980—1985 年，就有超过 10 亿美元投入人工智能领域，大部分用于企业内的人工智能部门，也涌现出很多人工智能软硬件公司。

当各个垂直领域的专家系统纷纷取得成功之后，尤其受第五代计算机计划的刺激，美国和很多欧洲国家也加入这个赛道。

1982 年，美国数 10 家大公司联合成立微电子与计算机技术公司（MCC），该公司于 1984 年发起了人工智能历史上最大也是最有争议性的项目——Cyc，这个项目至今仍然在运作。Cyc 项目的目的是建造一个包含全人类全部知识的专家系统，即"包含所有专家的专家"。截至 2017 年，它已经积累了超过 150 万个概念数据和超过 2000 万条常识规则，其曾在各个领域产生超过 100 个实际应用，它也被认为是当今最强人工智能 IBM Watson 的前身。

但随着科技的发展，21 世纪到来之后，Cyc 这种传统的依赖人类专家手工整理知识和规则的技术，受到了网络搜索引擎技术、自然语言处理技术以及神经网络等新技术的挑战，未来发展并不明朗。

5. 重陷低迷

进入 20 世纪 80 年代后随着专家系统的不断发展，复杂度的快速提升，基于知识库和推理机的专家系统的研究陷入停滞：系统难以升级扩展，鲁棒性不够，直接导致高昂的维护成本。20 世纪 80 年代中后期，由于人工智能的项目成果不明朗，包括日本第五代计算机计划在内的许多项目也没有带来人工智能的突破，政府大幅削减了对人工智能的资金支持，人工智能在全球的发展再次进入低潮。从技术上看，人工智能的再次低迷主要归结于知识获取的瓶颈。

专家系统最初取得的成功是有限的，它无法自我学习并更新知识库和算法，维护起来越来越麻烦，成本越来越高。以至于很多企业后来都放弃陈旧的专家系统或者升级为新的信息处理方式。随着人工智能的应用规模不断扩大，专家系统存在的应用领域狭窄、缺乏常识性知识、知识获取困难、推理方法单一、缺乏分布式功能、难以与现有数据库兼容等问题逐渐暴露出来。

6．神经网络迎来突破

沉寂了 10 年之后，神经网络终于有了新的研究进展，尤其是 1982 年英国科学家霍普菲尔德与杰弗里·辛顿几乎同时发现了具有学习能力的神经网络算法（见图 1-6）。这使得神经网络再次得到迅速发展，并在后面的 20 世纪 90 年代开始商业化，被用于文字图像识别和语音识别。

神经网络复兴
1982
约翰·霍普菲尔德John Hopfield发明了具有全新学习能力的Hopfield网络
杰弗里·辛顿 Geoffrey Hinton 和大卫·鲁梅哈特David Rumelhart发明了可以训练的反向传播神经网络

图 1-6   神经网络迎来突破

计算机技术和人工智能技术的快速发展，点燃了日本政府的热情。1982 年，日本国际贸易工业部发起了第五代计算机系统研究计划，预计投入 8.5 亿美元，目的是抢占未来信息技术的先机，创造具有划时代意义的超级人工智能计算机。

日本尝试使用大规模多 CPU 并行计算来解决人工智能计算力的问题，并希望打造面向更大的人类知识库的专家系统以实现更强的人工智能。当时，日本投入巨资研发了具有 512 颗 CPU 并行计算能力的第五代计算机。

这个项目在 10 年后基本以失败结束，主要是因为当时低估了 PC 计算机发展的速度。尤其是 Intel 的 x86 芯片架构在几年内就发展到足以应付各个领域专家系统需求的程度。

曾经一度被看好的神经网络技术，过分依赖于经验数据量，因此长期没有取得实质性的进展。由于网络技术特别是互联网技术的发展，加速了人工智能的创新研究，促使人工智能技术进一步走向实用化。1997 年 IBM 研发的深蓝超级计算机战胜了国际象棋世界冠军卡斯帕罗夫，2008 年 IBM 提出"智慧地球"的概念。以上都是这一时期的标志性事件。

20 世纪 80 年代末，包括日本第五代计算机系统研究计划在内的很多超前概念失败，科幻中美好的人工智能产品承诺都无法真正兑现。人们对专家系统和人工智能都产生了危机，一股强烈的声音对当时人工智能的发展方向提出质疑。

2004 年，美国神经科学家杰夫·霍金斯出版了《人工智能的未来》一书，深入讨论了全新的大脑记忆预测理论，指出了依照此理论如何去建造真正的智能机器，这本书对后来神经科学的深入研究产生了深远的影响。
2006 年，杰弗里·辛顿（见图 1-7）出版了《Learning Multiple Layers of Representation》，奠定了神经网络的全新架构，神经网络至今仍然是人工智能深度学习的核心技术。

杰弗里·辛顿

1947~

Geoffrey Hinton

深度学习教父

最早使用广义反向传播算法训练多层网络的研究者之一，目前这种算法已经被人工智能技术广泛应用

图 1-7　深度学习教父杰弗里·辛顿

2007 年，在斯坦福任教的华裔科学家李飞飞（见图 1-8），发起创建了 ImageNet 项目。为了向人工智能研究机构提供足够数量的可靠的图像资料，ImageNet 号召民众上传图像并标注图像内容。ImageNet 目前已经包含了 1400 万张图片数据，超过 2 万个类别。自 2010 年开始，ImageNet 每年举办大规模视觉识别挑战赛，全球开发者和研究机构都会参与并贡献最好的人工智能图像识别算法，进行评比。2012 年，由多伦多大学在挑战赛上设计的深度卷积神经网络算法，被业内认为是深度学习革命的开始。

李飞飞

Fei-Fei Li

谷歌云的人工智能和机器学习负责人

斯坦福人工智能实验室和视觉实验室主任

ImageNet创始人

图 1-8　ImageNet 的创始人李飞飞

华裔科学家吴恩达（见图 1-9）及其团队在 2009 年开始研究使用图形处理器（GPU）进行大规模无监督式机器学习工作，尝试让人工智能程序完全自主地识别图形中的内容。2012 年，吴恩达取得了惊人的成就，他向世人展示了一个超强的神经网络，其能够在自主观看数千万张图片之后，识别那些包含有小猫的图像内容。这是历史上在没有人工干预下，机器自主强化学习的里程碑式的事件。

图 1-9 Google Brain 的创始人吴恩达

2011 年，又是 IBM，这次是人类的常识智力问答，在综艺竞答类节目《危险边缘》中，IBM 的沃森系统与真人一起抢答竞猜，虽然沃森的语言理解能力闹出了一些小笑话，但最后凭借其强大的知识库，仍然战胜了两位人类冠军而获胜。

1.1.2 大数据时代的人工智能

2011 年至今，随着大数据、云计算、互联网、物联网等信息技术的发展（大数据、云计算、物联网和人工智能之间的关系参见图 1-10），泛在感知数据和图形处理器等计算平台推动以深度神经网络为代表的人工智能技术飞速发展，大幅跨越了科学与应用之间的"技术鸿沟"，诸如图像分类、语音识别、知识问答、人机对弈、无人驾驶等人工智能技术产品实现了从"不能用、不好用"到"可以用、较好用"的技术突破，迎来爆发式增长的新高潮。

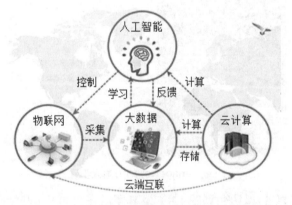

图 1-10 人工智能和现代信息技术之间的关系

在 21 世纪的第一个十年，对于简单的人类感知和本能，人工智能技术一直处于落后或追赶的状态。而到 2011 年，在图像识别领域和常识问答比赛上，人工智能都开始表现出超过人类的水平，新的十年将会是人工智能在各个专业领域取得突破的时代。

2014 年，伊恩·古德费罗提出 GAN 生成对抗网络算法，这是一种用于无监督学习的人工智能算法，这种算法由生成网络和评估网络构成，以左右互搏的方式提升最终效果，这种方法很快被人工智能的很多技术领域采用。

2016 年和 2017 年，谷歌发起了两场轰动世界的围棋人机之战，其人工智能程序 AlphaGo 战胜曾经的围棋世界冠军——韩国的李世石，以及现任的围棋世界冠军——中国的柯洁（见图 1-11）。AlphaGo 背后是谷歌收购不久的英国公司 DeepMind，其专注于人工智能和深度学习技术，目前该公司的技术不仅用于围棋比赛，更主要用于谷歌的搜索引擎、广告算法以及视频、邮箱等产品。人工智能技术已经成为谷歌的重要支撑技术之一。

图 1-11　AlphaGo 和围棋世界冠军对弈的情景

2016 年 10 月，特斯拉正式发布了驾驶辅助系统 Autopilot 2.0，称其可以实现常见道路的全自动驾驶。2018 年 11 月谷歌无人驾驶车（见图 1-12）获得了美国加利福尼亚州的立法批准，谷歌会在该州部署数百辆无人驾驶车，用来接送公司员工上下班。

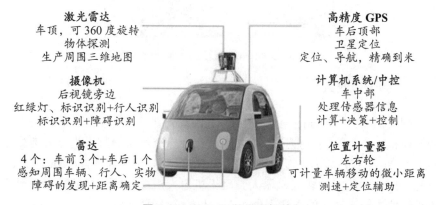

图 1-12　Google 的无人驾驶车

此外，图像识别技术正逐渐从成熟走向深入。从日常的人脸识别到照片中的各种对象识别，从手机的人脸解锁到 AR 空间成像技术，及图片、视频的语义提取等，机器视觉还有很长的路要走，也还有巨大的潜力等待挖掘。

1.2 AI 如影随形

经过 60 多年的研究探索和发展演变，人工智能技术目前已步入落地应用阶段，并渗透各个领域，走入了千家万户。目前，人工智能研究和应用领域已非常广泛，涵盖工业、农业、服务业，渗透到包括航空航天、教育、信息、制造、软件、生物医疗、零售、物流、汽车在内的各行各业。从理论到技术，从产品到工程，从家庭到社会，智能无处不在。

1.2.1 手机美颜

随着智能手机市场女性用户的数量日益增多，各种无须特定软件、系统本身拍照功能自带美肤效果的智能手机相继推出，而这类手机也获得了女性用户的热议追捧，统称为美颜手机。

美颜手机一般具备颠覆传统拍照效果、瞬间自动美颜的功能，如磨皮、美白、瘦脸、眼部增强、五官立体等。图 1-13 给出了一名青年女性使用普通手机（右图）和美颜手机（左图）自拍的效果比较。显而易见，美颜手机仿佛是一个美容大师，使相貌平平的一名女子变得气质高雅、楚楚动人。

图 1-13　美颜手机和普通手机的拍照对比

1.2.2 聊天机器人

聊天机器人（Chatterbot）是经由对话或文字进行交谈的计算机程序，能够模拟人类对话，并能通过图灵测试。世界上最早的聊天机器人诞生于 20 世纪 80 年代，名为"阿尔贝特"，用 Basic 语言编写而成。Eliza 和 Parry 也是早期非常著名的聊天机器人。聊天机器人试图建立这样的程序：至少暂时性地让一个真正的人认为他正在与另一个人聊天。

目前，聊天机器人无处不在，可用于多种实用目的，如客户服务、娱乐游戏、系统导航或资讯获取等，如图 1-14 所示。有些聊天机器人会搭载自然语言处理系统，但大多数简单的系统只会撷取输入的关键字，再从数据库中找寻最合适的应答句。目前，聊天机器人是虚拟助理（如 Google 智能助理）的一部分，它可以与许多应用程序、网站以及即时消息平台链接使用。

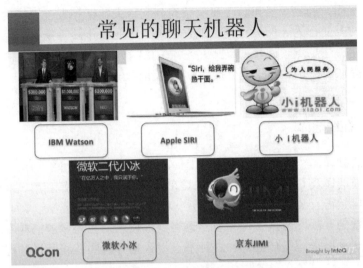

图 1-14　各种形式的聊天机器人

1.2.3　新闻推荐

如同购物推荐和电影推荐，基于大数据分析的人工智能技术在新闻推荐领域大放异彩，具有巨大的商业价值。在新闻推荐领域，目前最成功的商业巨头非字节跳动莫属。

北京字节跳动科技有限公司成立于 2012 年，是最早将人工智能应用于移动互联网场景的科技企业之一，其独立研发的"今日头条"客户端（见图 1-15），通过海量信息采集、深度数据挖掘和用户行为分析，为用户智能推荐个性化信息，从而开创了一种全新的新闻阅读模式。

图 1-15　今日头条 PC 客户端

今日头条基于个性化推荐引擎技术，根据每个用户的兴趣、位置等多个维度进行个性化推荐，推荐内容不仅包括狭义上的新闻，还包括音乐、电影、游戏、购物等资讯。今日头条充分利用大数据和人工智能技术，根据用户的社交行为、阅读行为、地理位置、职业、年龄等挖掘出用户的兴趣爱好和关注焦点。目前，今日头条可在 0.1 秒内计算推荐结果，3 秒内完成文章提取、挖掘、消重、分类，5 秒内计算出新用户兴趣分配，10 秒内更新用户模型。

1.2.4　在线翻译

在线翻译，一般是指在线翻译工具，如百度翻译（见图 1-16）、阿里翻译、有道翻译及 Google 翻译等。这类在线翻译工具主要是利用计算机程序将一种自然语言（源语言）转换为另一种自然语言（目标语言），其原理是依托海量的互联网数据资源和自然语言处理技术，在海量的语料库中查找各种模式，以求解最佳翻译。这种基于大数据分析的在线翻译过程，称为"统计机器翻译"。

图 1-16　百度在线翻译

在线翻译虽然取得了一定的成就，制约机译质量提高的瓶颈依然存在。就已有的成就来看，译文质量离终极目标仍相差甚远。中国数学家、语言学家周海中教授曾在经典论文《机器翻译五十年》中指出：要提高机译的质量，首先要解决的是语言本身的问题而不是程序设计的问题；单靠若干程序来做机译系统，肯定是无法提高机译质量的。同时，他认为在人类尚未明了人脑是如何进行语言的模糊识别和逻辑判断的情况下，机译想达到"信、达、雅"的程度是不可能的。

1.2.5　虚拟现实

虚拟现实（Virtual Reality，VR）是 20 世纪中后期逐渐发展起来的一项全新的实用技术。虚拟现实技术囊括计算机、电子信息、仿真技术于一体，其基本实现方式是计算机模拟虚拟环境，从而给人以环境沉浸感。

在 VR 领域，谷歌公司于 2012 年 4 月发布了一款增强现实型穿戴式智能眼镜——谷歌眼镜（Google Project Glass），如图 1-17 所示。谷歌眼镜集智能手机、GPS、相机于一身，在用户眼前展现实时信息，只要眨眨眼就能完成拍照上传、收发短信、查询天气路况等操作。用户无须动手便可上网冲浪、处理文字信息和电子邮件。同时，戴上这款"拓展现实"眼镜，用户可以用自己的声音控制拍照、视频通话和辨明方向。兼容性上，Google Glass 可与任意一款支持蓝牙的智能手机同步。

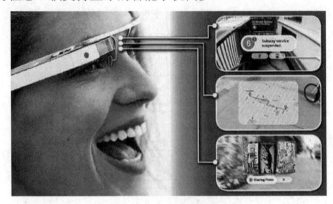

图 1-17　谷歌眼镜佩戴效果

1.3　AI 学派

　　在人工智能半个多世纪的发展历程中，涌现出许多持不同主张的代表性人物，他们在各自的研究领域为人工智能的成长做出了巨大贡献，并逐渐形成了以专家系统为标志的符号主义学派、以神经网络为标志的连接主义学派和以感知动作模式为标志的行为主义学派三大 AI 研究学派。三大学派观点鲜明，相互竞争、相互渗透并各自发展，都取得了许多引人注目的标志性成果。

1.3.1　符号主义

　　符号主义（Symbolicism）又称逻辑主义（Logicism）或心理学派（Psychlogism），是基于物理符号系统假设和有限合理性原理的人工智能学派。该学派认为人工智能起源于数理逻辑。符号主义采用的是功能模拟方法，其代表性成果是 1957 年纽厄尔和西蒙等人研制的称为逻辑理论机的数学定理证明程序 LT。LT 的成功说明了可以用计算机来研究人的思维过程，模拟人的智能活动。

　　60 年来，符号主义走过了一条"启发式算法→专家系统→知识工程"的发展道路，并长期在人工智能中处于主导地位，即使在其他学派出现之后，它也仍然是人工智能的主流学派。从理论上，符号主义认为：认知的基元是符号，认知过程就是符号运算过程；智能行为的充要条件是物理符号系统，人脑和计算机都是物理符号系统；智能的基础是知识，其核心是知识表示和知识推理；知识可用符号表示，也可用符号进行推理，因而可以建立基于知识的人类智能和机器智能的统一的理论体系。

从研究方法上，符号主义认为人工智能的研究应该采用功能模拟的方法，即通过研究人类认知系统的功能和机理，再用计算机进行模拟，从而实现人工智能。符号主义特别适合解决现实生活中的状态转换和逻辑推理问题，如八数码难题（见图1-18），它主张用逻辑方法建立人工智能的统一理论体系，但却遇到了"常识"问题的障碍、不确知事物的知识表示和问题求解等难题。因此，受到了其他学派的批评与否定。

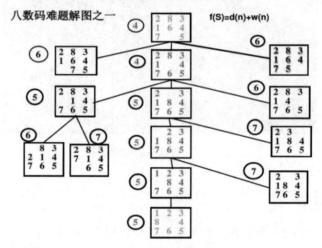

图 1-18　八数码难题图解

1.3.2　连接主义

连接主义（Connectionism）又称仿生学派（Bionicsism）或生理学派（Physiologism），是基于神经网络及网络间的连接机制与学习算法的人工智能学派。连接主义认为人工智能起源于仿生学，特别是对人脑模型的研究。连接主义学派从神经生理学和认知科学的研究成果出发，把人的智能归结为人脑的高层活动的结果，强调智能活动是由大量简单的单元通过复杂的相互连接后，并行运行的结果。

连接主义采用的是结构模拟方法，其代表性成果是 1943 年由麦卡洛克（McCulloch）和皮茨（Pitts）创立的 MP 模型、1982 年霍普菲尔德提出的 Hopfield 网络模型以及 1986 年鲁梅尔哈特等人提出的 BP 网络模型（见图 1-19）等。

从理论上，连接主义认为：思维的基元是神经元，而不是符号；思维过程是神经元的连接活动过程，而不是符号运算过程；反对符号主义关于物理符号系统的假设，认为人脑不同于计算机；提出连接主义的人脑工作模式，以取代符号主义的计算机工作模式。

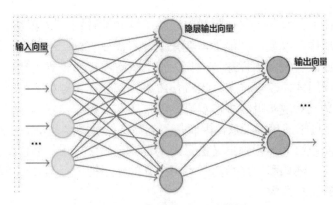

图 1-19 典型的 BP 网络模型

从研究方法上，连接主义主张人工智能研究应采用结构模拟的方法，即着重于模拟人的生物神经网络结构，并认为神经网络的功能、结构与智能行为是密切相关的，不同的神经网络结构表现出不同的智能行为。目前，连接主义已经提出多种人工神经网络结构和一些连接学习算法。进入 21 世纪以来，由于知识工程方面很多远大目标实现起来仍困难重重，符号主义再度沉沦，深度神经网络的出现和深度学习算法的改善使得连接主义迅速兴起。

1.3.3 行为主义

行为主义（Actionism）又称进化主义（Evolutionism）或控制论学派（Cyberneticsism），是基于控制论和"感知—动作"控制系统的人工智能学派。行为主义认为人工智能起源于控制论，提出智能取决于感知和行为，取决于对外界复杂环境的适应，而不是表示和推理。

行为主义采用的是行为模拟方法，其代表性成果是布鲁克斯研制的机器虫（见图 1-20）。布鲁克斯认为，要求机器人像人一样去思维太困难了，但可以先做一个机器虫，由机器虫慢慢进化，或许可以做出机器人。布鲁克斯成功研制了一个六足行走的机器虫实验系统。这个机器虫虽然不具有像人那样的推理、规划能力，但其应付复杂环境的能力却大大超过了原有的机器人，能够实现在自然环境下的灵活漫游。1991 年 8 月，布鲁克斯发表了题为"没有推理的智能"的论文，对传统人工智能进行了批评和否定，提出了基于行为（进化）的人工智能新途径，从而在国际人工智能界形成了行为主义这个新的学派。

图 1-20 一种六足机器虫原型

在理论上，行为主义认为智能取决于感知和行动，提出了智能行为的"感知—动作"模型；智能不需要知识、不需要表示、不需要推理；人工智能可以像人类智能那样逐步进化，智能只有在现实世界中通过与周围环境的交互作用才能表现出来；指责传统人工智能（主要指符号主义，也涉及连接主义）对现实世界中客观事物的描述和复杂智能行为的工作模式做了虚假的、过于简单的抽象，因而是不能真实反映现实世界的客观事物的。

在研究方法上，行为主义主张人工智能研究应采用行为模拟的方法。同时，功能、结构和智能行为是不可分开的，不同的行为表现出不同的功能和不同的控制结构。

1.3.4　学派比较

人工智能研究进程中的这 3 种学派不同的理论假设和研究范式推动了人工智能的发展。就人工智能三大学派的历史发展来看，符号主义认为认知过程在本体上就是一种符号处理过程，人类思维过程总可以用某种符号来进行描述。其研究是以静态、顺序、串行的数字计算模型来处理智能，寻求知识的符号表征和计算，它的特点是自上而下。而连接主义则是模拟发生在人类神经系统中的认知过程，提供一种完全不同于符号处理模型的认知神经研究范式。主张认知是相互连接的神经元的相互作用。行为主义与前两者均不相同。认为智能是系统与环境的交互行为，是对外界复杂环境的一种适应。这些理论与范式在实践中都形成了自己特有的问题解决方法体系，并在不同时期都有成功的实践范例。就解决问题而言，符号主义有从定理机器证明、归结方法到非单调推理理论等一系列成就。连接主义有归纳学习。行为主义有反馈控制模式及广义遗传算法等解题方法。

人工智能是一个交融了诸多学科的特殊的领域，多学科相互交融带来了多元观点的争论和冲突、修正与提高。没有一种"假说"在经过选择后被全面地批判、推翻及取代，也没有一种"假说"或"范式"能够一统人工智能领域。随着研究和应用的深入，人们逐步认识到三大学派只不过是基于的理论不同，采用的模拟方法不同，所模拟的能力不同，其实各有所长，各有所短，应该采取相互结合、取长补短、综合集成的研究策略。可以预见，在不久的将来，三大研究学派将逐渐由对立转为协作，并最终会走向统一。

1.4　人工智能定义

1.4.1　概念解析

人工智能由人工和智能两个词构成，字面意义就是人造的智能。进一步讲，人工智能可理解为是在充分了解和认识人类智能机理的基础上，用人工的方法去制造（创造）可以模拟和实现人类智能的智能实体（包括机器和其他物体）。

AI 也叫机器智能，其基本含义是用机器（计算机或智能机）来模仿人类的智能行为。AI 研究如何使机器具有认识问题与解决问题的能力，研究如何使机器具有感知功能（如视、听、嗅）、思维功能（如分析、综合、计算、推理、联想、判断、规划、决策）、行为功能（如说、写、画）、学习、记忆等功能。所以，如果一个计算机系统具有某种学习能力，能够对有关问题给出正确的答案，其使用的方法与人类相似，还能解释系统的智能活动，那么，这种计算机系统便视为具有某种智能。

但是目前人类对自身智能的理解非常有限，对构成人的智能的必要元素也了解有限。由于智能的定义还不确切，因此也不能准确地给出人工智能的定义。尽管如此，人们从不同角度对人工智能给出了一些不同的定义和解释。从拟人角度看，人工智能是指能够在各类环境中自主地或交互地执行各种拟人任务的智能机器。从能力的角度看，人工智能是指用人工的方法赋予机器类人的智能，包括判断、推理、证明、识别、感知、理解、通信、设计、思考、规划、学习和问题求解等能力。从科学的角度看，尼尔森认为人工智能是关于知识的科学，即怎样表示知识、怎样获得知识并使用知识的科学。从学科的角度看，人工智能是一门研究如何构造智能机器或智能系统并开发相关理论和技术，使其能够模拟、延伸和扩展人类智能的学科。

总体来讲，目前对人工智能的定义大多可划分为 4 个层次，即"像人一样思考""像人一样行动""理性地思考""理性地行动"。这里"行动"应广义地理解为采取行动或制定行动的决策，而不是肢体动作。

1.4.2　共识概念

目前，对人工智能定义引起的共识是按照智能化程度，将人工智能分为弱人工智能（Artificial Narrow Intelligence，ANI）、强人工智能（Artificial General Intelligence，AGI）和超人工智能（Artificial Superintelligence，ASI）3 个层面。

（1）弱人工智能是指不能真正地推理和解决问题的智能机器，这些机器只不过看起来像是智能的，但并不真正拥有智能，也不会有自主意识。弱人工智能通过对原始数据的收集、整理、清洗、分析，利用机器学习、神经网络、优化算法等技术，通过训练和学习，完成分类、聚类、回归值等判断或预测计算。弱人工智能让计算机看起来会像人脑一样思考。弱人工智能擅长于单一方面的人工智能。比如有能战胜世界围棋冠军的 AlphaGo，但是它只会下围棋，如果你让他辨识一下猫和狗，它就不知道怎么做了。目前，弱人工智能随处可见，一般认为这一研究领域已经取得了可观的成就。

（2）强人工智能认为："计算机不仅是用来研究人的思维的一种工具；

只要运行适当的程序，计算机本身就是有思维的。"强人工智能通过对原始数据的收集、整理、清洗、分析，可以进行自我推理和解决问题，例如自己会思考的计算机。也可以说，强人工智能是指在各方面都能和人类比肩的人工智能，人类能干的脑力活它都能干。强人工智能观点认为有可能制造出真正能推理和解决问题的智能机器，并且，这样的机器将被认为是有知觉的，有自我意识的。强人工智能可以有两类：类人的人工智能，即机器的思考和推理就像人的思维一样；非类人的人工智能，即机器产生了和人完全不一样的知觉和意识，使用和人完全不一样的推理方式。

（3）超人工智能可以是各方面都比人类强一点，也可以是各方面都比人类强很多倍。超人工智能可以视为强人工智能的终极形态。现在，人类已经使机器具备了弱人工智能。其实弱人工智能无处不在，人工智能革命正是从弱人工智能通过强人工智能，最终到达超人工智能的旅途。例如，垃圾邮件分类系统是可以帮助我们筛选垃圾邮件的弱人工智能，在线翻译是可以帮助我们翻译中英文的弱人工智能，AlphaGo 是一个可以战胜世界围棋冠军的弱人工智能，等等。这些弱人工智能算法不断融合创新，无不是在向通往强人工智能和超人工智能的旅途中施加强劲的动力。

1.5　AI 面临的机遇和挑战

1.5.1　认知误区

提起人工智能，很多人想起的都是机器人。首先机器人只是人工智能的一个分类，并不是所有的人工智能都是以机器人的形式出现的。对于人工智能，大家可以理解成能够完成拥有人类的智慧才能够完成的任务的能力。人工智能的定位其实也是比较广泛的，并不是指拥有某种能力才能够称之为人工智能。

人工智能是指能力，而不是设备，机器人只是一种明显的表现方式。因为机器人表达得更加明显一些，即机器人是以硬件的形式表现出来，这种形式人类能够用眼直接感觉出来。还有一种体现方式则是软件，因为人工智能软件体现得没有机器人那么明显，造成很多人认为人工智能就是机器人、机器人就是人工智能这样的错误理念。

弱人工智能应用已非常广泛，但是因为比较"弱"，所以很多人没有意识到这些就是人工智能，并认为人工智能离自己还非常遥远，这其实也是错误的。就拿人们每天都离不开的手机来说，绝大多数手机都是智能手机，它们都拥有智能语音助手、美颜相机和人脸识别等强大功能，这就是人工智能的具体体现。

需要指出的是，弱人工智能并非和强人工智能完全对立。也就是说，即使强人工智能是可能的，弱人工智能仍然是有意义的。今天的计算机能

做的事，比如算术运算等，在一百多年前被认为是很需要智能的。即使强
人工智能被证明为是可能的，并不代表强人工智能一定能被研制出来。

　　人工智能不能简单等同于人类智能，人工智能和人类智能是相互关联
又相互独立的两个概念。人类智能是人与生俱来的并随着人类文明的进步
不断发展的智力和能力，而人工智能是人们通过长期对自身智能的探索和
思考，希望创造出的具有类人智能甚至超出人类智能的机器。从某种程度
而言，人工智能的目的就是让智能机器能够像人一样思考。当计算机出现
后，人类开始真正有了一个可以模拟人类思维的工具，在之后的岁月中，
无数科学家为这个目标努力着。

1.5.2　面临的机遇

　　随着生物识别技术、自然语音处理技术、大数据驱动的智能感知、理
解等技术的不断发展和深入，人工智能的技术瓶颈以及应用成本已从根本
上得到突破。这使得人工智能的发展也日趋接近人类智能水平，人工智能
正从学术驱动转变为应用驱动，从专用智能迈向通用智能。与此同时，随
着互联网、社交媒体、移动设备和传感器的大量普及，其产生并存储的数
据量急剧增加，为通过深度学习的方法训练人工智能提供了良好的土壤。
海量的数据将为人工智能算法模型提供源源不断的素材，人工智能从各行
业、各领域的海量数据中积累经验、发现规律，使其深度学习的成果得以
持续提升。目前，GPU、NPU、FPGA 和各种 AI-PU 专用人工智能芯片的
出现，加速了深层神经网络的训练迭代速度，让大规模的数据处理效率显
著提升，极大地促进了人工智能行业的发展。

　　当前，在技术突破和应用需求的双重驱动下，人工智能技术已走出实
验室，加速向产业的各个领域渗透，产业化水平大幅提升。在此过程中，
资本作为产业发展的加速器，发挥了重要作用。跨国科技巨头以资本为杠
杆，展开投资并购活动，得以不断完善产业链布局。人工智能已在智能机
器人、无人机、金融、医疗、安防、驾驶、搜索、教育等领域得到了较为
广泛的应用。

　　与早期人工智能相比，新一代人工智能体现出数据、运算力和算法相
互融合、优势互补的良好特点：在数据方面，人类进入互联网时代后数据
技术高速发展，各类数据资源不断积累，为人工智能的训练学习过程奠定
了良好的基础；在运算力方面，摩尔定律仍在持续发挥效用，计算系统的
硬件性能逐年提升，云计算、并行计算、网格计算等新型计算方式的出现
拓展了现代计算机性能，获得了更快的计算速度；在算法方面，伴随着深
度学习技术的不断成熟，运算模型日益优化，智能算法不断更新，提升了
模型辨识解析的准确度。

　　作为一门交叉科学，人工智能技术涉及社会学、信息学、控制学、仿
生学等众多领域，既是生命科学的精髓，更是信息科学的核心，具有光明

的发展前景。人工智能技术还促进了多种科学与网络技术的深度融合，解决了互联网时代看似无法解决的问题和痛点，将互联网带入一个全新发展的智能时代，极大影响着网络技术和信息产业的未来发展方向。

目前，人工智能技术的研究正在如火如荼地展开，进入 60 年来最狂热的发展阶段。从目前发展现状来看，人工智能技术还存在着较大的市场发展空间和投资机会，例如，以大数据收集为基础的医疗、教育、消费、营销等垂直行业，就尚未出现人工智能的行业龙头，其将成为各大资本和上市公司竞相追逐的宠儿。而随着新科技革命继续发展，人工智能技术也正孕育着新的重大变革。一旦突破，必将对科学技术、经济和社会发展产生巨大和深远的影响，深刻地改变经济和社会的面貌，并促使生产力出现新的飞跃，成为第四次工业革命的主旋律和人类社会新未来的重要支柱。

按照《新一代人工智能发展规划》，我国将在 3 年内实现人工智能总体技术与世界先进水平同步。2025 年，人工智能基础理论实现重大突破，部分技术与应用达到世界领先水平；2030 年，AI 理论、技术、应用总体达到世界领先水平，成为世界主要人工智能创新中心，人工智能核心产业规模超过 1 万亿元，带动相关产业规模超过 10 万亿元。据悉，目前国内已有 20 多个省市陆续发布了规划，确定了发展人工智能产业的目标和重点任务。各地相关政策的出台，更加速了人工智能产业和物业、汽车、医疗、物流、制造业等关键产业的融合。

1.5.3 存在的挑战

人工智能的研究虽然取得了巨大的进步，但进一步发展不仅面临技术上的众多难点，还要正视"人机如何和谐共存""机器威胁论"等社会问题和哲学难题。

从技术角度上看，目前人工智能最有效的方法来源于深度学习，而深度学习最根本的理论来自 20 世纪 80 年代，在理论层面上依旧没有大的突破。此外，深度学习所使用的网络结构也日渐暴露不足，比如卷积神经网络对大的姿态变化具有比较弱的泛化能力，未来对人工智能具有里程碑意义的事件可能还在于新理论的提出。另一方面，目前的人工智能技术主要依赖于机器学习，而机器学习主要是有监督学习，也就是要从大量的有标注的样本中学习，所谓标注就是告诉计算机数据的标签是什么。对深度学习而言，动辄就需要上百万的标签样本。而无监督学习是研究从没有标注的样本中自动学习的模型，样本数据的获取几乎没有成本，因此无监督学习是未来人工智能所高度期待的技术。

当前人工智能产业的发展浪潮主要是源于深度学习算法的提出，在数据量和计算能力的基础上实现大规模计算，属于技术性突破。而属于强人工智能乃至超人工智能范畴的关于意识起源、人脑机理等方面的基础理论研究，仍有大量空白领域需要持续探索。

人的"机器化"和机器的"人化"是人工智能技术发展的两个必然发展趋势，很多人担心智能机器的机器化在为人类提供友好帮助和服务的同时，也会给人类带来威胁，甚至是灭顶之灾。从理论上讲，机器的智能化程度越高，其内部计算机控制软件的规模就越庞大且复杂，出现故障的概率也就相应越高。如果真的有一天，机器智能化超过一定程度而控制系统又出现问题的话，那么将会给人类社会带来难以想象的后果：一系列毫无感情的智能机器管理着整个人类社会；一群不知疲倦的杀人的智能机器走上战场，被赋予"生杀大权"，滥杀无辜，最终成为"人类终结者"……这些可怕的场景并非杞人忧天，也是未来人工智能技术发展必须思考的问题。

有观点认为，超人工智能或许能孕育出比人类更加智慧的生命形态，这些生命形态能理解、探索人类未知领域并得出科学结论。与此同时，一旦超人工智能出现，人类任何试图控制它的行为都是可笑的，人类以人类的智能级别进行思考，而超人工智能会以超人工智能的级别进行思考。这种生命形态对于现在的我们而言或许闻所未闻，但它有可能导致一场科学和哲学层面的变革。但是无论如何，世界将变得完全不一样。现今，在中国的大城市里，大量基于人工智能技术和大数据的应用软件的出现，正塑造着一个全新的工作形态，全职工作越来越少，短期工作和即时就业越来越多，我们面临着一个"更少工作的未来"。所以，人类在享受人工智能带来的经济增长和生活质量改善的同时，也应该关注自身机能的发展问题，机器将"进化"得越来越聪明，而一部分人将"退化"。到时候，不管你是一位高收入的律师，还是流水线上的普通工人，当你的雇主发现使用机器或软件的成本更低时，你都有可能失业。

1.5.4　AI 将成为公司的生命线

人工智能被称为人类的第四次工业革命，许多企业将其视为未来发展的生命线，抓住人工智能的技术高峰，就能在未来的发展中占据主导地位。随着数字化革命进程的加快，数据越来越多、越来越复杂、越来越多样，企业必须迅速做出关键决策。为了驾驭数字洪流，企业需要人工智能战略，否则就会落后于时代。

AI 的行业应用很广，比如银行的实时反欺诈、反洗钱，保险行业的产品个性化推荐，通信领域的预见性维护建议以及医疗领域的预防治疗、发现早期疾病等。这些问题涉及的数据量越来越大，对于算法的复杂度要求越来越高。而人工智能要想在这些场景做合理决策，先要找到活动实践的数据，再建立数学模型定义优化目标和约束，最后机器再进行优化决策。随着深度学习的兴起，基于人工智能技术企业可以更准确地把握市场趋势和了解用户需求，更好地调配研发、生产、流通和销售各个环节的资源，从而极大地降低企业运营成本，提升企业效率和利润。

人工智能将会使这些企业越来越以客户为中心。在人工智能的加持下，企业可以从两方面得到很大收益：一是降低业务成本，二是创造新的业务机会。人工智能使企业能够管理复杂的数据，并且提供前所未有的机会，让企业做出实时决策，动态运营管理并响应客户。从银行到医疗，从制造业到消费服务业，全球的企业都在利用人工智能分析数据并构建学习型组织，从而以前所未有的速度应变并展开竞争。例如，新西兰银行提出了一个新的品牌主张——"您的银行"，更加聚焦在顾客身上，其实现途径之一是利用人工智能重塑和再造一种更加个性化的顾客体验。夏普医疗正在利用人工智能筛查患者多年的电子病历数据，以预测哪些患者面临病情突然恶化的风险，准确率达到 80%。这一模式可以预测在接下来一个小时内是否需要调用快速响应团队（Rapid Response Team），从而让夏普能够智能地把医疗急救队伍配备到医院中的关键位置，在危及生命的事件发生之前就进行干预。费洛实验室（Fero Labs）正在利用人工智能帮助制造商提高工业产量、预防昂贵的机器发生故障以减少浪费，这一切都有助于提高产品质量并降低成本。亚马逊云服务（AWS）正在为客户提供机器学习服务，帮助他们开发智能应用。它能让 Zillow 这样的机构高度准确地估算超过 1.1 亿套房屋的价值，也能让 Netflix 为其 1 亿用户制定个性化的预测推荐。

这些年来，以互联网行业为首的领先企业已经通过人工智能技术的大量运用，实现了巨大的业务价值提升。而对于更多的传统企业，针对构建自身 AI 能力的思路，也需要从原有面向系统开发者的"机器学习平台"，迭代为企业经营管理人员服务的一体化"企业 AI 核心系统"。企业 AI 核心系统是企业所有业务的底层支撑，覆盖企业生产经营的各个环节，并可结合业务实践在上层进一步开发，实现智能化的业务应用。企业 AI 核心系统通过数据核心、算法核心与生产核心，帮助企业完成一站式 AI 全系统建设。打造完整的基于 AI 技术的全流程决策系统，使企业既拥有按需发展 AI 应用的自主能力，又可挖掘 AI 应用需求。它将企业经管人员的精力从大量琐碎、基础的一线决策中解放出来，使企业管理者得以专注在更需要智慧和创造力的经营决策层面，进一步提升企业竞争力。

展望未来，人工智能战略将不再可有可无，它将成为企业生存的必备条件。企业需要立刻制定并执行自己的人工智能战略，方能制胜未来。

1.5.5　AI 如何重新定义工作

未来人工智能将深刻改变社会，许多传统职位将被取代淘汰，并将创造许多新的职位。如果阿里的"无人超市"普及开来，收银员、超市管理人员等职位将会统统消失，更何况 AI 能做的并不止于此。AI 时代浪潮席卷，人才的供给和需求都在进行重新洗牌。麦肯锡全球研究院在一份报告中预测：第四次工业革命将由人工智能引发，到 2030 年全球将有近 4 亿人口的工作岗位被人工智能取代，其中 1 亿发生在中国。

可以肯定的是，重复性的工作都会被机器所取代，这些岗位将不复存在，只有创意性的人才会被留下来。但是，当前人类社会仍处于弱人工智能时代，许多工作至少在短期内会被重新定义，而不是被消除。例如，在机场你会看到，自助登记服务亭已经占据了许多航空公司的票务区域；在许多飞行中，飞行员只操作飞机 3～7 分钟，剩下的飞行会交给飞机的自动驾驶仪；在一些机场，护照核查过程更倾向于扫描文件条形码而不是观察乘客。

相关研究机构预测，未来 10 年内将有 45% 的传统工作岗位会消失。虽然这些消失的岗位主要是低技能和重复性劳动的岗位，但是其中也有一定数量的高技能岗位，如财务经理、医生和高级管理人员等。从某种角度看，人工智能的发展之路并不是全盘取代人们的职业，更多的是帮助人们更好地工作，重新定位工作角色和流程。例如，银行信贷专员会花很少时间检查并处理大量文案工作，但会花更多时间来与客户交流和审查例外情况。

随着对工作角色和业务处理的重新定义，智能化的经济效益会远远超过人力成本。特别是在高薪职业中，机器将人的能力增强到一个更高的层次。通过增加个体的工作量和转移工作人员的注意力到更有价值的工作上，从而放大了专家的价值。现在律师已经使用文本挖掘技术来浏览数以万计的文件，并识别相关的法律文件，从而进一步分析相关条文。

人工智能将取代更多例行或者重复性的工作，并逐渐将员工的工作重心转移到富有创造性和情感的工作上。例如，财务顾问可能会花更少的时间在分析客户的金融状况上，并有更多的时间理解他们的需求，为用户提供有创意的选择。室内设计师用更少的时间测量、制作说明图纸和处理订单，有更多的时间依据客户的要求，开发创新性的设计概念。

1.6　应具有的 AI 能力

无论是对于人工智能领域的巨头公司还是独角兽企业，人工智能争端的关键是人工智能人才的争端。目前，人工智能人才市场需求量大且持续增长，呈现供不应求的局面，造成人工智能从业人员的薪资水平居 IT 行业之首。AI 相关岗位涉及人类生产生活的方方面面，作为 AI 行业的技术人员，不仅要做某项技术的专才，更应努力成长为既精通理论算法、又熟悉编程建模的行业精英。

1.6.1　懂工具

"工欲善其事，必先利其器"，作为一名 AI 技术人员，必须树立终身学习的理念。在与不断发展的框架、标准和范式保持同步的同时，技术人员还要能活学活用，在不同的任务场景中选用最合适的人工智能工具，以提高工作效率。下面列出业界几款比较流行的 AI 开发工具。

1．Azure

如果你没有高超的编程技能，但很希望能够涉足机器学习领域，那你应该好好研究一下 Azure 机器学习平台。Azure 是基于云端的服务，提供的工具可用来部署预测模型，作为分析解决方案，还可以用来测试机器学习模型，运行算法，并创建推荐系统等。

2．Caffe

Caffe 是一种卷积神经网络开源框架，创建者是贾扬清。其可以支持各种类型的软件架构设计、图像分割和图像分类。Caffe 以其简单易读的源代码和高性能而大受追捧。

3．CNTK

CNTK 是一款由微软开发的深度学习工具包，它可以帮助用户把不同类型的神经网络轻松地结合到一起，它性能强大，还允许分布式训练，灵活度非常高，但缺乏可视化。

4．Deeplearning4j

DeepLearning4j 自称是专门适用于 JVM 的开源、分布式深度学习库。它特别适于培训分布式深度学习网络，可以非常稳定地处理大量数据，还可以整合 Hadoop 和 Spark，从头开始实现机器学习算法。

5．Scikit-learn

Scikit-learn 是一个开源的机器学习框架，提供数据分类、回归、聚类、降维、模型选择、预处理等。它建立在 NumPy、SciPy、matplotlib 等 Python 库之上，工作效率很高。

6．Swift AI

Swift AI 是 Swift 用于深度学习和神经网络的库，允许开发人员创建神经网络，创建深度学习算法和信号处理。在 GitHub 页面上显示的示例项目表明，Swift AI 已经迅速被用于创建可以识别人类笔迹模式的软件。

7．TensorFlow

TensorFlow 最初是由谷歌人工智能团队谷歌大脑（Google Brain）开发和维护的，用来进行深度学习神经网络和机器学习的研究。TensorFlow 拥有包括 TensorFlow Hub、TensorFlow Lite、TensorFlow Research Cloud 在内的多个项目以及各类应用编程接口（API）。自 2015 年 11 月 9 日起，TensorFlow 依据阿帕奇授权协议开放源代码。AI 开发者可以使用 TensorFlow 库在模式识别方面构建和训练神经网络。它是用 Python 和 C++ 这两门强大的、广受欢迎的编程语言编写的，允许分布式训练。

1.6.2　懂编程

从事 AI 项目开发和科学研究，并不限定使用某种特殊的编程语言，实际上你所熟练掌握的每一种编程语言都可以是人工智能的开发语言。但是，目前较为高效且最流行的 AI 编程语言有 Python、R 语言、Lisp、Prolog 和 Java。

目前，Python 名列所有 AI 开发语言中的第一位，号称是最接近人工智能的语言。它的动态便捷性和灵活的三方扩展，成就了它在人工智能领域的丰碑。业界人士常说："走进 Python，靠近人工智能。"Python 的语法非常简单，很容易上手。因此，可以在其中较为容易地实现各种 AI 算法。与其他语言（如 Java、C++、Ruby）相比，Python 需要较短的开发时间。Python 支持面向对象、功能及面向过程的编程风格。Python 提供了很多库，这使 AI 开发任务更容易完成。例如 Numpy 库可以帮助解决许多科学计算，Pybrain 提供了机器学习算法，Pandas 是为了解决数据分析任务而创建的库。

R 是用于统计分析和操纵数据的最有效的语言和环境之一。使用 R，可以轻松生成设计良好的出版品质图，包括需要的数学符号和公式。除作为通用语言外，R 还有许多可用于机器学习的软件包，如 RODBC、Gmodels、Class 和 Tm，这些软件包使得机器学习算法的实现变得更容易，从而解决了与业务相关的问题。

Lisp 是人工智能开发中最古老的语言之一。它是由人工智能之父约翰麦卡锡于 1958 年发明的。它具备有效处理符号信息的能力。它还以其出色的原型设计功能和易于动态创建新对象而著称，具有自动垃圾收集功能。它的开发周期允许程序仍在运行时，交互式评估表达式和重新编译函数或文件。

Prolog 语言提供的功能包括模式匹配、数据结构和自动回溯，所有这些功能都提供了强大而灵活的编程框架。Prolog 广泛应用于医疗项目以及专家 AI 系统的设计中。

Java 易于使用、易于调试、跨平台的优良特性简化了大型项目的开发工作，并且提供了数据的图形表示以及更好的用户交互。

1.6.3　懂模型

AI 技术人员面临的问题各式各样，用于解决这些问题的人工智能模型也种类繁多，不同的模型算法擅长处理特定类型的问题。因此，AI 技术人员需要清楚地了解每种模型的优点。当前，最流行的 AI 模型包括回归分析、决策树、随机森林、KNN、贝叶斯网络、人工神经网络、卷积神经网络和循环神经网络等。

回归分析（Regression Analysis）是确定两种或两种以上变量间相互依

赖的定量关系的一种统计分析方法。回归分析按照涉及变量的多少，分为一元回归分析和多元回归分析；按照自变量的多少，可分为简单回归分析和多重回归分析；按照自变量和因变量之间的关系类型，可分为线性回归分析和非线性回归分析。在大数据分析中，回归分析是一种预测性的建模技术，它研究的是因变量（目标）和自变量（预测器）之间的关系。这种技术通常用于预测分析时间序列模型，发现变量之间的因果关系。例如，司机的鲁莽驾驶与道路交通事故数量之间的关系，最好的研究方法就是回归。

决策树（Decision Tree）是一个典型的二叉树，每个树的分支由是或否决定每个分裂，直到模型达到结果节点。决策树是一种树形结构，其中每个内部节点表示一个属性上的测试，每个分支代表一个测试输出，每个叶节点代表一种类别。在机器学习中，决策树是一个预测模型，代表的是对象属性与对象值之间的一种映射关系。基于决策树的分类是一种十分常用的分类方法，它是一种监管学习。所谓监管学习就是给定一堆样本，每个样本都有一组属性和一个类别，这些类别是事先确定的，通过学习得到一个分类器，这个分类器能够对新出现的对象给出正确的分类。

在机器学习中，随机森林（Random Forest）是一个包含多个决策树的分类器，并且其输出的类别是由个别树输出类别的众数而定。Leo Breiman和 Adele Cutler 推论出随机森林的算法。随机森林可以产生高准确度的分类器，并可以处理大量的输入变数，可以在决定类别时，评估变数的重要性。随机森林在数据挖掘、检测离群点（outlier）和将数据可视化等方面非常有用。

K 最近邻（k-Nearest Neighbor，kNN）分类算法是数据挖掘分类技术中最简单的方法之一。kNN 算法的核心思想是，如果一个样本在特征空间中的 k 个最相邻样本中的大多数属于某一个类别，则该样本也属于这个类别，并具有这个类别的样本的特性。该方法在确定分类决策上，只依据最邻近的一个或者几个样本的类别来决定待分样本所属的类别。kNN 方法在类别决策时，只与极少量的相邻样本有关。kNN 算法不仅可以用于分类，还可以用于回归。通过找出一个样本的 k 个最近邻居，将这些邻居的属性的平均值赋给该样本，就可以得到该样本的属性。由于 kNN 方法主要靠周围有限的邻近的样本，而不是靠判别类域的方法来确定样本所属类别，因此对于类域的交叉或重叠较多的待分样本集来说，kNN 方法较其他方法更为适合。

贝叶斯网络是 Bayes 方法的扩展，是目前不确定知识表达和推理领域最有效的理论模型之一。一个贝叶斯网络是一个有向无环图，由代表变量节点及连接这些节点的有向边构成。节点代表随机变量，节点间的有向边代表了节点间的相互关系，用条件概率表达关系强度，没有父节点的用先验概率进行信息表达。贝叶斯理论是处理不确定性信息的重要工具。作为一种基于概率的不确定性推理方法，贝叶斯网络在处理不确定信息的智能化系统中已得到了重要的应用，其成功地用于医疗诊断、统计决策、专家系统、学习预测等领域。这些成功的应用，充分体现了贝叶斯网络技术是一种强有力的不确定性推理方法。

人工神经网络（Artificial Neural Networks，ANNs）简称神经网络或连接模型，它是一种模仿动物神经网络行为特征，进行分布式并行信息处理的算法数学模型。神经网络是通过对人脑的基本单元——神经元的建模和联接，探索模拟人脑神经系统功能的模型，并研制一种具有学习、联想、记忆和模式识别等智能信息处理功能的人工系统。神经网络的一个重要特性是它能够从环境中学习，并把学习的结果分布存储于网络的突触连接中。神经网络的学习是一个过程，在其所处环境的激励下，相继给网络输入一些样本模式，并按照一定的规则（学习算法）调整网络各层的权值矩阵，待网络各层权值都收敛到一定值，学习过程结束。然后我们就可以用生成的神经网络对真实数据做分类。

卷积神经网络（Convolutional Neural Networks，CNN）是一类包含卷积计算且具有深度结构的前馈神经网络，是深度学习的代表模型之一。卷积神经网络具有表征学习能力，能够按其阶层结构对输入的信息进行平移不变地分类，因此也被称为平移不变人工神经网络。卷积神经网络仿造生物的视知觉机制构建，可以进行监督学习和非监督学习，其隐含层内的卷积核参数共享和层间连接的稀疏性，使得卷积神经网络能够以较小的计算量对格点化特征，例如对像素和音频进行学习，有稳定的效果且对数据没有额外的特征工程要求。

循环神经网络（Recurrent Neural Network，RNN）是一类以序列数据为输入，在序列的演进方向进行递归且所有节点按链式连接的递归神经网络。双向循环神经网络（Bidirectional RNN，Bi-RNN）和长短期记忆网络（Long Short-Term Memory networks，LSTM）是常见的的循环神经网络。循环神经网络具有记忆性，参数共享并且图灵完备，因此在对序列的非线性特征进行学习时具有一定优势。循环神经网络在自然语言处理（Natural Language Processing，NLP），例如语音识别、语言建模、机器翻译等领域有很多应用，也被用于各类时间序列预报。引入了卷积神经网络构筑的循环神经网络，可以处理包含序列输入的计算机视觉问题。

1.6.4　懂业务

作为人工智能领域的技术人员，不仅要精通 AI 理论知识、工具模型和编程语言，更要拥有深厚的业务背景，紧紧把握 AI 发展的脉络，在掌握 AI 专业技能的同时，具备与客户、商务人士深入交流和沟通的能力。这样，AI 技术人员才能根据实际的业务场景和客户需求，开发出能够充分发挥 AI

潜能的软硬件系统和商业服务模式，重构新型 AI 商业逻辑，并对 AI 业务流程给出指导性建议。

AI 的研发大多针对的是某个具体的业务场景，AI 技术人员必须懂业务。如果 AI 技术人员不懂业务，则只能提供低价值的智能服务；如果 AI 技术人员没有项目经营管理的经验，那么就不可能成长为掌控企业技术发展脉络的 CIO。因此，AI 技术人员必须参与项目管理，并且尽量参与企业经营分析和项目预算规划。

AI 技术人员基于机器学习算法将数据模型的处理结果传达给商业决策者，帮助他们调整和定制商业逻辑，建立合理的企业行动决策。AI 技术人员包括数据分析师、模型算法科学家、数据科学家和机器学习工程师等。数据科学家和机器学习工程师的业务能力有许多重叠，但各有明显侧重：数据科学家往往在机器学习、统计学和数学方面拥有更强的理论基础，而机器学习工程师通常拥有更强大的软件工程背景。

AI 产业目前处于历史的最高潮，前两次低迷都是因为对技术预期过高并且不能很好地转化为实际应用成果。显然，拥有应用市场的技术更有生命力。目前在游戏娱乐、人脸识别、在线翻译和语音识别等方面，机器智能已经超过了人类的水平，同时在金融保险、医疗健康、无人驾驶和生命科学等领域，人工智能也将产生巨大的价值。大数据与人工智能的结合能够解决很多问题，产生很多商机，但同时也会淘汰大批不能与时俱进的企业。例如，只把 AI 技术作为点缀而重在销售概念的公司正逐渐被取代，这一趋势在智能硬件行业尤其明显。

习题

简答题

1. 人工智能的发展经历了哪几个主要阶段，每个阶段有哪些标志性成果？
2. 什么是人工智能？你如何理解它的定义？
3. 人工智能有哪几个主要学派？各自的特点是什么？你倾向支持哪个学派的观点？
4. 人工智能有哪些主要研究和应用领域？其中哪些是新的研究热点？
5. 如何理解弱人工智能和强人工智能？
6. 你如何看待超人工智能，未来人类如何确保和机器人友好共处？
7. 你认为人工智能未来的发展将面临哪些挑战和困难？
8. 人工智能会淘汰哪些职业，又会造就哪些新的岗位？
9. 对于企业的生存和发展，人工智能会带来哪些影响？
10. 人工智能技术人员需要具备哪些职业素养？

△ 参考文献

[1] 王万良. 人工智能导论[M]. 北京：高等教育出版社，2017.

[2] 林尧瑞，马少平. 人工智能导论[M]. 北京：清华大学出版社，1999.

[3] 李德毅，于剑. 人工智能导论[M]. 北京：中国科学技术出版社，2018.

[4] 鲍军鹏，张选平. 人工智能导论[M]. 北京：机械工业出版社，2011.

[5] 斯图尔特·罗素，彼得·诺维格. 人工智能——一种现代的方法[M]. 3 版. 殷建平，祝恩，刘越，等译. 北京：清华大学出版社，2013.

[6] 吴军. 智能时代[M]. 北京：中信出版社，2016.

[7] 尤瓦尔·赫拉利. 未来简史[M]. 林俊宏，译. 北京：中信出版社，2017.

[8] 国务院. 新一代人工智能发展规划[J]. 中国信息化，2017（8）：12-13.

[9] 钟义信. 人工智能："热闹"背后的"门道"[J]. 科技导报，2016，34（7）：14-19.

[10] 王海涛，陈晖，张学平，等. 综合大学智慧校园建设思路和设计方案探讨[J]. 数据通信，2018（4）：1-4.

[11] 曾毅，刘成林. 类脑智能研究的回顾与展望[J]. 计算机学报，2016，39（1）：212-222.

[12] 王志宏，杨震. 人工智能技术研究及未来智能化信息服务体系的思考[J]. 电信科学，2017，33（5）：1-11.

[13] 周欢，王海涛，钟之阳. 时空轨迹数据智能处理与模式挖掘技术研究[J]. 电信快报，2018（7）：12-16.

[14] 艾媒咨询. 2017 年中国人工智能行业白皮书[EB/OL]. [2017-12-1]. http://www.iimcdia.cn/59710.html.

[15] 吕伟，钟臻怡，张伟. 人工智能技术综述[J]. 上海电气技术，2018，11（1）：62-66.

[16] 刘志毅. 人工智能的未来：理性主义抑或人文主义的选择[J]. 中国信息化，2018（1）：7-9.

[17] 人工智能、机器学习和深度学习的区别与联系[J]. 医学信息学杂志，2017，38（11）：95-96.

[18] 范振东，陈晖，王海涛. 基于大数据的智慧校园学生综合评测系统[J]. 电信快报，2018（11）：25-28.

[19] 苏轩. 人工智能综述[J]. 数字通信世界，2018，31（1）：22-27.

[20] 顾君忠. 大数据与大数据分析[J]. 软件产业与工程，2013（4）：17-21.

[21] 朱定局. 智能大数据与深度学习[M]. 北京：电子工业出版社，2018.

[22] 王海涛，宋丽华. 智能家居无线传感网的设计和分析[J]. 电信快报，2016（6）：9-12.

[23] Lamber Royakkers，Rinie Van Est. 人机共生[M]. 粟志敏，译. 北京：中国人民大学出版社，2017.

[24] 尼克·贝瑟斯. 大数据与物联网——面向智慧环境路线图[M]. 郭建胜，译. 北京：国防工业出版社，2017.

[25] Chantal D. Larose, Daniel T. Larose. Data Science Using Python and R[M]. Wiley Series;USA, 2019.

第 2 章

感受 AI

"AI 改变世界，谁来改变 AI"。我们应该为人工智能领域已经取得的成绩感到骄傲，同时也应该对未来出现的无限可能充满向往。世界正在经历第四次工业革命，以无法估量的速度向前发展，这场革命是由计算机信息技术的发展推动的，我们每天都在见证人工智能和第四次工业革命如何影响着我们的生活。在语音助手、计算机作曲、人脸识别、行人识别、图像分类、识文断字、手写数据识别、问答系统（奥森）、情感分析、图像生成、图像艺术、智能家居、环境监控等方面面感受着 AI 带给人类的改变。

在这个星球上，唯有人类有着如此神奇的智慧，我们用语言表达思想、交流感情，而当机器能够读懂我们，和人类进行交流时，这将是怎样的一个未来啊！

2.1 析音赏乐

1952 年，美国贝尔实验室发明了一种叫作"奥黛丽"（Audrey）的系统，这个系统可以听懂 10 个英文数字。20 世纪 60 年代，超音速飞机登上了美苏争霸战的舞台。在飞行中飞行员由于身体被几倍于体重的强大力量制约而无法使用肢体操作，那么能否用语音来操纵飞机呢？在美国国防部高级研究计划局（DARPA）的全力资助下，语音识别开始蓬勃发展。

2012 年，邓力公开发表了一篇论文 "Context-dependent pre-trained deep neural networks for large-vocabulary speech recognition"，这篇论文成了第一篇正式把深度学习应用到语音识别上的研究论文。到了 2016 年，机器在语音识别上的表现已经超过了人类的平均水平。

2.1.1　语音助手

智能音箱的背后技术是语音助手，而目前最强的技术掌握在微软、谷歌、亚马逊、苹果和三星等几个巨头手中。目前来看，常规语音识别技术已经比较成熟，发音技术有待完善。真正的语义理解技术还都处于比较初级的阶段，对于松散自由的口语表述，语音助手往往无法获得重点，更无法正确回答。2018 年，谷歌发布了语音助手的升级版演示，展示了语音助手自动电话呼叫并完成主人任务的场景。其中包含了多轮对话、语音全双工等新技术，这可能预示着新一代自然语言处理和语义理解技术的到来。

2.1.2　语音识别

在万物互联的时代，人类使用语音与计算机交互显得最自然、最便捷。语音交互，首先要教会机器人听懂人类的语言，让机器通过计算、识别和理解自然语言的信号，并转换为文本或者命令，也就是为机器打造了听觉系统，这项技术就是"语音识别"。

创新工场的掌门人李开复在美国哥伦比亚大学读政治科学专业（奥巴马上过同样的选修课），后转为计算机专业。1983 年，李开复进入卡内基梅隆大学，开始了人工智能领域语音识别的研究，成为了人工智能尤其是语音识别潮起潮落的见证者和重要参与者。

1. 机器翻译

"翻译"是语音识别领域最重要的一个应用。"机器翻译"需要两种数据，一种是双语对照的数据，它告诉机器什么样的句子翻译成什么样的句子；第二种是要准备大量句子，这实际上是在告诉机器什么样的句子是合理的句子。2012 年 10 月，微软研究院理查德·拉希德博士在天津举行的"21 世纪计算机大会"上演示了语音翻译系统，首次把语音识别、合成和机器翻译这 3 项人工智能技术融合在一起。人类的语言千差万别，但计算机的语言只有 0、1、0、1，一旦找到了打开语言之门的钥匙，机器就能够理解人类的语言，就可以交流自如了。

2. 中国声谷

坐落于中国合肥的"科大讯飞"，被称为"中国声谷"。"让世界聆听我们的声音"，是科大讯飞的标语，科大讯飞总裁胡郁列举了他们的成就：2008 年至今，科大讯飞连续在"国际说话人、语种识别评测"大赛中名列前茅；2014 年，科大讯飞首次参加国际口语机器翻译评测比赛勇获佳绩；2016 年，国际语音识别大赛上，科大讯飞取得全部指标第一；口语测评（根据人类英语的发音评价发音的准确程度、词汇量和语法句法）技术在世界上遥遥领先。

2.1.3 典型应用场景

1．语音识别

百度语音，面向广大开发者开放语音识别技术，其所采用的离在线融合技术，根据当前网络环境自动判断本地引擎或云端引擎，进行识别；而极速语音识别是摆脱按键操作，通过语音识别直接输入文字，快速返回识别结果，可应用于游戏文字输入、社交聊天、语音指令等多个场景，提高了输入效率及体验。

2．远场语音识别及呼叫中心音频文件转写

通过麦克风阵列前端处理算法，有效消除噪声，同时对目标说话人的声音进行增强，使得智能家居、智能硬件、机器人语音交互等场景下的远场语音也可识别，即使在 3～5 米的距离处说话也可准确识别；当然企业也可使用呼叫中心音频文件转写服务，将电销业务、客服业务、质检业务等多场景的语音精准地转为文字，提升企业效率并降低成本。带宽消耗可控，结果返回时间有保障。

2.2 别具慧眼

"给我一双慧眼吧"，一位名叫瑞德·赛尔的盲人，患有视网膜色素异常症，当带上仿生盲人眼镜后，竟然可以再次看清他女儿们的脸庞，还看到了女儿们为他准备的蛋糕，这样不可思议的事情就发生在现实生活中。这款仿生盲人眼镜 Smart Specs 是由牛津大学计算机视觉教授菲利普·托尔（Philip Torr）和他的伙伴们研制出来的一款电子视觉辅助设备，这款眼镜成为全世界第一个能为盲人解决行动独立性甚至阅读障碍的技术，引起业界轰动。

2.2.1 人脸识别

利用人脸识别技术，进行人员信息的录入与图像匹配，并将接受的信息传入数据库。人脸识别技术在犯罪嫌疑人的身份认定、户籍信息管理、追逃工作及重点场所布控等反恐安防领域，发挥着越来越重要的作用。人脸识别作为生物特征识别的一个分支，是模式识别和计算机视觉中一个非常活跃的研究领域。相较于其他的生物识别方式，人脸识别具有识别方式友好、识别结果直观、识别过程隐蔽等优势，这些特点的存在使得人脸识别技术在公安工作中的应用具备了天然的优势。

人脸识别技术流程

（1）人脸检测及特征提取

在输入图像中检测人脸并定位出人脸的具体位置，通常用人脸的最小外接矩形表示人脸大小、位置；而特征提取是对人脸检测数据库中定位出的各个人脸，通过空间变换、降维、机器学习等方法对其人脸特征进行提取，并使用特征向量的形式表示人脸特征，即一张人脸图像唯一地对应一个特征向量，而该特征向量通过变换唯一地对应原始的人脸图像，通过该步骤可以建立人脸图像和其特征向量的对应关系。

（2）人脸比对

将待比对人脸的特征向量与库内人脸的特征向量进行比对，可以利用向量的空间距离、向量的范数等作为衡量特征向量之间相似程度的度量，选择向量相似程度最高的人脸图像为人脸比对结果，进而获取待比对人脸的详细身份信息。

公共场所治安巡逻、视频技侦、敏感人员布控等实战环境，都对人脸识别特别是在大规模底库中的人脸比对识别具有强烈需求。国内知名企业云创大数据提供的大规模人脸比对机解决方案可作为其底层基础设施，为公安上层业务应用提供高效的数据比对处理服务，为其实时反馈比对处理结果。

云创大规模人脸比对机作为亿量级大规模人脸特征高速比对系统，应用大规模人脸识别技术，针对亿级大规模人脸1∶N应用场景性能需求，结合高密度混合服务一体机作为硬件支撑平台，配合大规模人脸识别算法，单台设备支持1秒完成7亿次人脸比对，如图2-1和图2-2所示。

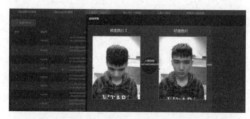

图2-1   真实环境百万级规模1∶N应用

图2-2   云创大规模人脸比对机识别效果

2.2.2 行人识别

行人识别的主要挑战性在于姿态、角度以及不同分辨率带来的大量变化。找出不同行人之间的差异是一个重要的研究方向。在最近几年，深度学习的方法在行人识别的方面取得了一定成绩。现有的行人识别方法大体上分为两类，一种是做多分类，有多少行人样本就分为多少类，在这种方法中主要是寻求每个行人图像之间的差异，根据设计的深度学习网络框架提取每个行人的特征信息，通过损失层计算，从而达到减小类内差距，增大类间差距的效果；另一种是根据行人图像对做二分类（相同或不同），该方法主要通过卷积神经网络，分别提取图像对的行人特征，并计算图像对之间的差异，判别行人对是否属于同一个行人，从而达到识别的目的。行人识别和检测技术在无人驾驶汽车、智能视觉监控、服务型智能机器人等领域中均有重要应用。行人检测是计算机视觉领域的重要研究课题之一。行人检测通常通过图像处理、计算机视觉相关算法以及机器学习等技术，对行人进行检测和识别。根据分类方法，行人检测通常被分为形变部件模型变体、基于决策森林的行人检测方法和基于深度神经网络的行人检测方法 3 种。近年来，行人检测在这 3 个研究方向均有不同程度的发展，卷积神经网络在目标检测领域的成功应用，成为计算机视觉领域的研究热点之一，如图 2-3 所示。

图 2-3　行人识别

其中，云创大数据行人特征识别系统集成了行人属性分析功能，即使在无法获得人脸影像的角度的场景下，也能对人员进行检测与特征识别记录，可识别的特征包括年龄类型、背包类型、上衣颜色、上衣类型、人员性别、发型、帽子类型、人种、裤子颜色、裤子类型等。该功能可用于在海量监控影像中对有一定特征的人员进行监测与布控预警，以有效增强人脸识别布控系统，如图 2-4 所示。

图 2-4　行人特征识别系统

2.2.3　图像分类

谷歌的猫脸识别曾引起了学术界的轰动，它采用了深度学习领域的"无监督学习方式"，即不进行人为的图片标注，而是让机器自己从大量原始数据中磨砺出算法，进行区分和识别。

近年来，随着计算机视觉技术的迅猛发展，如何高效且准确地对海量图像进行分类显得尤为重要。经典的图像分类大部分是针对单标签图像的，即每幅图像只与一个物体相关联。而在现实生活中，一幅图像往往会包含多个不同种类的物体，所以研究对多标签图像的分类更加具有实际意义。针对人工神经网络在单标签图像分类中的应用已经有了广泛的研究，其中卷积神经网络展现出了极其出色的效果和强大的性能。由于多标签图像具有内容复杂、物体互相遮挡等问题，将卷积神经网络应用于多标签图像分类，吸引研究者做了大量的工作。

2.2.4　典型应用场景

1.　图像审核及商品搜索

提供多种维度的图像审核能力，支持自助调整审核阈值、自定义文本黑库、敏感人物审核库等，配置最符合用户业务需求的审核策略。包括政治敏感识别、暴恐识别、广告检测、公众人物识别、图文审核、图像质量检测等；商品搜索是将用户拍摄的图片在商品库中搜索，找到同款或相似的商品，进行商品销售或者相关商品推荐，提升商品搜索查找的便捷性，优化用户体验。包括自定义图库、相似图片检索、可视化图库管理等。

2.　车辆分析

准确识别图像中的车辆相关信息，提供车型识别、车辆检测、车流统计、车辆属性识别、车辆外观损伤识别、车辆背景分割等能力。包括识别车辆品牌型号、车辆检测和类型识别、车辆检测与追踪、动态车流量统计等，如图 2-5 所示。

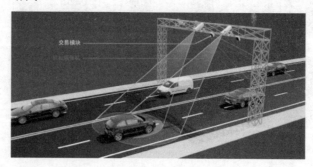

图 2-5　云创大数据车牌识别技术

云创大数据的车牌精准识别技术以深度学习硬件为基础提供运算处理资源，运用人工智能识别模型获取大量通行车辆的车牌等结构化数据，通过大数据分析方式结合时间空间信息，形成每辆车的移动轨迹。并基于移动轨迹关键数据，结合行业业务应用需求，提供多种大数据分析、应用功能模式服务。目前，该项技术的准确率已达99.95%，处于国内领先水平。

该项技术能够解决车牌遮挡、车牌磨损、车牌对焦不准、车牌抓拍反光、抓拍过曝、恶劣天气抓拍成像失真、车牌夜间抓拍、车牌抓拍角度不良、远距离抓拍、特种车牌识别等技术难点，在同类抓拍条件下识别技术的优势明显。适合应用于车辆行车轨迹、路径识别、不停车缴费、一车一档、车牌搜车、以图搜车、特征搜车、套牌分析、未系安全带分析、黑名单管理等典型应用场景。

同时，在此基础上，基于深度学习和强化学习算法，云创大数据开发的城市交通智能优化技术在现有交通运行规则以及信号控制规则的前提下，通过对海量交通信息的收集提取、指标分类、算法构建、模型训练等过程，实现对交通信号灯配时策略的优化和控制，提升道路资源利用率，降低车辆排队时间，增加路段平均流量，从而大幅降低城市道路拥堵，让城市道路愈发智能化（见图2-6）。

图 2-6 城市交通智能优化技术

3. 车辆检测、智能定损及图像识别

车辆检测识别图像中的所有车辆，返回每辆车的类型和坐标位置，可识别小汽车、卡车、巴士、摩托车、三轮车、自行车 6 大类车辆。包括小汽车属性识别、交通安防、外观部件识别、部件损伤检测等；智能定损是指车主或保险公司定损人员通过手机拍摄上传车辆损伤部位的外观图片，系统自动识别受损部件及损伤类型，快速在线定损，并可推荐引导至周边4S店或汽修店，显著提升小额案件的定损、理赔效率，包括识别车辆轮廓、高精度分割、汽车抠图等；图像识别可以精准识别超过十万种物体和场景，

包含多项高精度的识图能力并提供相应的 API 服务，充分满足各类个人开发者和企业用户的业务需求，识别物体或场景名称。支持识别动物、植物、商品、建筑、风景、动漫、食材、公众人物等 10 万个常见物体及场景，接口返回大类及细分类的名称结果。获取百科信息，支持获取图片识别结果对应的百科信息，接口返回百科词条 URL、图片和摘要描述，可选择是否需要返回百科信息，包括图像主体检测、识别动物名称、识别植物名称、商品 LOGO 识别、果蔬识别、红酒识别、地标识别、门脸识别等。

4. 铁路病态非接触检测系统

铁路轨道线路设备常年裸露在露天环境中，在恶劣天气和列车负载的作用下，设备技术状态不断发生变化，而其异常状态直接影响着铁路线路的运行安全。尽管有关路局工务部门已制订全面的维护计划，定期安排巡线员、检修员进行巡检，但由于人力的局限性、现场巡检情况无法复核的局限性以及设备在白天发生突变的概率性等，难以 100%实现铁路线路设备异常情况的及时发现和解决。

云创大数据的铁路病态非接触检测系统（见图 2-7）通过在铁路线路设备前端安装定点工业级高清智能摄像机，进行实时图像采集，并在后端采用深度学习方法，对采集的图像信息进行智能分析，对铁路线路设备异常状态实时监控，从而提高铁路轨道巡检效率。

图 2-7　云创大数据铁路病态非接触检测系统

5. 智慧城市综合应用

作为未来城市的发展蓝图，目前智慧城市建设大多处于数据采集与共享的信息化建设阶段，难以称得上是真正"智慧"。不仅人工管理仍是主流，如何以高性价比打造大智慧也是一大瓶颈。例如，目前全球路灯的保有量约为 3.04 亿盏，并将在 2025 年达到 3.52 亿盏（国际气候组织统计），其本身不菲的造价加之人工巡检、管理维护费用开支巨大，但绝大部分只是简单地用于照明。

　　作为智慧城市建设的切入点，智慧路灯伴侣（见图 2-8）能够直接挂载到城市既有路灯或墙体上，同时提供全景监控、人脸识别、车牌识别、实时巡查、视频标注、轨迹追踪、环境监测、便民服务等城市功能，将城市中随处可见的普通路灯升级为智慧化的城市基础设施，同时为公安、城管、交通、环保、旅游等多个领域提供智慧服务。

图 2-8　云创大数据智慧路灯伴侣

2.3　识文断字

　　随着计算机时代发展的不断进步，嵌入式通信系统由于特定的应用场景和目的，与其他系统相比具有一定的可靠性。远程高速数据识别作为嵌入式设备之一，广泛地应用到了通信系统中，人们对远程数据识别的需求越来越高，既要求通过网络可以远程控制、传输、存储大量的信息数据，还要求有较高的识别率。

2.3.1　手写数据识别

　　现阶段在远程高速数据识别过程中，存在着数据识别执行时间过长、能量消耗较大、识别率较低等问题。在这种情况下，如何能够有效地提高数据传输处理能力，保证数据准确有序地识别成为当今社会亟待解决的问题。

2.3.2　问答系统

　　随着信息时代技术的发展，人们越来越习惯在互联网上获取各种各样的信息。传统的搜索引擎，用户只能基于关键词进行检索，这并不能充分表达用户的搜索意图。对不熟悉专业领域的业余人员，在询问他们感兴趣的领域问题时，往往也很难精准描述专业术语，导致关键词匹配失败。基于关键词匹配检索返回的候选结果，也难做到问题和答案的相关度吻合。用户要从大量的候选结果中定位目标结果，这种方式的准确率和召回率往往很低，用户体验较差。因此，自动问答系统应运而生。

　　自动问答系统（Automatic Question and Answering System）简称问答系

统（QA），是指接受用户以自然语言形式描述的提问，并从大量的异构数据中查找出能回答该提问的准确、简洁答案的系统，其并非相关文档的信息检索系统。目前，运用自然语言处理技术（NLP），借助信息检索（IR）从网络中检索答案，成为了研究热点。

由于近几年人工智能及精准医疗、智慧医疗的提出，医学知识本体应用正受到国内外企业、学界的广泛关注，利用医学知识本体进行自动问答，有望带来更廉价、高效、精准的医疗建议和诊断。

2.3.3 情感分析

Web 2.0 时代以来，越来越多的用户主动通过各种网络传播渠道，以非商业的目的，分享关乎产品的自身感知体验、意见观点以及所引发的情感认同。这些产品评论数据对于商家及用户都有着不可替代的参考性。然而，由于产品评论数量庞大、内容广泛且形式复杂，依靠传统人工方法很难全面、细致地挖掘出有价值的信息。面对大数据时代带来的严峻挑战，探索并发现用户对某一产品的褒贬态度及意见，可以为企业的产品优化改进和消费者的购买行为提供数据支持。

产品评论情感分析是指利用自然语言处理、文本挖掘和计算机语言学等方法对评论文本进行识别和提取主观信息的过程，主要分为两个方面：产品特征提取和情感极性识别。产品特征提取与情感极性识别是产品评论情感分析的基础。

2.3.4 典型应用场景

对图片中的文字进行检测和识别，支持中、英、法、俄、西、葡、德、意、日、韩、中英混合等多语种识别，同时支持中、英、日、韩四语种的类型检测，基于业界领先的深度学习技术，提供多场景、多语种、高精度的整图文字检测和识别服务，印刷体文字识别准确率高达99%。

1. 票据识别及卡证文字识别

基于业界领先的深度学习技术，提供对财税报销、金融保险等场景所涉及的各类票据进行结构化识别的服务。包括混贴票据识别、银行回单识别、增值税发票识别、通用机打发票识别、火车票识别、定额发票识别、彩票识别、通用票据识别等。

卡证文字识别包括身份证识别（支持对二代居民身份证正反面所有 8 个字段进行结构化识别，包括姓名、性别、民族、出生日期、住址、身份证号、签发机关、有效期限，识别准确率超过 99%，同时支持身份证正面头像检测）；护照识别（支持对中国大陆护照个人资料页所有 10 个字段进行结构化识别，包括国家码、护照号、姓名、姓名拼音、性别、出生地点、出生日期、签发地点、签发日期、有效期。可应用于境外旅游产品预订、酒店入住登记等场景，满足护照信息自动录入的需求，有效提升信息录入效率，降低用户输入成本，提升用户使用体验）；户口本识别（使用户口本识别技术，对户口本上的姓名、性别、出生地、出生日期、身份证号等信息进行识别，可应用于新生儿建档、户口迁移、个人信贷申请、社会救济金申请等政务办理场景，使政务部门能够快速提取申请人身份信息完成核验和登记，提升办事效率）；出生医学证明识别（支持对出生医学证明的6个关键字段进行结构化识别，包括新生儿姓名、性别、出生时间、父亲姓名、母亲姓名、出生证编号。使用出生医学证明识别技术，对新生儿姓名、性别、出生时间及父母亲姓名进行识别，可应用于新生儿户籍登记、保健服务登记、幼儿入学登记等场景，使相关政务部门能够快速提取新生儿身份信息完成核验和登记，提升办事效率）。

2. 汽车场景文字识别及教育场景文字识别

基于业界领先的深度学习技术，提供对汽车购买及使用过程中所涉及的各类卡证、票据进行结构化识别的服务。包括驾驶证识别、行驶证识别、车牌识别、VIN码识别等。

手写文字识别：支持对图片中的手写中文、手写数字进行检测和识别，针对不规则的手写字体进行专项优化，识别准确率可达90%以上。

公式识别：支持对试卷中的数学公式及题目内容进行识别，可提取公式部分进行单独识别，也可对题目和公式进行混合识别，并返回Latex格式公式内容及位置信息，便于进行后续处理。使用公式识别技术，可对题目中的数学公式和题目内容进行识别，并以Latex格式返回公式内容，满足对含数字公式的题目进行识别后匹配题库内容的需求，有效提升可搜索题目类型的丰富性，提升用户使用体验。

2.4　神来之笔

图像生成技术是根据已知信息生成图像的过程、方法和算法的总称，它在过去的30年间得到了飞速发展，并被应用于各种场景。

2.4.1　图像生成

近年来，随着卷积神经网络（CNN）在图像生成与处理领域应用研究的不断深入，涌现出了很多使用CNN进行图像生成的方法。2014年，Goodfellow等提出了生成对抗网络，并迅速成为最流行的深度学习算法之

一，在图形生成、图像分类、图像识别等领域展现出了强大的力量。GAN
包含两个部分，一个是生成器，另一个是鉴别器。它的优点是能够让生成
器和鉴别器在对抗中自动获得最优的结果。这种方法的核心是利用 CNN 的
多层卷积对目标图像进行特征提取，然后根据目标图像的像素概率密度分
布特点进行重构，再将重构图像与目标图像进行对比后不断调优。GAN 将
图像生成技术带到了全新的高度，在 GAN 被提出之后，许多领域的图像生
成模型都采用了 GAN 的基本结构并对其进行了各种各样的改进。生成高分
辨率的星系与恒星图像对预测未知恒星与星系、帮助人们了解宇宙有着重
要的意义。GAN 能够利用简单的结构生成较为清晰的图像，然而它的缺点
是整个模型较难训练稳定，极易出现过拟合或是欠拟合的情况。目前使用
GAN 进行图像生成所使用的训练图像绝大部分是人脸和景观图像，而对于
来自于宇宙的星系、恒星等图像的生成却鲜有关注。

2.4.2　图像艺术

现实世界中的物体，其表面往往具有各种纹理，即表面细节。一种纹
理是由于不规则的细小凹凸造成的，称为凹凸纹理；另一种则是通过颜色
中的色调、亮度变化体现出来的表面细节，这种纹理称为颜色纹理。而通
常艺术家在不同的区域使用不同的色调、亮度和饱和度以表现不同的画风。
正是基于这种思想，我们可以将艺术家的绘画风格描述为一种附加在物体
二维表面的特有的纹理。如何用纹理模型精确地表达绘画风格这种非真实
感绘制，并且能够按照创作者的意图生成理想的纹理效果，从而达到艺术
仿真的目的，也是人工智能技术在图像艺术领域的一个应用方向。

另外，纹理合成技术可以进行纹理填充（修补破损的图片，重现原有
图片效果）、纹理传输（把一张图的纹理贴到另一张图中）等。所以纹理合
成技术在图像编辑、数据压缩、网络数据的快速传输、大规模场景的生成
以及真实感和非真实感绘制等方面，具有广泛的应用前景。

2.4.3　典型应用场景

1. 图像处理——人脸识别

（1）人脸检测与属性分析

快速检测人脸并返回人脸框位置，输出人脸 150 个关键点坐标，检测
图片中的人脸并标记出人脸坐标，支持同时识别多张人脸，准确识别多种
人脸属性信息，包括年龄、性别、种族、颜值、表情、情绪、脸型、头部
姿态、是否闭眼、是否配戴眼镜、人脸质量信息及类型等，精准定位包括
脸颊、眉、眼、口、鼻等人脸五官及轮廓的 150 个关键点。

分析检测到的人脸的情绪并返回置信度分数,目前可识别愤怒、厌恶、恐惧、高兴、伤心、惊讶、嘟嘴、鬼脸、无情绪等 9 种情绪。分析人脸的遮挡度、模糊度、光照强度、姿态角度、完整度、大小等特征。

（2）模糊人脸识别

模糊人脸识别技术可对模糊人脸进行清晰化处理,在原始人脸采集角度、清晰度、照度等条件不利的情况下,依旧能够获得较为准确的识别命中率,且支持人脸人像库 1∶N、路人库 1∶N、人脸 1∶1 验证、单帧多人脸检测等功能模式。

在与某公安局的合作中,面对 13 起无法判断犯罪嫌疑人的案例,云创大数据模糊人脸比对系统（见图 2-9）与国内多家代表性人脸识别系统进行对比测试,发现在模糊监控视频场景下,云创系统的检出率远高于其他系统,13 起案例命中 9 件。

图 2-9　云创大数据模糊人脸识别

（3）智能眼镜人脸识别系统

通过身份证、指纹等进行身份安全验证给我们的生活带来了诸多便利,但是在安防、防恐、维稳等犯罪防治工作中,以上安全验证远远不够,特别是在地铁等人口集中的地区,需要配备大量的巡检人员,而且花费时间较长。随着人脸识别技术的不断成熟,智能眼镜人脸识别系统（见图 2-10）等无感式应用,大大提高了安全巡检及处置警情的效率。

图 2-10　云创大数据智能眼镜人脸识别系统

　　智能眼镜人脸识别系统利用可穿戴的独立 AR 一体眼镜采集数据，结合高速的后台人脸大规模比对能力，可支持巡逻执法过程中民警对视野范围内人员的人脸进行无感式身份比对、识别与预警。具体而言，在预先录入人脸信息以及物品信息的前提下，带上眼镜后对着目标注视大约 1~3 秒，即能呈现人物的身份信息及物品的信息。

2. 图像处理——人像特效

　　人脸融合：对两张人脸进行融合处理，生成的人脸同时具备两张人脸的外貌特征。此服务也支持对图片进行扫黄及政治人物过滤，为业务提供安全的人脸服务。也可以指定人脸，当图片中有多张人脸时，可以指定某一张人脸与模板图进行融合。将检测到的两张人脸图片进行融合，输出一张融合后的人脸。利用图像识别能力，判断图片中是否存在色情、暴恐血腥场景、政治敏感人物等。

3. 图像艺术化处理

　　基于领先的深度学习技术，对质量较低的图片进行去雾、对比度增强、无损放大、拉伸恢复等多种优化处理，可重建高清图像。方法有图像对比度增强，图像去雾，图像风格转换，黑白图像上色等。

2.5　运筹帷幄

2.5.1　智能家居

　　智能家居是在物联网的影响之下的物联化体现。智能家居通过物联网技术将家中的各种设备连接到一起，提供家电控制、照明控制、窗帘控制、电话远程控制、室内外遥控、防盗报警、环境监测、暖通控制、红外转发以及可编程定时控制等多种功能和手段。与普通家居相比，智能家居不仅具有传统的居住功能，兼备建筑、网络通信、信息家电、设备自动化。集系统、结构、服务、管理为一体的高效、舒适、安全、便利、环保的居住环境，提供全方位的信息交互功能，帮助家庭与外部保持信息交流畅通，优化人们的生活方式，帮助人们有效安排时间，增强家居生活的安全性，甚至为各种能源费用节约资金。

　　智能家居让用户以更方便的手段来管理家庭设备。比如，通过触摸屏、手持遥控器、电话、互联网来控制家用设备，更可以执行情景操作，使多个设备形成联动；另一方面，智能家居内的各种设备相互间可以通信，不需要用户指挥也能根据不同的状态互动运行，从而给用户带来最大程度的方便、高效、安全与舒适。所谓智能家居时代就是物联网进入家庭的时代。

它不仅指那些手机、平板电脑、大小家电、计算机、私家车，还应该包括吃喝拉撒睡、安全、健康、交友，甚至家具等家中几乎所有的物品和生活元素。其目的是让人们的家庭生活更舒适、更简单、更方便、更快乐。

2.5.2　环境监控

环境监控系统是一个综合利用计算机网络技术、数据库技术、通信技术、自动控制技术、新型传感技术等构成的计算机网络，提供一种以计算机技术为基础、基于集中管理监控模式的自动化、智能化和高效率的技术手段，系统监控对象的主要应用是机房动力和环境设备等设备。

1.　告警功能

无论监控系统控制台处于任何界面，均应及时自动提示告警、显示并打印告警信息。所有告警一律采用可视、可闻声光告警信号。不同等级的告警信号应采用不同的显示颜色和告警声响。紧急告警为红色标识闪烁，重要告警为粉红色标识闪烁，一般告警为黄色标识闪烁。

发生告警时，应由维护人员进行告警确认。如果在规定时间内（根据通信线路情况确定）未确认，那么可根据设定条件自动通过电话或手机等通知相关人员。告警在确认后，声光告警应停止，在发生新告警时，应能再次触发声光告警功能。

具有多地点、多事件的并发告警功能，无丢失告警信息，告警准确率为 100%，系统能对不需要做出反应的告警进行屏蔽、过滤。系统能根据需要对各种历史告警的信息进行查询、统计和打印，各种告警信息在任何地方不能进行更改。

系统除对被监控对象具有告警功能外，还能进行自诊断（例如系统掉电、通信线路中断等），能直观地显示故障内容，从而具有稳定自保护能力。系统具有根据用户的要求方便快捷地进行告警查询和处理的功能。系统告警可以根据不同的需求进行配置，如告警级别、告警屏蔽、告警门限值等。具有电子化闭环派单功能，实现派单、接单、维护、复单、销单的故障全处理过程。

2.　配置管理功能

当系统初建、设备变更或增减时，系统管理维护人员能使用配置功能进行系统配置，确保配置参数与设备实情的一致性。当系统值班人员或系统管理维护人员有人事变动时，可使用配置功能对相关人员进行相应的授权。

在系统运行时，系统管理维护人员也可使用系统配置功能，配置监控系统的运行参数，确保监控系统高效、准确地运行。系统管理维护人员也可使用系统配置功能，对设备参数的显示方式、位置、大小、颜色等进行配置，以达到美化界面的效果。

配置管理操作简单、方便、扩容性好，可进行在线配置，不会中断系统正常运行。监控系统具有远程监控管理功能，可在中心或远程进行现场参数的配置及修改。系统按片区、按专业进行配置，按片区、按专业进行显示。

3. 安全管理功能

系统提供多级口令和多级授权，以保证系统的安全性。系统对所有的操作进行记录，以备查询，系统对值班人员的交接班进行管理。监控系统有设备操作记录，设备操作记录包括操作人员工号、被操作设备名称、操作内容、操作时间等。监控系统有操作人员登录及退出时间的记录。

监控系统有容错能力，不会因为用户误操作等原因使系统出错，退出或死机。监控系统具有对自身硬件故障、各监控级间的通信故障、软件运行故障的自诊断功能，并给出告警提示。

4. 报表管理功能

系统能提供所有设备运行的历史数据、统计资料、交接班日志、派修工单及曲线图的查询、报表、统计、分类、打印等功能，供电源运行维护人员分析研究之用，系统还具备用户自定义报表功能。

系统可对被监控设备相关的信息进行管理。包括设备的各种技术指标、价格、出厂日期、运行情况、维护维修情况、设备的安装接线图表等。可以收集、显示并记录管辖区内各机房监视点的状态及运作数据资料，为管理人员提供全方位的信息查询服务。机房环境监控系统支持二次开发设计，系统成熟稳定，兼容拓展性强，功能集成度高，操作便捷，适用于银行、税务、政府、海关、广电、通信、电力等网络机房项目。

2.5.3   典型应用场景

1. 常用智能家居

入户门：入户门设置灯光感应器，主人回家或客人来访时，灯光自动打开，方便主人开锁和客人按门铃，灯光过后会自动延时熄灭；入户门设置室内定点监控摄像机，记录进入人员的出入情况，实现 24 小时监控。

大厅：大厅内设置自动照明开关，主人进入灯光自动打开，方便主人行走和操作触摸屏，并延时熄灭；大厅集中控制触摸屏，开启大厅部分灯光；大厅全部灯光系统，直达主卧室的灯光系统；开启宅内背景音乐系统。可设置"回家模式"，完成撤防、开启大厅灯光、开启指定区域背景音乐、开启指定区域空调、采暖。可设置"离家模式"按键，完成安防设防，关闭全宅灯光、空调、地暖、背景音乐等。可设置全宅灯光的全开或全关，也可设置迎客模式键，大厅和起居室的灯光全部打开，喜迎客人，当主人进入衣帽间或洗手间，灯光自动打开，延时并于离开后熄灭。

2. 自动车库识别

主人开车到达车库门时，按动车库门遥控开关，车库门自动打开，车辆进入后，主人下车，灯光自动打开，并延时等主人离开车库后熄灭。

从车库进入室内的门口设置情景面板，可启动"夜间回家模式"（联动撤防、启动指定区域空调/采暖系统，同时打开大厅或起居室等指定区域的灯光，或者一键启动门口到主卧室沿途的灯光照明）；当离家时，在进入车库前一键启动"离家模式"，（联动设防、关闭指定区域空调/采暖系统、灯光系统、音视频电源系统、窗帘系统、泳池设备等子系统）；主人进入室内后，走廊灯光自动打开，穿过走廊后，灯光自动熄灭。

3. 餐厅及公共区域情景模式

主人进入家庭间经过客厅时，通过设置灯光感应器，实现人来灯开，人走灯灭。家庭间和餐厅之间，设置情景面板，方便主人进入时开启灯光，同时可设置多种场景（如灯光明暗组合，音频设备之间的组合，实现看电视、休息、聊天、就餐等模式，需根据主人的生活习惯进行后期设计）。家庭间的茶几上放置无线触摸屏，可实现对全宅指定区域内灯光、空调/采暖系统、音视频系统、泳池设备等的控制。设置智能背景音乐面板可开启和关闭背景音乐，在选择曲目和新闻广播的同时，提供呼叫家庭人员或呼叫保姆等服务。

4. 安防环境监控应用

在每个与室外接触的窗户处安装红外感应探测器，当有人非法入侵时，系统会立刻以鸣笛、拨打预设电话的方式进行报警。院落的 4 个拐角架设 4 台摄像机，实时监控，记录院内的情况，如厨房煤气泄漏报警、烟雾报警等。

具体应用场景：仓库及数据机房（漏水、配电、温湿度、烟感、门禁、UPS、空调、电源等）；配电机房（UPS、电流、电压、开关状态、发电机、蓄电池、电源、烟感等监测等）；仓库环境（如粮食、烟草、医药、化工、食品等，主要为温湿度、气体含量、水质、酸碱度等）；管网节点（煤气、石油管道、铁路、隧道环境等）；以及企业车间、商场等重要区域环境、消防等的监测。

自云创大数据打造的燃气报警云平台（见图 2-11）面世以来，其在南京市秦淮区迅速建设落地。在南京市秦淮区的 12 个街道和 3 个管委会的小餐饮场所，都安装了燃气报警器，实时监控燃气使用情况，并将数据上传到燃气报警云平台进行分析处理。目前，燃气报警云平台已在 3836 家商户或饭店应用，总报警次数达到 15974 次，成功避免了多起潜在的燃气事故以及有可能导致的人员伤亡、财产损失。

图 2-11　燃气报警云平台

　　在燃气预警之外，云创大数据与南京市秦淮区环保局通力合作，利用新型前端监测设备、大数据可视化平台、人工智能分析技术，于 2018 年 10 月率先在秦淮区建设落成空气质量网格化监测系统（见图 2-12）。根据整个秦淮区近 50 平方千米的面积，系统以 1×1 平方千米为网格，结合重点区域密集布点，总共安装了 53 个微型空气监测站。同时平台也接入了瑞金路国控点和 14 个智慧工地的数据，结合平台 Web 端与手机 App，对区域环境实时动态监控。

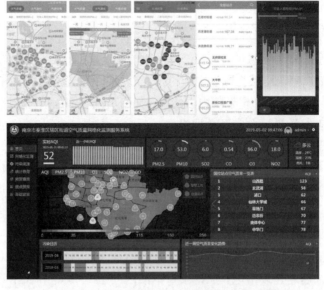

图 2-12　南京市秦淮区空气质量网格化监测系统

习题

简答题

1. 简述 3 个语音识别技术的典型代表人物。

2. 简述语音识别技术的典型应用（2～3 个）。

3. 简述人脸识别技术流程。

4. 简述人工智能技术的各种应用场景。

5. 简述你所使用的智能家居以及感受。

参考文献

[1] http://www.cstor.cn/proTextdetail_13187.html

[2] http://www.cstor.cn/proTextdetail_13186.html

[3] http://www.cstor.cn/proTextdetail_12692.html

[4] http://www.cstor.cn/proTextdetail_13175.html

第 3 章

知识表示与推理

    知识表示可看成是一组描述事物的约定,把人类知识表示成机器能处理的数据结构。知识表示没有统一的方法,其依赖于与应用场景。好的知识表示使解决问题的事半功倍,好的知识表示的最终结果就是使机器具备理解和解释的能力。知识表示经历了 3 个阶段,起源于符号主义,包括一阶谓词逻辑、产生式系统,在这一阶段,基于计算机有限的内存和处理速度,出现了著名的莫拉维克悖论:“要让计算机如成人般下棋是相对容易的,但是要让计算机如同一岁小孩般地感知和行动却是相当困难的,甚至是不可能的。”人工智能开始转向基于知识的系统,包括框架、语义网络、本体等,这一阶段遇到了常识表示和知识获取的瓶颈,研究进展缓慢。随后出现的语义 Web 是从实践中总结的方法,简单实用,推动了知识图谱的落地。

3.1　从 AI 符号主义说起

    符号主义,又称为逻辑主义、心理学派或计算机学派,其原理主要为物理符号系统(即符号操作系统)假设和有限合理性原理。其奠基人是西蒙,符号主义主要成就的代表是 20 世纪的专家系统。在符号主义看来,机器就是一个物理符号系统,而人就是物理符号系统加上一点冥冥中的意识,因此可以类比为“概括”。

    从“物理”这个词来看,表明该系统遵从基本的物理学定律,并不局限于人类创造的物质,它还可以由物质材料自然构成的系统来实现。可以给物理符号系统下个定义,即不论是自然生成的物质还是人工制造的物质,只要该物质遵循物理学定律，都有成为智能型物体的可能性，只是需要找到它的内在并赋予它。

显然计算机是个物理符号系统，人也是物理符号系统，那么自然可以用机器来模拟人的智能。最主要的还是因为人的认知就是符号一类的事物，比如一系列有形或者无形的事物都可以用特定的语言去表达，而机器通过输入、输出自然也可以得到相应的事物，最终相映成趣。其实人工智能的问题就是如何表示、如何推理的问题。

举个例子，人看到一辆自行车，人的大脑自然地将所看到的一些事物定义成某些符号，如车垫、车架、车把、车胎、车踏等（见图 3-1）。因此我们可以将这些符号输入计算机，计算机自然也可以得到一个结论。因此计算机可以模拟人的智能，这就是所谓的人工智能符号主义。

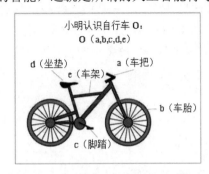

图 3-1 符号主义对自行车的认知

符号主义曾长期领衔诸多学派，它为人工智能的发展做出的贡献非常大。基于符号主义的知识表示，主要方法包括命题逻辑、一阶谓词逻辑、产生式系统等。

3.1.1 命题逻辑

1. 命题

可以判断真假的陈述句称为命题。

表 3-1 给出了命题的示例。

表 3-1 命题示例

句 子	命 题 否	理 由
1+2=4	√	假
y=2x	×	无法断定真假，依赖于 x
1+2=?	×	不是陈述句
任意大于 2 的偶数可分解为两个素数之和	√	未来可以断定真假

2. 原子命题

表达单一意义的命题叫作原子命题，记为 $p,q,r,\cdots\cdots$。

3. 复合命题

原子命题通过命题连接词 $\wedge$（与）、$\vee$（或）、$\neg$（非）、$\rightarrow$（蕴含）、$\leftrightarrow$（等值）连接得到的命题称为复合命题，记为 $\alpha,\beta,\gamma,\cdots\cdots$。

4. 命题连接词

（1）否定联结词。$\neg p$ 为真，当且仅当 p 为假。

在自然语言中，常用"非""不""没有""无""并非"等来表示否定。

否定可以用电路实现，如图 3-2 所示。

（2）逻辑与联结词。规定 $p\wedge q$ 为真，当且仅当 p 与 q 同时为真。

在自然语言中，常用"既……又……""不但……而且……""虽然……但是……""一面……一面……"等表示逻辑与。

逻辑与可以用电路实现，如图 3-3 所示。

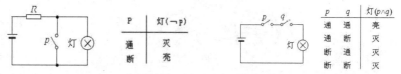

图 3-2 否定式真值计算规则   图 3-3 合取式真值计算规则

（3）逻辑或联结词。$p\vee q$ 为假，当且仅当 p 与 q 同时为假。

在自然语言中，常用"或者""或"等表示逻辑或。

逻辑或可以用电路实现，如图 3-4 所示。

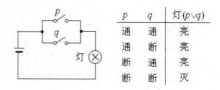

图 3-4 析取式真值计算规则

【例 3.1】将下列命题符号化。

（1）张晓静爱唱歌或爱听音乐。

（2）张晓静只能挑选 202 或 203 房间。

解：在解题时，先将原子命题符号化。

（1）p：张晓静爱唱歌；q：张晓静爱听音乐。符号化为 $p\vee q$。

（2）t：张晓静挑选 202 房间；u：张晓静挑选 203 房间。

由图 3-3 可知，t,u 的联合取值情况有 4 种：同真，同假，一真一假（两种情况）。如果也符号化为 $t\vee u$，那么张晓静就可能同时得到两个房间，这违背题意。因而不能符号化为 $t \lor u$，那么如何达到只能挑选一个房间的要求呢？可以使用多个联结词，符号化为$(t \land \lnot u) \lor (\lnot t \land u)$。该复合命题为真，当且仅当 t, u 中一个为真，一个为假，它准确地表达了（3）的要求。当 t 为真，u 为假时，张晓静得到 202 房间；当 t 为假，u 为真时，张晓静得到 203 房间，在其他情况下，她得不到任何房间。

（4）蕴涵联结词。$p \to q$ 为假，当且仅当 p 为真，q 为假。

在自然语言里，常用"q 是 p 的必要条件""只要 p，就 q""因为 p，所以 q""只有 q 才 p""除非 q 才 p""除非 q，否则非 p"等。

（5）等价联结词。$p \leftrightarrow q$ 为真，当且仅当 p 与 q 同时为真或同时为假。

在自然语言里，常用"p 与 q 互为充分必要条件""p 与 q 等价"等。

【例 3.2】 将下列命题符号化。

（1）α：明天去上海或去北京。

（2）β：如果明天不下雨就去上海。

（3）γ：仅当天不下雨且我有时间，我才上街。

解：将下列命题符号化。

（1）设 p：明天去上海；q：明天去北京；则 α：$p \lor q$。

（2）设 p：明天下雨；q：明天去上海；则 β：$p \to q$。

（3）设 p：天下雨；q：我有时间；r：我上街；则 γ：$R \to (\lnot P \land Q)$。

命题连接词的真值表如表 3-2 所示，取值 1 表示真命题，取值 0 表示假命题。

表 3-2 命题连接词真值表

p	q	$\lnot p$	$p \land q$	$p \lor q$	$p \to q$	$p \leftrightarrow q$
0	0	1	0	0	1	1
0	1	1	0	1	1	0
1	0	0	0	1	0	0
1	1	0	1	1	1	1

注意：不同原子命题之间是有内在联系的，但是对于命题逻辑而言，无法统一这种内在联系。如 p：张三是大学生；q：李四是大学生。

3.1.2 一阶谓词逻辑

1. 个体和谓词

一阶谓词逻辑是命题逻辑的扩充和发展，它将原子命题分解为个体词和谓词，记为 $P(x_1, x_2, \ldots, x_n)$，其中，P 称为谓词；x_i 称为个体；n 为个体数，即谓词的元，当 $n=1$ 时，为一元谓词，依此类推。

这样，命题"张三是大学生""李四是大学生"可分别表示为一阶谓词：

大学生（张三），大学生（李四）。有了一阶谓词，我们可以让计算机用更细粒度的方法表示命题，从而获取更多的信息。

2. 量词

为了表示个体与个体域之间的包含关系，在一阶谓词命题里引入了两个量词。

（1）全称量词

该量词作用的范围为个体域中的所有个体或个体域中的每个个体，都服从约定的谓词关系。用符号 $\forall$ 表示。

（2）存在量词

该量词作用的范围为个体域中的部分个体或个体域中的某个个体，服从约定的谓词关系。用符号 $\exists$ 表示。

【例 3.3】 将下列命题符号化。

（1）好人自有好报。

（2）有会说话的机器人。

（3）没有免费的午餐。

（4）在北京工作的人未必都是北京人。

解：在本题中没有指定个体域，故取个体域为全总个体域。

（1）设 $F(x)$：x 是好人；$G(x)$：x 会有好报，则命题符号化为：$\forall x(F(x) \rightarrow G(x))$。

（2）设 $F(x)$：x 是机器人；$G(x)$：x 是会说话的，则命题符号化为：$\exists x(F(x) \wedge G(x))$。

（3）设 $M(x)$：x 是午餐；$F(x)$：x 是免费的，则命题符号化为：$\neg \exists x(M(x) \wedge F(x))$。这句话可叙述为"所有的午餐都不是免费的"，故命题可符号化为：$\forall x(M(x) \rightarrow \neg F(x))$。因为在含义上这句话和题目是一样的，所以可以看出 $\neg \exists x(M(x) \wedge F(x))$ 和 $\forall x(M(x) \rightarrow \neg F(x))$ 是等价的，后面还将给出具体的证明。

（4）设 $F(x)$：x 在北京工作；$G(x)$：x 是北京人，则命题符号化为：$\neg \forall x(F(x) \rightarrow G(x))$。这句话也可叙述为"存在着在北京工作的非北京人"，故可符号化为：$\exists x(F(x) \wedge \neg G(x))$。因为在含义上这句话和题目是一样的。所以可以看出 $\neg \forall x(F(x) \rightarrow G(x))$ 和 $\exists x(F(x) \wedge \neg G(x))$ 是等价的，后面也将给出具体的证明。

3. 一阶谓词逻辑知识表示优缺点

（1）优点

❑ 自然性：接近自然语言，容易接受。

❑ 精确性：用于表示精确知识。

❑　严密性：有严格的形式定义和推理规则。

❑　易实现性：易于转换为计算机内部形式。

（2）缺点

❑　无法表示不确定性知识。

❑　难以表示启发性知识及元知识。

❑　组合爆炸。

❑　经常出现事实、规则等的组合爆炸。

❑　效率低。

❑　推理复杂度通常较高。

3.1.3　产生式系统

1．基本思想

产生式规则通常用于描述事物的一种因果关系，其基本形式为

IF P THEN Q CF=[0,1]

其中，P 是产生式的前提，Q 是产生式的结论或操作，CF（Certainty Factor）为确定性因子，也称为置信度，一阶谓词逻辑中的蕴含无法表示。

例子：

IF 发烧 39 度且咳嗽，年龄在 3～8 岁

THEN 肺炎，CF=0.75

在自然语言表达中人们广泛使用的逻辑结构包括"原因→结果""条件→结论""前提→操作""事实→进展""情况→行为"等，都可归结为产生式的知识表达形式。

例如：

天下雨，地上湿（原因→结果）。

如果把冰加热到 0 度以上，冰就会融化成水（条件→结论）。

只要给我一根合适的杠杆，我就能翘起地球（前提→操作）。

夜来风雨声，花落知多少（事实→进展）。

才饮长沙水，又食武昌鱼（事实→进展）。

刚才开机了，意味着发出了捕获目标图像的信号（情况→行为）。

2．产生式系统和一阶谓词逻辑之间的关系

产生式系统和谓词逻辑有关联，也有区别。

关联：谓词逻辑中的规则与产生式的基本形式相似，其蕴含式属于产生式的一种特殊情况。

区别：

（1）谓词逻辑规则只能表示精确知识，其值非"真"即"假"，而产

生式不仅可以表示精确知识，还可以表示不精确知识。

（2）用产生式表示知识的系统中，"事实"与产生式的"前提"中所规定的条件进行匹配时，可以是"精确匹配"，也可以是基于相似度的"不精确匹配"，只要相似度落入某个预先设定的范围内，即可认为匹配。但对谓词逻辑的规则而言，其匹配必须是精确的。

3. 产生式系统知识表示的优缺点

（1）优点

- ❑ 自然性：使用因果关系表达，直观自然。
- ❑ 模块性：规则形式相同，易于模块化管理。
- ❑ 有效性：能有效表示确定性知识、不确定性知识、启发性知识、过程性知识等。
- ❑ 清晰性：有固定的格式，便于规则设计和一致性、完整性检测。

（2）缺点

- ❑ 效率不高。
- ❑ 规则库庞大，匹配费时，求解时容易引起组合爆炸。
- ❑ 缺乏结构性的知识表达能力。
- ❑ 只能表达一般因果关系。
- ❑ 过规则表达关联性。

3.1.4 基于符号主义的知识表示瓶颈

如果一个人的最终目标是强人工智能，逻辑似乎是一种不错的知识表示，因为逻辑普遍适用。相同的表示（相同的逻辑符号主义）可以用来表示视觉、学习和语言等，当然也适用于由此产生的任意集成。此外，它提供了很有说服力的定理证明方法，以处理信息。所以，早期人工智能中的知识表示方式首选谓词演算。然而，逻辑也有缺点。第一个缺点包含组合爆炸。第二个缺点是一旦某事被证明是真，那它永远是真。

🔺 3.2 基于知识的表示方法

3.2.1 人工智能的 3 个层次

一般认为，人工智能分为计算智能、感知智能和认知智能 3 个层次（见图 3-5）。简要来讲，计算智能即快速计算、记忆和储存能力；感知智能即视觉、听觉、触觉等感知能力，当下十分热门的语音识别、语音合成、图像识别即是感知智能；认知智能则为理解、解释的能力。所以，智能化的突破口是知识工程。

图 3-5　人工智能的 3 个层次

目前，以快速计算、存储为目标的计算智能已经基本实现。近几年，在深度学习的推动下，以视觉、听觉等识别技术为目标的感知智能也取得了胜利果实。然而，相比于前两者，认知能力的实现难度较大。举个例子，小猫可以"识别"主人，它所用到的感知能力，一般动物都具备，而认知智能则是人类独有的能力。人工智能的研究目标之一，就是希望机器具备认知智能，即能够像人一样"思考"。

这种像人一样的思考能力具体体现在：机器对数据和语言的理解、推理、解释、归纳、演绎，体现在一切人类所独有的认知能力上。学界、业界都希望通过计算机模拟，让机器获得和人类相似的智慧，解决智能时代下的精准分析、智慧搜索、自然人机交互、深层关系推理等实际问题。

知道了认知智能是机器智能化的关键，我们进一步要思考，如何实现认知智能，即如何让机器拥有理解和解释的认知能力。

3.2.2　知识

在人工智能领域经历挫折后，研究者们不得不冷静下来，重新审视、思考未来的道路。这时候，西蒙的学生费根鲍姆（Feigenbaum）认为传统的人工智能忽略了具体的知识，人工智能必须引进知识。

1．从数据到智慧

每时每刻，我们的身边都充满了各种各样的数据。但只有将这些杂乱无章的数据转换为信息和知识，才能帮助我们做出聪明的选择。可见知识是从数据到智慧划分为不同层次的（见图 3-6）。

（1）数据：用一组符号及其组合对客观事物的数量、属性、位置及相互关系进行抽象表示。如声音、图像、视频、文本、数字、文字等。

（2）信息：数据在特定场合的解释。如学号、姓名、年龄等。

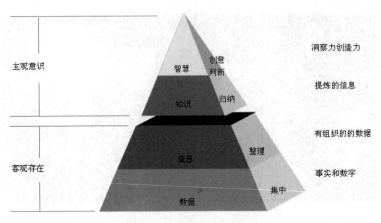

图 3-6　从数据到智慧

（3）知识：将有关信息关联在一起形成的、反映客观事物间关系的信息结构。如张三是学生。

【例 3.4】数据、信息和知识是相对的，如果把"北京"看作文字，那么"北京"就是"数据"；如果看作地名，那么"北京"就是"信息"；如果看作首都，那么"北京"就是"知识"。

2．人工智能系统关心的知识

在人工智能系统中，常把知识定义为

知识=事实+规则+过程知识+元知识

（1）事实：有关问题、环境的一些事物的知识，常以"……是……"的形式出现。如雪是白色的、鸟有翅膀、张三和李四是好朋友、这辆车是张三的。

（2）规则：有关问题中与事物的行动、动作相联系的因果关系的知识，是动态的，常以"如果……那么……"的形式出现。

（3）过程知识：有关问题的求解步骤、技巧性知识，告诉人们怎么做一件事。

（4）元知识：又称为深层次知识或控制知识，是有关知识的知识。包括怎样使用规则；怎样解释规则；怎样校验规则；怎样解释程序结构等。

3．知识的类别

（1）按知识作用范围分

❑ 通识性知识：适用于所用领域。如一年有四季。

❑ 领域性知识：面向某个具体领域的知识。如年龄在 3～8 岁，咳嗽且发烧，有可能是患了肺炎。

（2）按知识作用对象分

❑ 事实性知识：用于描述领域内的有关概念、事实、事物的属性及状态。如一天有 24 小时。

- 过程性知识：用于指出如何处理与问题相关的信息以及求得问题的解的知识。如如果网络不通，那么请检查网线是否插好。
- 控制性知识：关于运用已有的知识进行问题求解的知识。如二分法升序排序，对于已经升序的 n 个数据的数组 Y，让 x 与 $Y((n+1)/2)$ 比较，如果 $x>Y((n+1)/2)$，则 x 插入右半区，否则插入左半区。

（3）按确定程度分

- 确定性知识：指其逻辑值为真或假的知识。如张三身高 1.69 米。
- 不确定性知识：是不精确、不完整、模糊性知识的总称。如 $1+x>2$。

（4）按思维认知方法分

- 逻辑知识：是反映人类逻辑思维过程的知识，一般具有因果关系，是人类的经验。如地球是圆的。
- 形象知识：通过直观感觉建立起来的知识。如大象个头很大。

（5）按获取方法分

- 显性知识：指可通过文字、语言、图形、声音等形式编码记录和传播的知识。如教材、音视频。
- 隐性知识：指人们长期实践中积累的知识，不易表达。如常识。

3.2.3　知识工程的诞生

在费根鲍姆的带领下，专家系统诞生了。专家系统作为早期人工智能的重要分支，是一种在特定领域内具有专家解决问题能力水平的程序系统。

专家系统最重要的两部分是知识库与推理机。其根据一个或者多个专家提供的知识和经验，通过模拟专家的思维过程，进行主动推理和判断，解决问题（见图 3-7）。

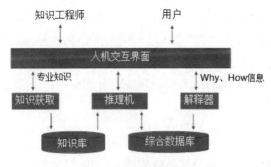

图 3-7　专家系统模型

第一个成功的专家系统 DENDRAL 于 1968 年问世。1977 年，费根鲍姆将其正式命名为知识工程。图 3-8 给出了几个著名的专家系统。

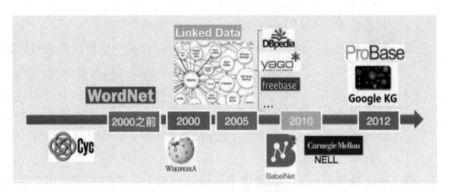

图 3-8 著名的专家系统

Cyc，由 Douglas Lenat 在 1984 年设立，旨在收集生活中常识知识的本体知识库。Cyc 不仅包含知识，还提供很多的推理引擎，共涉及 50 万条概念和 500 万条知识。除此之外，还有普林斯顿大学心理学教授维护的WordNet 英语字典。类似地，还有汉语中的《同义词词林》及其扩展版、知网（HowNet）等词典。不幸的是，随着日本第五代计算机计划的幻灭，专家系统在经历了 10 年的黄金期后，终因人工构建成本太高，知识获取困难等原因，出现低潮。

3.2.4 框架

1．基本思想

人们对现实世界中各种事物的认识，都是以一种类似于框架的结构存储在记忆中的。每当面对一个新事物时，就从记忆中找出一个合适的框架，并根据实际情况对其细节加以修改、补充，从而形成对当前事物的认识。

2．概念及组成

框架：是一种描述对象（事物、事件或概念等）属性的数据结构。

一个框架由若干个"槽"（Slot）结构组成，每个槽又可分为若干个"侧面"。一个槽用于描述所论对象某一方面的属性；一个侧面用于描述相应属性的一个方面。槽和侧面所具有的属性值分别称为槽值和侧面值。

3．特点

擅于表示结构化的知识。能够把知识的内部结构关系以及知识之间的特殊关系表示出来。将某个实体或实体集的相关特性都集中在一起。

4．框架实例

图 3-9 给出了一个知识框架的表示示例。

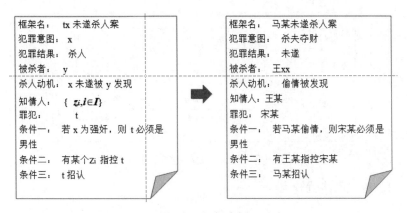

图 3-9 框架实例

5. 框架优缺点

（1）优点

❑ 全面性：框架对于知识的描述非常完整和全面。

❑ 框架允许数值计算。

❑ 高质量：基于框架的知识库质量非常高。

（2）缺点

❑ 高成本：框架的构建成本非常高，对知识库的质量要求非常高。

❑ 固化：框架的表达形式不灵活，很难同其他表示方法相互关联使用。

3.2.5 语义网络

1. 语义网络的组成

1970 年，Herbert 正式提出语义网络（Semantic Network），它是通过有向图来表示知识。

语义网络中的节点：表示各种事物、概念、情况、属性、动作、状态等，带有若干属性。此外，节点还可以是语义子网络，形成一个多层次的嵌套结构。

语义网络中的弧：指明它所连接的节点间的某种语义关系。

节点和弧都必须带有标识，以便区分各种不同对象以及对象间各种不同的语义联系。

2. 语义网络实例

"每个学生都读过一本书"。

用谓词逻辑表示为$(\forall s)$学生(s) $(\exists b)$书(b)[读过(s,b)].

用语义网络表示，如图 3-10 所示。

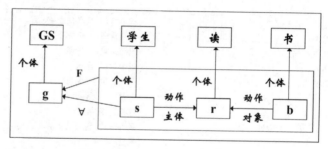

图 3-10　语义网络示例

3．语义网络优缺点

（1）优点

☐ 结构性：以节点和弧形式把事物属性以及事物间的语义联想，显式地表示出来。

☐ 联想性：作为人类联想记忆模型提出。

☐ 自然性：直观地把事物的属性及其语义联系表示出来，便于理解。自然语言与语义网络的转换比较容易实现。

（2）缺点

☐ 非严格性：无公认的形式表示体系，具体知识完全依赖处理程序的解释形式；推理无法保证其正确性；在逻辑上可能不充分，不能保证不存在二义性。

☐ 处理上的复杂性：语义网络表示知识的手段多种多样，虽然灵活性很高，但同时也由于表示形式的不一致，使得对其处理的复杂性提高，对知识的检索也就相对复杂，要求对网络的搜索有强有力的组织原则。

3.2.6　语义 Web

Tim Berners-Lee：2016 年图灵奖得主，万维网、语义网之父，提出语义 Web（见图 3-11）。语义 Web 经历了 Web 1.0、Web 2.0、Web 3.0 这 3 个时代。图 3-12 为 Web 1.0 示意图。

图 3-11　Tim Berners-Lee

图 3-12　Web 1.0 示意图

Web 1.0 是以编辑为特征，网站提供给用户的内容是由网站编辑进行编辑处理后的，用户阅读网站提供的内容。这个过程是网站到用户的单向行为，Web 1.0 时代的代表站点为新浪、搜狐、网易三大门户，强调的是文档互联。

Web 2.0 强调用户生成内容、易用性、参与文化和终端用户互操作性。Web 1.0 和 Web 2.0 的对比，如图 3-13 所示。

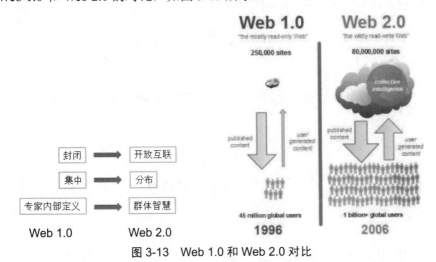

图 3-13　Web 1.0 和 Web 2.0 对比

Web 2.0 是在 Web1.0 的基础上发展起来的，采用 ASP、PHP、JAVA 等动态网页技术结合数据库，主要用于宣传、应用、交互及集成，在互联网及特定局域网应用，如企业局域网、行业城域网等。典型代表有博客中国、亿友交友、联络家等。互联网的常见应用包括新闻网站、论坛、博客、社区、空间等。内网主要是各种管理系统，如人事管理、财务管理、档案管理、学籍管理等，强调的是数据互联。

Web 3.0 是以主动性、数字最大化、多维化等为特征的，以服务为内容的第三代互联网系统，目前只是概念，强调的是个性网页。

历史表明，从实践中总结的方法要优于从顶向下设计的方法。简单的优于强大的，太过复杂的，如 OWL，最终用不起来，反而比较简单的像 RDF、JSON-LD，用得越来越多。越简单越好，这就是知识图谱火起来的原因。

3.3　知识图谱与知识库

3.3.1　问题的提出

以知识图谱（也称为图数据库）为代表的知识表示方法是认知智能的

核心。知识图谱技术的成熟，催生 Web 3.0 的到来（见图 3-14）。

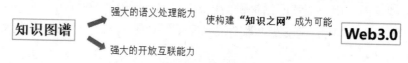

图 3-14　知识图谱是 Web 3.0 的基础

知识图谱的发展历程，如图 3-15 所示。

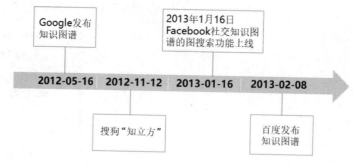

图 3-15　知识图谱发展历程

3.3.2　基本思想

知识图谱起源于符号主义，得益于知识工程和 Web 2.0 的成熟。构建知识图谱的本质，就是让机器具备认知能力，理解这个世界。

知识图谱本质上是个多关系图，通常用"实体"来表达图里的节点，用"关系"来表达图里的边。

在关系数据库系统中，实体与实体之间的关系通常都是利用外键来实现，对关系的查询需要大量 join 操作。而图数据库把实体（节点）和实体之间的关系建模为边，在对关系的操作上有更高的性能。图 3-16 给出了图数据库和关系数据库的对比。

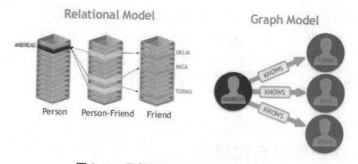

图 3-16　图数据库和关系数据库的对比

图 3-17 给出了知识和知识图谱之间的关系。
图 3-18 给出了信息、知识和智慧的存储结构。

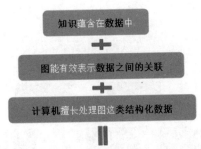

图 3-17 知识和知识图谱之间的关系

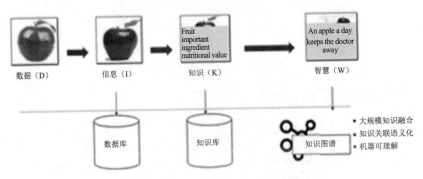

图 3-18 信息、知识和智慧的存储结构

3.3.3 基本原理

1. 知识图谱概念

知识图谱以结构化三元组的形式存储现实世界中的实体以及实体之间的关系，表示为 $G=(E,R,S)$，其中 $E=(e_1,e_2,...,e_{|E|})$ 表示实体集合；$R=(r_1,r_2,...,r_{|R|})$ 表示关系结合；S 包含于 $E \times R \times E$，表示知识图谱中三元组的集合。

（1）实体：具有可区别性且独立存在的某种事物，如姚明、叶莉。

（2）类别：主要指集合、类别、对象类型、事物的种类，如姚明、叶莉的类型均为"人"。

（3）属性、属性值：实体具有的性质及其取值，如姚明具有"身高"这一属性，这一属性的属性值为"2.26"。

（4）关系：不同实体之间的某种联系，如姚明与叶莉之间的关系为"配偶"。

2. 知识图谱模型

从知识表示的角度看，知识图谱本质上是一种大型的语义网络。图 3-19 为知识图谱模型。所以，知识图谱=知识本体（Ontology）+知识实例（Instance）。知识本体表达的是实体之间的层次关系，知识实例表达的是实体之间的语义关联。

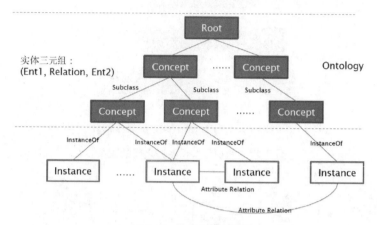

图 3-19 知识图谱模型

图 3-20 给出了 Max_Planck 的知识图谱模型。

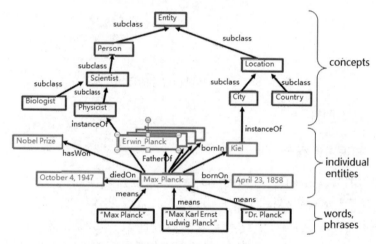

图 3-20 知识图谱模型示例

3.3.4 知识图谱的分类

1．通用知识图谱

面向开放领域的通用知识图谱，如常识类、百科类。

（1）数据来源：互联网、知识教程等。

（2）主要应用：知识获取的场景，要求知识全面，如搜索引擎、知识问答。

（3）通用知识图谱项目。

□ 面向语言知识图谱：如 WordNet 含 155327 个单词，同义词集 117597 个，同义词集之间有 22 种关系链接。

❑ 事实性知识图谱。

Cyc 含 23.9 万个实体，1.5 万种属性关系，209.3 万个事实三元组；

Freebase 含 4000 多万个实体，上万种属性关系，24 多亿个事实三元组；

DBpedia 含 400 多万个实体，48293 种属性关系，10 亿个事实三元组；

YAGO2 含 960 万个实体，超过 100 种属性关系，1 亿多个事实三元组；

互动百科含 800 万个词条，5 万个分类。

2．行业知识图谱

面向特定领域的行业知识图谱，如金融、电信、教育等。

（1）数据来源：行业内部数据。

（2）主要应用：行业智能商业和智能服务，要求精准，如投资决策、智能客服等。

（3）行业知识图谱项目。

❑ Kinships：人物亲属关系，含 104 个实体，26 种关系，10800 个三元组。

❑ UMLS：医疗领域和医学概念间关系，含 135 个实体，49 种关系，6800 个三元组。

3.3.5 知识图谱应用场景

表 3-3 给出了一些知识图谱的应用场景。

表 3-3　知识图谱的应用场景

应 用 场 景	简　　　述
社会学	人与人间的相互作用，相互影响。可以用于更好地了解人口结构、特定群体对产品的商业价值等
生物学	帮助更精确地建模和分析
计算机科学	采用路径算法，可以分析系统设计中的变化对系统其他部分带来的影响
流量问题	电信网络、天然气网络、包裹递送网络等
路径问题	路径规划，最优化可用路线，可以用于物流领域等
网页搜索	原有的搜索工具是在网页上进行关键词匹配，而 Google 不仅关注关键词，而更对不同网页间的超链接进行分析。它们假定网页比搜索结果更重要，因为其更加丰富。有大量来自其他网页的输入连接，从而可以分析网页间的连接图（PageRank）

1．智能问答

图 3-21 给出了一个基于知识图谱的智能问答示例。

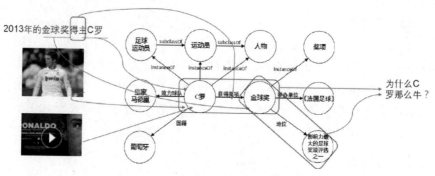

图 3-21 智能问答

2. 路经查询

查找不同数据元素之间是怎样相互关联的（不同节点之间查找路径）。在图数据库中，这种查询更有优势，因为它不需要知道路径的结构，而只需要明确算法和起始节点、终止节点，系统就能自动完成查询。

3. 复杂查询

在包含大量复杂连接操作的场景下，这些连接操作将随着表的数量呈指数增长，即使是小数据集也可能构成无法解决的问题。而在图数据库中，不再存在连接操作，我们需要做的就是在图数据库中通过索引查找一个起始节点，然后就可以用图索引临接特性，进行节点间的跳转。

△ 3.4 实验：构建基于知识图谱的问答程序

※ 实验目标

本节内容主要向读者简单介绍使用 Neo4j 软件来实现基于知识图谱的问答程序。Neo4j 是基于 Java 开发的图数据库，有非常友好的 Java API，当然现在也支持 Python 操作使用。本实验主要介绍 Python 中适配 Neo4j 的库 py2neo 关于节点、关系、子图的基本内容。

1. py2neo 的安装

```
pip install py2ne
```

或

```
pip install git+https://github.com/nigelsmall/py2neo.git#egg=py2neo
```

2. Graph 安装

Graph 指的就是图数据库，需要传入连接的 URI，初始化参数如表 3-4 所示。

表 3-4 Graph 初始化参数

Keyword	Description	Type(s)	Default
bolt	Use Bolt* protocol (None means autodetect)	bool,None	None
secure	Use a secure connection (Bolt/TLS + HTTPS)	bool	False
host	Database server host name	str	'localhost'
http_port	Port for HTTP traffic	int	7474
https_port	Port for HTTPS traffic	int	7473
bolt_port	Port for Bolt traffic	int	7687
user	User to authenticate as	str	'neo4j'
password	Password to use for authentication	str	*no default*

```
from py2neo import Graph
graph_1 = Graph()
graph_2 = Graph(host="localhost")
graph_3 = Graph("http://localhost:7474/db/data/")
```

❖ 实验内容

图 3-22 表示《黑客帝国》这部电影的人物关系。用 Neo4j 实现查询:
谁是 Neo 的朋友?谁是 Neo 朋友的朋友?谁在恋爱?

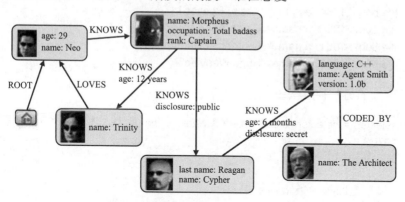

图 3-22 电影《黑客帝国》的人物关系

❖ 实验步骤

(1) 创建节点、关系

新建两个节点 a、b,分别具有一个 name 属性值,再新建 a 与 b 之间的
有向关系 ab,ab 的 label 为 KNOWS。

```
from py2neo import Graph, Node, Relationship
g = Graph()                          #初始化
tx = g.begin()                       #开始一个事务
```

```
a = Node("Person", name="Alice")          #创建节点 a
tx.create(a)                               #创建子图
b = Node("Person", name="Bob")            #创建节点 b
ab = Relationship(a, "KNOWS", b)          #创建有向关系
tx.create(ab)
tx.commit()                                #提交事务
```

运行结果：

```
>>> ab
(alice)-[:KNOWS]->(bob)
```

（2）判断关系是否存在

```
print(g.exists(ab))                        #判断关系是否存在
```

返回结果：True

（3）返回含有字典元素的列表

```
data=graph.data("MATCH (a:Person) RETURN a.name, a.born LIMIT 4")
print(data)
```

运行结果：

```
[{'a.born': 1964, 'a.name': 'Keanu Reeves'},
 {'a.born': 1967, 'a.name': 'Carrie-Anne Moss'},
 {'a.born': 1961, 'a.name': 'Laurence Fishburne'},
 {'a.born': 1960, 'a.name': 'Hugo Weaving'}]
```

查询的另一种方法：

```
selected = selector.select("Person").where("_.name =~ 'J.*'", "1960 <= _.born <
1970")
list(selected)
```

（4）返回第一条查询结果

```
data=graph.evaluate("MATCH (a:Person) RETURN a.name")
print(data)
```

运行结果：

```
Keanu Reeves
```

（5）返回满足条件的节点

```
nodes=graph.find(label='Resource')
for node in nodes:
  print(node)
```

（6）返回满足条件的关系

```
for rel in graph.match(start_node=alice, rel_type="FRIEND"):
    print(rel.end_node()["name"])
```

习题

一、名词解释

1. 知识表示

2. 数据

3. 信息

4. 知识

5. 事实

6. 规则

7. 控制知识

8. 元知识

9. 专家系统

10. 框架

11. 知识图谱

二、单选题

1.（　　）可看成是一组描述事物的约定，把人类知识表示成机器能处理的数据结构。

  A. 知识获取　　　　　　B. 知识表示

  C. 知识存储　　　　　　D. 知识利用

2.（　　）的主要原理为认知过程就是在符号表示上的一种运算。

  A. 行为主义　　　　　　B. 连接主义

  C. 符号主义　　　　　　D. 表示主义

3. 知识表示起源于人工智能的（　　）。

  A. 行为主义　　　　　　B. 连接主义

  C. 符号主义　　　　　　D. 表示主义

4.（　　）不是基于符号主义的知识表示的主要方法。

  A. 命题逻辑　　　　　　B. 一阶谓词逻辑

  C. 产生式系统　　　　　D. 知识图谱

5.（　　）不是命题连接词。

  A. ∧（与）　　　　　　B. ∨（或）

  C. !（非）、　　　　　　D. →（蕴含）

6. 快速计算、记忆和储存能力指（   ）。

    A. 计算智能   B. 感知智能

    C. 认知智能   D. 行为智能

7. 视觉、听觉、触觉能力指（   ）。

    A. 计算智能   B. 感知智能

    C. 认知智能   D. 行为智能

8. 理解、推理、解释、归纳、演绎能力指（   ）。

    A. 计算智能   B. 感知智能

    C. 认知智能   D. 行为智能

9. "人工智能必须引进知识"是（   ）首先提出的。

    A. 西蒙   B. 纽维尔

    C. 费根鲍姆   D. Tim Berners-Lee

10. 有关问题的求解步骤、技巧性知识属于（   ）

    A. 事实   B. 规则

    C. 元知识   D. 过程性知识

11. 基于知识的表示方法主要包括（   ）和语义网络等。

    A. 框架   B. Web 2.0

    C. 产生式系统   D. 知识图谱

12. （   ）不是专家系统。

    A. WordNet   B. Cyc

    C. DENDRAL   D. Semantic Network

13. Web 1.0 实现了（   ）

    A. 文档互联   B. 数据互联

    C. 知识互联   D. 个性网页

14. Web 2.0 实现了（   ）

    A. 文档互联   B. 数据互联

    C. 知识互联   D. 个性网页

15. Web 3.0 实现了（   ）

    A. 文档互联   B. 数据互联

    C. 知识互联   D. 个性网页

16. 从知识图谱模型的角度看，知识图谱=知识本体+（   ）

    A. 实体   B. 关系

    C. 关系   D. 知识实例

17. 面向语言知识图谱是（   ）。

    A. WordNet   B. Freebase

    C. DBpedia   D. YAGO2

18. 行业知识图谱项目是（　　　）。

    A. Kinships　　　　　　　B. Freebase

    C. DBpedia　　　　　　　D. YAGO2

19. （　　　）是医疗领域知识图谱。

    A. UMLS　　　　　　　　B. Freebase

    C. DBpedia　　　　　　　D. YAGO2

20. 数据、信息和知识是相对的，如果把"1997"看作数字，那么"1997"就是（　　　）。

    A. 数据　　　　　　　　B. 信息

    C. 知识　　　　　　　　D. 数字

21. 数据、信息和知识是相对的，如果把"1997"看作年代，那么"1997"就是（　　　）。

    A. 数据　　　　　　　　B. 信息

    C. 知识　　　　　　　　D. 年代

22. 数据、信息和知识是相对的，如果把"1997"看作香港回归日，那么"1997"就是（　　　）。

    A. 数据　　　　　　　　B. 信息

    C. 知识　　　　　　　　D. 香港回归日

三、判断题

1. 知识表示有统一的方法。　　　　　　　　　　　　　　　（　　　）

2. 目前，认知智能已经基本实现。　　　　　　　　　　　　（　　　）

3. 语义网络的节点和弧都必须带有标识。　　　　　　　　　（　　　）

4. 语义网络中的节点可以表示各种事物、概念、情况、属性、动作、状态。　　　　　　　　　　　　　　　　　　　　　　　　　（　　　）

5. 好的知识表示最终结果就是使机器具备理解和解释的能力。（　　　）

6. 图数据库把实体（节点）和实体之间的关系建模为边。　　（　　　）

7. 只有图能有效表示数据之间的关联。　　　　　　　　　　（　　　）

8. 知识的存储结构为知识图谱。　　　　　　　　　　　　　（　　　）

9. 知识图谱是智慧的存储结构。　　　　　　　　　　　　　（　　　）

10. 知识本体表达的是实体之间的层次关系。　　　　　　　（　　　）

11. 知识实例表达的是实体之间的语义关联。　　　　　　　（　　　）

四、简答题

1. 简述知识表示的发展历程。

2. 一阶谓词逻辑知识表示的优缺点。

3. 产生式系统和谓词逻辑的关联和区别。

4. 产生式系统知识表示的优缺点。

5．莫拉维克悖论。

6．画出专家系统的模型。

7．框架的基本思想。

8．框架的特点。

9．框架的优缺点。

10．语义网络的组成。

11．用一阶谓词逻辑表示："每个学生都读过一本书"。

12．用语义网络表示："每个学生都读过一本书"。

13．语义网络的优缺点。

14．简述基于知识系统的代表性人物与成就。

15．简述知识图谱的发展历程。

16．根据图 3-27，构建自己的知识图谱模型。

17．描述 1～2 个知识图谱的应用场景。

五、填空题

1．知识表示可看成是一组描述事物的约定，把人类知识表示成机器能处理的_____。

2．可以判断真假的陈述句称为_____。

3．表达单一意义的命题称为_____。

4．一阶谓词逻辑将原子命题分解为_____词和谓词。

5．全称量词用_____表示。

6．存在量词用_____表示。

7．产生式规则通常用于描述事物的一种_____。

8．一般认为，人工智能分为计算智能、感知智能和认知智能_____个层次。

9．在人工智能系统中，常把知识定义为_____。

10．知识按获取方法分显性知识和_____知识。

11．知识按思维认知方法分为_____知识和形象知识。

12．知识按确定程度分为确定性知识和_____知识。

13．知识按知识作用范围分_____知识和通识性知识。

14．专家系统最重要的两部分是知识库和_____。

15．一个框架由若干个_____结构组成。

16．语义网络通过_____来表示知识。

17．语义网络中的弧指它所连接的节点间的某种_____关系。

18．知识图谱以结构化_____的形式，存储现实世界中的实体以及实体之间的关系。

参考文献

[1] 王万良. 人工智能导论[M]. 北京：高等教育出版社，2017.

[2] 李德毅，于剑. 人工智能导论[M]. 北京：中国科学技术出版社，2018.

[3] 吴军. 智能时代[M]. 北京：中信出版社，2016.

[4] 刘峤，李杨，段宏，等. 知识图谱构建技术综述. 计算机研究与发展，2016，53（3）：582-600.

[5] 张涵沛博客. 从零开始构建知识图谱. http://pelhans.com/2018/08/31/kg_from_0_note1/.

[6] 杨玉基，等. 一种准确而高效的领域知识图谱构建方法[J]. 软件学报，2018，29（10）：2931-2048.

[7] 徐阿衡. 项目实战——知识图谱初探. http://www.shuang0420.com/2017/09/05/%E9%A1%B9%E7%9B%AE%E5%AE%9E%E6%88%98-%E7%9F%A5%E8%AF%86%E5%9B%BE%E8%B0%B1%E5%88%9D%E6%8E%A2/.

[8] 肖仰华. 知识图谱：概念与技术[M]. 北京：电子工业出版社，2020.

第 4 章

搜索技术

搜索技术（Search Technique）是用搜索方法寻求问题解答的技术。常表现为系统设计或达到特定目的而寻找恰当、最优方案的各种系统化的方法。诸如在博弈、定理证明、问题求解之类的情形下，当缺乏关于系统或这些参数的足够知识时，很难直接达到目的。因此，搜索技术也是人工智能的重要内容。

本章将着重介绍搜索算法。搜索算法是利用计算机的高性能有目的地穷举一个问题解空间的部分或所有可能的情况，从而求出问题的解的一种方法。在现阶段，常用的搜索算法有枚举算法、深度优先搜索、广度优先搜索、A*算法、回溯算法、蒙特卡洛树搜索、散列函数等。

4.1 搜索

现实世界中的大多数问题都是非结构化问题，一般不存在现成的求解方式来求解这样的问题，而只能利用已有的知识，一步一步地摸索着前进。

4.1.1 什么是搜索

1. 搜索的概念

搜索（Search）——根据问题的实际情况，按照一定的策略或者规划，从知识库中寻找到可以利用的知识，从而构造出一条使问题获得解决的推理路线的过程。

2．搜索的含义

搜索包含两层含义：一是根据问题的实际情况，按照一定的策略从知识库中寻找可利用的知识，从而构造出一条使问题获得解决的推理路线；二是找到的这条路线是时空复杂度最小的求解路线。

4.1.2　状态空间表示法

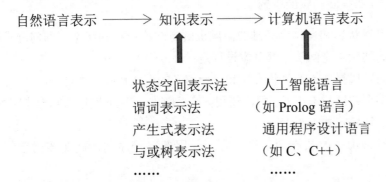

用自然语言描述的问题，计算机是无法理解的。下面就来尝试，采用状态空间表示法把自然语言描述的实际问题利用计算机可以理解和利用的字母或符号表示出来，并画出状态空间图。这样，就有利于下一步的编程。

状态空间表示（State Space Representation）是一种用状态和算符表示问题的方法。当把一个待求解的问题表示为状态空间后，就可以通过对状态空间的搜索，实现对问题的求解。

状态空间法的基本思想是用"状态"和"操作"来表示及求解问题。

在状态空间中，状态主要是描述一类事物在不同时刻所处的信息状况，而操作则主要描述的是状态之间的关系。

1．状态

状态是表示问题求解过程中每一步状况的数据结构。它可用如下形式表示

$$s_k = (s_{k_0}, s_{k_1}, \cdots, s_{k_n}) \tag{4-1}$$

当对每一个分量都赋予确定的值时，就得到了一个具体的状态。

注：任何一种类型的数据结构都可以用于描述状态，只要它有利于问题求解，就可以选用。

2．操作

操作也可以称为算符，它是把问题从一种状态转换为另一种状态的手段。

当对一个问题状态使用某个可用操作时，它将引起该状态中某些分量

值的变化，从而使问题从一个具体状态变为另一个具体状态。

3．状态空间

状态空间是由一个问题的全部状态，以及这些状态之间的相互关系所构成的集合，可用一个三元组(S,F,G)来表示。其中，S 为问题所有初始状态的集合，F 为操作的集合，G 为目标状态的集合。

4．状态空间问题的求解

所有以状态和操作为基础的问题求解方法都可称为状态空间问题求解方法，简称状态空间法。其基本过程是：

为问题选择适当的"状态"和"操作"的形式化描述方法。

从某个初试状态出发，每次使用一个"操作"，递增地建立起操作序列，直到达到目标状态为止。

此时，由初始状态到目标状态所使用的算符序列，就是该问题的一个解。

由于状态空间法需要扩展过多的节点，容易出现"组合爆炸"，因而只适用于表示比较简单的问题。

状态空间也可用一个赋值的有向图来表示，该有向图为状态空间图，又常称其为状态树（State Tree）。如图 4-1 所示，节点是 S_k 表示状态，状态之间的连接采用有向弧（Arc），弧上标以操作数 O 或者 K，表示状态之间的转换关系。

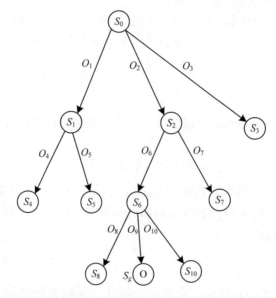

图 4-1 问题求解的状态树表示

使用状态空间法搜索求解问题时，首先要把待求解的问题表示为状态空间图，把问题的解表示为目标节点 S_g，求解就是要找到从根节点 S_0 到达目标节点 S_g 的搜索路径。

状态空间（图）是一类问题的抽象表示，有许多智力问题（如 Hanoi 塔问题、旅行商问题、八皇后问题、农夫过河问题等）和实际问题（如路径规划、定理证明、演绎推理、机器人行动规划等）都可以归结为在状态空间（图）中寻找目标或路径的问题。因此，研究状态空间搜索具有普遍意义。

4.1.3　状态空间的搜索策略

1. 状态空间搜索

状态空间搜索（Search in State Space）：在状态空间中搜寻一条由初始状态到目标状态的路径的过程，即问题求解的过程。

例如，"走迷宫"是人们熟悉的一种游戏，如图 4-2 所示。如果把该迷宫的每一个格子以及入口、出口都作为节点，把通道作为边，则该迷宫可以用图 4-3 表示。

图 4-2　迷宫图　　　　　图 4-3　迷宫的有向图表示

2. 状态空间搜索的基本思想

（1）先把问题的初始状态作为当前扩展节点，对其进行扩展，生成一组子节点。

（2）然后检查问题的目标状态是否出现在这些子节点中。

（3）若出现，则搜索成功，找到了问题的解；若没出现，则再按照某种搜索策略从已生成的子节点中，选择一个节点作为当前扩展节点。

（4）重复上述过程，直到目标状态出现在子节点中或没有可供操作的节点为止。

3. 状态空间搜索的基本分类（见图 4-4）

盲目搜索，又称无信息搜索。即在搜索过程中，只按预先规定的搜索控制策略进行搜索。问题本身的特性对搜索控制策略没有任何影响，搜索带有盲目性，概率不高，只用于解决比较简单的问题。盲目搜索又主要分为两大类，即广度优先搜索和深度优先搜索，如果这类算法不带有启发信息，就都属于盲目搜索算法。

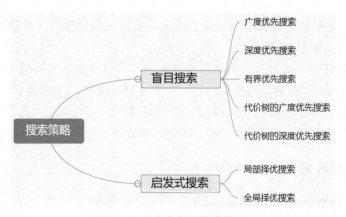

图 4-4　状态空间的搜索策略

启发式搜索，又称有信息搜索。即在搜索求解过程中，根据问题本身的特性，不断地改变或调整搜索方向，使搜索朝着最有希望的方向前进，加速问题的求解，并找到最优解。搜索求解的效率高，易于求解复杂的问题，但抽取出问题的相关特性和信息难。其主要分为局部择优搜索与全局择优搜索。

4. 状态空间图的一般搜索算法流程（见图 4-5）

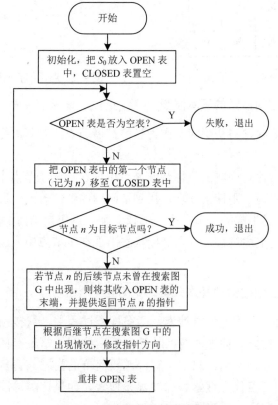

图 4-5　状态空间的搜索流程图

　　一般来说，搜索策略讨论对于具有树状结构图的问题状态空间更加方便。因此，对于非树状结构图的问题，如网状结构等，往往需要先化为树状结构图，以便更好地应用搜索策略进行讨论。下面将介绍状态空间的搜索策略的基本搜索方式。

4.2　广度优先

　　广度优先搜索 BFS（Breadth First Search）也称为宽度优先搜索，它是一种先生成的节点先扩展的策略。

4.2.1　广度优先搜索的基本思想

　　在广度优先搜索算法中，解答树上节点的扩展是按它们在树中的层次进行的。首先生成第一层节点，同时检查目标节点是否在所生成的节点中，如果不在，则将所有的第一层节点逐一扩展，得到第二层节点，并检查第二层节点是否包含目标节点……对层次为 $n+1$ 的任一节点进行扩展之前，必须先考虑完层次为 n 的节点的所有可能的状态。因此，对于同一层节点来说，求解问题的价值是相同的，可以按任意顺序来扩展它们。通常采用的原则是先生成的节点先扩展。

　　Dijkstra 单源最短路径算法和 Prim 最小生成树算法都采用了和广度优先搜索类似的思想。

4.2.2　广度优先搜索的过程

　　如图 4-6 所示，BFS 的大概过程为：从一个未被遍历过的顶点，假设从顶点 1 出发进行 BFS，首先访问到与 1 有关系的顶点 2、3、4，再分别寻找与顶点 2、3、4 有关系的顶点，然后通过寻找与 2、3、4 中两点有关的顶点，以此类推。可以把 BFS 的过程比作队列的先进先出，从顶点 1 开始时，先对 1

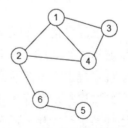

图 4-6　广度优先搜索遍历图

入队列，找到与 1 有关系的点后，将两顶点入队列，再将 1 出队列，进而对每一个顶点进行访问。

　　根据以上过程，可以得到图 4-6。通过广度优先搜索获得的顶点的遍历次序为①→②→③→④→⑥→⑤。

　　如果目标节点存在于解答树的有限层上，广度优先搜索算法一定能保证找到一条通向它的最佳路径，因此广度优先搜索算法特别适用于只需求出最优解的问题。当问题需要给出解的路径，则要保存每个节点的来源，即它是从哪一个节点扩展来的。

对于广度优先搜索算法来说，问题不同则状态节点的结构和节点扩展规则不同，但搜索的策略是相同的。

对于不同的问题，广度优先搜索法的算法基本上都是一样的。但表示问题状态的节点数据结构、新节点是否为目标节点和新节点是否为重复节点的判断等方面则有所不同。对具体的问题需要进行具体分析，函数也要根据具体问题进行编写。

4.3 深度优先

深度优先搜索 DFS（Depth-First-Search）是一种沿着树的深的节点遍历方式，即尽可能地搜索更深的节点的策略。

4.3.1 深度优先搜索的基本思想

深度优先搜索属于图算法的一种，它的基本思想简单地说就是对每一个分支的路径搜索到最深处，并且每一个节点只能被访问一次。深度优先搜索遍历和树的先根遍历比较类似，也是沿着树的深度遍历树的节点，尽可能深地搜索树的分支。该思想是从一个顶点开始，沿着一条路径一直走到最后一个节点，如果发现不能到达目标节点，就需要返回上一个节点，换一条路径重复以上过程。

4.3.2 深度优先搜索过程

深度优先搜索（Depth-First-Search）是搜索算法的一种。它是沿着树的深度遍历树的节点，尽可能深地搜索树的分支。当节点 v 的所有边都已被搜索过，搜索将重新回到发现节点 v 的那条边的起始节点。这一过程一直进行到发现从源节点可达的所有节点为止。如果还存在未被发现的节点，则选择其中一个作为源节点并重复以上过程，整个过程反复进行，直到所有节点都被访问为止。

图 4-7 是一个无向图，如果从 A 点发起深度优先搜索（以下的访问次序并不是唯一的，第二个点既可以是 B 也可以是 C、D），可以得到一个访问过程：A→B→E，分支结束，重新回到 A，A→C→F→H→G→D，没有路，最终回到 A，A 也没有未访问的相邻节点，本次搜索结束。深度优先搜索的特点：每次深度优先搜索的结果必然是图的一个连通分量，深度优先搜索可以从多个节点发起。

例如，图 4-8 首先从一个未被遍历过的顶点（例如从 A 开始），由于 A
作为第一个被访问的节点，所以，需要标记 A 的状态为被访问过；然后遍
历与 A 相邻的节点，例如访问 B 并做标记，然后访问与 B 相邻的节点，例
如 D 并做标记，然后 F，然后 E；当继续遍历 E 的邻接点时，根据之前做
的标记显示所有邻接点都被访问过了。此时，从 E 回退到 F，看 F 是否有
未被访问过的邻接点，如果没有，继续回退到 D、B、A；通过查看 A，找
到一个未被访问过的顶点 C，继续遍历，然后访问与 C 邻接的 G，然后是
H；由于 H 没有未被访问的邻接点，回退到 G，继续回退至 C，最后到达 A，
发现没有未被访问的点了；最后一步需要判断是否所有顶点都被访问了，
如果还有没被访问的，以未被访问的顶点为第一个顶点，则继续依照以上
方式进行遍历。

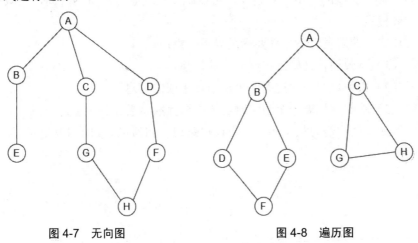

图 4-7　无向图　　　　　　　图 4-8　遍历图

根据以上过程，可以得到通过深度优先搜索获得的顶点的遍历次序为
A→B→D→F→E→C→G→H。

4.4　启发式搜索

启发式搜索（Heuristically Search）又称为有信息搜索（Informed Search），
是一个基于直观或经验构造的算法，正如它的命名，其搜索算法带有启发
性，即有一定引导的搜索方法。随着数据越来越多，占据的空间随之增大
导致常用的状态空间搜索深度优先和广度优先效率低，甚至无法完成搜索，
这时启发式搜索起到了巨大的作用。启发式算法是相对于最优化算法提出
的，是基于直观或者经验构造的算法，在可接受的开销（时间和空间）内
给出待解决组合优化问题的一个可行解。

启发式搜索就是在状态空间中的搜索，对每一个搜索的位置进行评
估，得到最好的位置，再从这个位置进行搜索，直到目标。这样可以省略

大量无谓的搜索路径，提高效率。目前，启发式搜索通用的算法一般有模拟退火算法（SA）、遗传算法（GA）、蚁群算法（ACO）、人工神经网络（ANN）等。

4.4.1　启发性信息与估价函数

　　本小节来看看启发式搜索的两大灵魂，称之为灵魂是因为任何一种启发式搜索算法都不能缺少启发性信息与估价函数。

　　启发算法是通过启发性信息进行搜索的，启发性信息是指与具体问题求解过程有关的，并可指导搜索过程朝最有希望的方向前进的控制信息。所以启发性信息决定着你使用启发式搜索的效率，毕竟启发性信息的启发能力越强，扩展的无用节点越少，可以减少在搜索时耗费的时间，高效率地完成搜索。

　　较成功的启发性信息都要满足以下 3 点：

　　（1）有效地帮助确定扩展节点的信息。

　　（2）有效地帮助决定哪些后继节点生成的信息。

　　（3）能决定拓展一个节点时，哪些节点应从搜索树上删除信息。

　　例如，明明需要从家到公园走最短路线，如何走？如图 4-9 所示。

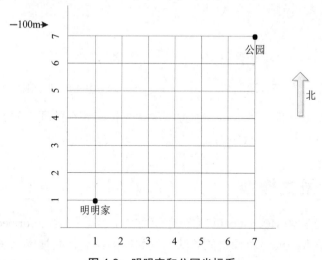

图 4-9　明明家和公园坐标系

　　由图 4-9 可以得到的启发性信息有：明明最多向北走 600 米，最多向东走 600 米，不需要向南和向西走，每经过一个坐标点时只需要考虑向北走还是向东走，向北走的总和达到 600 米将不再向北走，接下来向东便是。这张图的分析就可以作为启发性信息，满足以上 3 个要求。

　　对于启发式搜索来说，估价函数也是重中之中。估价函数字面解释就是估计价值的函数，在启发式搜索中实际则为用以估计节点的重要性的函数。

　　启发式搜索法（也称试探搜索法）是一种帮你寻求答案的技术，但是启发式搜索给出的答案具有一定的偶然性，这是因为启发式方法只告诉你该如何去找，却没有告诉你要找什么。它并不告诉你该如何从 A 点到达 B 点，它甚至有可能连 A 点和 B 点在哪里都不清楚。虽然如此，但通过多次偶然性搜索加上对错误偶然性的排除，能够加快搜索并提高效率。这一过程通过估价函数可以很直观地看出。

　　通常，估价函数的一般形式为

$$f(x) = g(x) + h(x) \tag{4-2}$$

　　其中，$f(x)$ 指从初始节点 S_0 出发，经过节点 n 到达目标节点 S_g 的所有路径中最小路径代价的估价值，$g(x)$ 指从初始节点 S_0 出发经过节点 n 到达目标节点 S_g 的实际代价，$h(x)$ 指从初始节点出发经过节点 n 到达目标节点 S_g 的最优路径的估计代价。$g(x)$ 是父节点的指针从节点 n 反向指到初始节点 S_0，得到一条从初始节点 S_0 到节点 n 的最小代价路径，然后把这条路径上所有有向的代价相加的值。而 $h(x)$ 的值，则需要根据问题自身的特性来确定，它体现的是问题自身的启发性信息，因此也称 $h(x)$ 为启发函数。

　　估价函数的实际应用中，A*算法极具代表性，下面以 A*算法为例看一下其估价函数的特性。A*算法是一种从静态路网中求解最短路径的最有效的直接搜索方法，也是解决许多搜索问题的有效算法。算法中的距离估算值与实际值越接近，最终搜索速度越快。

　　找到最短路径（最优解）的条件，关键在于估价函数 $f(x)$ 的选取。

　　以 $g(x)$ 表达 n 到目标状态的距离，那么 $h(x)$ 的选取大致有如下 3 种情况：

　　（1）如果 $h(x) < g(x)$ 到目标状态的实际距离，则在这种情况下，搜索的点数多，搜索范围大，效率低，但能得到最优解。

　　（2）如果 $h(x) = g(x)$，即 $h(n)$ 距离估计等于最短距离，那么搜索将严格沿着最短路径进行，此时的搜索效率是最高的。

　　（3）如果 $h(x) > g(x)$，那么搜索的点数少，搜索范围小，效率高，但不能保证得到最优解。

　　距离估计与实际值越接近，估价函数取得就越好。例如对于几何路网来说，可以取两节点间的曼哈顿距离作为距离估计，即

$$f = g(n) + (abs(dx - nx) + abs(dy - ny)) \tag{4-3}$$

这样估价函数在 $g(n)$ 一定的情况下，会或多或少地受距离估计值 $h(n)$ 的制约，节点距目标点近，$h(n)$ 值小，f 值相对就小，能保证最短路经的搜索向终点的方向进行。明显优于 Dijkstra 算法毫无方向地向四周搜索。

4.4.2 局部寻优搜索

局部寻优搜索指的是让结果无穷接近最优解的能力，而全局寻优能力则是指找到全局最优解所在大致位置的能力。局部寻优搜索能力和全局寻优搜索能力，缺一不可。向最优解的导向，对于任何智能算法的性能都是很重要的。

局部寻优搜索算法是否能找到全局最优解，往往与初始点的位置有比较大的依赖关系。而这一问题的解决方法就是随机生成一些初始点，从每个初始点出发进行搜索，找到各自的最优解，初始点找得好就可以更接近最优解，再从这些最优解中选择一个最好的结果，作为最终的结果。

局部寻优的搜索步骤如下：

（1）如图 4-10 所示，首先将要进行搜索的初始节点 S_0 放入 OPEN 表，计算 $f(S_0)$。$f(S_0)$ 是指启发式搜索的估价函数。

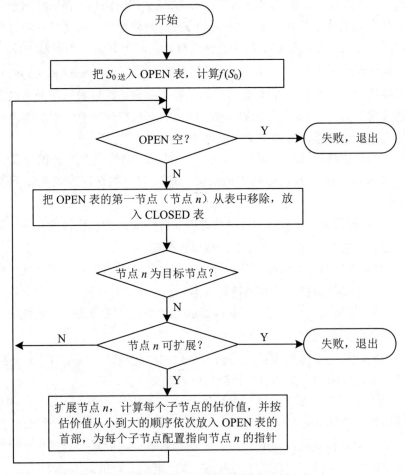

图 4-10 局部寻优搜索流程图

（2）对 OPEN 表进行判断是否为空表，如果为空，则无解，直接退出不再执行余下步骤，否则继续执行余下步骤。

（3）把 OPEN 表中的第一个节点（设为 n 节点）从表中移出，放进 CLOSED 表。

（4）同时判断 n 节点是不是要找的目标节点，如果是，则直接退出，找到解为 n 节点的解。

（5）如果 n 节点不是目标节点，继续判断 n 节点是不是可以继续拓展，可拓展继续执行，不可拓展则回到步骤（2），往下进行。

（6）对可拓展的节点 n，计算每个拓展出来的子节点的估价值，并把估价值从小到大依次放入 OPEN 表，每个子节点都设置指针，指向 n 节点。

（7）将新生成的 OPEN 表放到步骤（2）中判断并继续进行。

4.4.3　全局寻优搜索

全局寻优搜索保留 OPEN 表，在这种搜索方法中，每当要选择一个节点进行考查时，总是首先依照次序来比较 OPEN 表中所有节点的估价值，设法从中选择一个估价值最小或最优的节点来搜索求解。其次，若有多个解路径存在时，要依照次序比较每个解路径的代价值，以便从中找到总代价最小的搜索解路径，即尽可能得到最优解。全局寻优搜索又称为有序搜索法。

由于全局寻优是局部寻优优化得到的，所以可以比对着局部寻优，其基本步骤如下：

（1）将初始节点 S_0 放入 OPEN 表中。

（2）如 OPEN 表为空，则搜索失败，退出。

（3）把 OPEN 表的第一个节点取出，放入 CLOSED 表中，并把该节点记为节点 n。

（4）如果节点 n 是目标节点，则搜索成功，求得一个解，退出。

（5）扩展节点 n，生成一组子节点，对既不在 OPEN 表中也不在 CLOSED 表中的子节点，计算出相应的估价函数值。

（6）把节点 n 的子节点放入 OPEN 表中。

（7）对 OPEN 表中的各节点按估价函数值从小到大排列。

（8）转到步骤（2）。

通过对全局寻优搜索的进一步研究，有了模拟退火算法、遗传算法、蚁群算法。本节将简单地介绍一下模拟退火算法。

1．模拟退火算法（Simulated Annealing，SA）

模拟退火算法的思想借鉴于固体的退火原理，当固体的温度很高时，内能比较大，固体的内部粒子处于快速无序运动，在温度慢慢降低的过程中，固体的内能减小，粒子慢慢地趋于有序。最终，当固体处于常温时，内能达到最小，此时，粒子最为稳定。模拟退火算法便是基于这样的原理设计而成的。

模拟退火算法是基于 Monte-Carlo 迭代求解策略的一种随机寻优算法，其出发点是基于物理中固体物质的退火过程与一般组合优化问题之间的相似性。模拟退火算法从某一较高初温出发，伴随温度参数的不断下降，结合概率突跳特性，在解空间中随机寻找目标函数的全局最优解，即局部最优解能概率性地跳出，并最终趋于全局最优。模拟退火算法是一种通用的优化算法，理论上该算法具有概率的全局优化性能，在机器学习和人工智能领域的发展上，起到了不小的作用。

模拟退火算法通过赋予搜索过程一种时变且最终趋于零的概率突跳性，从而有效避免了陷入局部极小，并最终趋于全局最优的串行结构。

2．模拟退火算法步骤

（1）如图 4-11 所示，设置初始化温度 T_{max}（满足充分大的要求），温度下限 T_{min}（满足充分小的要求）。

（2）每设一个 T_0 值都迭代次数 s，然后进行 Metropolis 准则分析：

① 分析在 T_0 温度下，物体粒子停留在状态 r，满足波兹曼（Boltzmann）概率分布。公式为

$$\Pr(E(r)) = \frac{1}{Z(T_0)} \exp\left[-\frac{E(r)}{k_b T_0}\right] \tag{4-4}$$

② $E(r)$ 为 r 状态的能量。$k_b > 0$ 是 Boltzmann 常数，量纲为 1。$Z(T_0)$ 为概率分布的标准化因子。exp 为高等数学里以自然常数 e 为底的指数函数。

③ 转化因子 $Z(T_0)$ 的公式为

$$Z(T_0) = \sum_{n \in D} \exp\left[-\frac{E(n)}{k_b T}\right] \tag{4-5}$$

在温度 T_0 时粒子能量除 r 状态外，新产生的两个状态分别为 i、j 状态。

④ 再根据公式

$$z = \exp\left[\frac{E(i) - E(j)}{k_b T_0}\right], z < 1 \tag{4-6}$$

z 是状态 i、j 的概率比值。

⑤ 再随机产生一个 $[0,1]$ 的随机数 ξ，和 z 比较，若 $\xi > z$，选择 i 状态，否则选择 j 状态。

⑥ 根据公式

$$T_0 = aT_0, a \in [0,1] \tag{4-7}$$

进行降温直到 T_{min}，然后判断是否达到预设的迭代次数 s，达到就结束，未达到重新设 T_0，从步骤（2）执行下来。

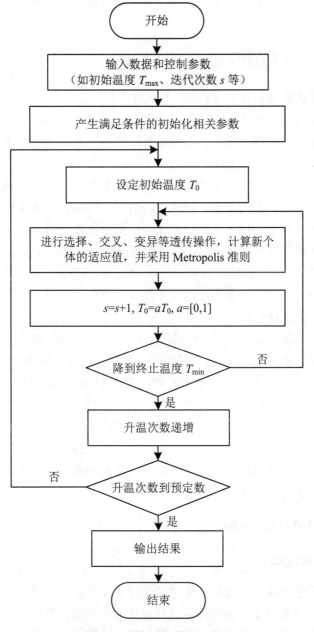

图 4-11 模拟退火算法流程图

4.5 遗传算法

遗传算法，简称 GA，是一种借鉴生物界自然选择和进化机制发展起来的高度并行、随机、自适应搜索算法。在用传统搜索算法解决不了的复杂和非线性问题上，取得了较好的结果。它是解决函数优化问题、模式识别问题、神经网络的参数调整和优化问题等最有效的方法之一，并且在实际中得到很好的应用。

4.5.1　遗传算法的发展史

遗传算法起源于对生物系统进行的计算机模拟研究。尽管早在 20 世纪 40 年代，就有学者开始研究利用计算机进行生物模拟的技术，但早期的研究是侧重于对一些复杂操作的研究。最早意识到自然遗传算法可以转化为人工智能算法的是 J. H. Holland 教授。

20 世纪 70 年代初，霍兰德（Holland）教授提出了遗传算法的基本定理——模式定理，从而奠定了遗传算法的理论基础。模式定理揭示出种群中优良个体（较好的模式）的样本数将以指数级规律增长，因而从理论上保证了遗传算法是一个可以用来寻求最优可行解的优化过程。

1967 年，Holland 教授的学生 J. D. Bagley 在其博士论文中首次提出了"遗传算法"一词，并发表了遗传算法应用方面的第一篇论文，从而创立了自适应遗传算法的概念。之后，J. D. Bagley 发展了复制、交叉、变异、显性、倒位等遗传算子，在个体编码上使用了双倍体的编码方法。

1970 年，Cavicchio 把遗传算法应用于模式识别。1975 年，Holland 教授出版了第一本系统论述遗传算法和人工自适应系统的专著《自然系统和人工系统的自适应性》。

20 世纪 80 年代，Holland 教授实现了第一个基于遗传算法的机器学习系统——分类器系统（Classifier systems，CS）。进入 20 世纪 80 年代，遗传算法迎来了兴盛发展时期，无论是理论研究还是应用研究都成了十分热门的课题，遗传算法的应用领域也不断扩大。

4.5.2　遗传算法的基本原理

1. 基本原理

遗传算法是从一组随机产生的初始解开始搜索，按照适者生存和优胜劣汰的原理，通过交叉、变异和选择运算来实现的。其中，选择是指从种群中选择生命力强的染色体来产生新种群的过程，选择的依据是每个染色体的适应度大小，适应度越大，被选中的概率就越大；交叉运算是指两个相互配对的染色体按某种方式相互交换其部分基因，从而形成两个新的个体；变异就是以很小的概率，随机改变染色体某个位置上的基因。根据适应度的大小，从上一代和后代中选择一定数量的个体，作为下一代群体，再继续进化。这样经过若干代之后，算法收敛于最好的染色体，它很可能就是问题的最优解或次优解。

2．基本操作

简单遗传算法的遗传操作主要有以下 3 种。

（1）选择（selection）

选择用来确定重组或交叉个体，以及被选个体将产生多少个子代个体。在群体中依据某种选择算法，选择误差比较小的进入下一代。首先计算适应度，有两种计算方法，分别为按比例的适应度计算和基于排序的适应度计算。

适应度计算之后是实际的选择，按照适应度情况来进行个体的选择。比较典型的算法是：轮盘赌选择（最基本的选择策略之一）；随机便利抽样；局部选择；截断选择；锦标赛选择。

（2）交叉或基因重组（crossover/recombination）

交叉是两个父本个体的部分结构加以替换重组而产生新个体的操作。交叉操作的作用是组合出新的个体，再串空间进行有效搜索，同时降低了对有效模式的破坏概率，遗传算法中起核心作用的是遗传操作的交叉。依据编码表示方法的不同，有如下算法：

- ❑ 二进制交叉，包括单点交叉、多点交叉、均匀交叉、洗牌交叉、缩小代理交叉。
- ❑ 实值重组，包括离散重组、中间重组、线性重组、扩展线性重组。

（3）变异（mutation）

变异之后子代经历的变异，实际上是子代基因按小概率扰动产生的变化，即对群体中个体串的某些基因座上的基因值做变动。变异的目的有以下两个：

- ❑ 使遗传算法具有局部的随机搜索能力。
- ❑ 保持群体的多样性。依据个体的编码表示方法不同，因此可以有实值变异、二进制变异两种算法。

3．遗传算法的主要特点

遗传算法作为一种新型的、模拟生物进化过程的随机化搜索方法，不同于枚举法、启发式算法、搜索算法等传统的优化方法。它具有以下特点：自组织、自适应和自学习性；遗传算法的本质并行性；遗传算法不需要求导或其他辅助知识，而只需要影响搜索方向的目标函数和相应的适应度函数；遗传算法强调概率转换规则，而不是确定的转换规则；遗传算法可以更加直接地应用；遗传算法对给定问题可以产生许多的潜在解，最终的选择可以由使用者确定。

4.5.3 遗传算法的求解步骤

1. 遗传算法的五要素

（1）对解答过程进行编码表示（通常用二进制编码）。

（2）确定一种方式产生初始群体（initial population）。

（3）设计适应度函数。

（4）设计遗传算子（genetic operators）（交叉、变异、选择算子）。

（5）参数设定（群体规模，P_c、P_m 等）。

遗传算法的常用术语：适应度，交叉概率 P_c，变异概率 P_m，群体规模（population-size 或 pop-size）。

2. 遗传算法的一般流程

如图 4-12 所示，确定种群规模 N、交叉概率 P_c、变异概率 P_m，设置终止进化准则。随机生成 N 个个体作为初始种群 $X(0)$，令进化代数计数器 $t=0$，研究个体，计算种群中各个体的适应度，种群进化。按照由个体适应度值所决定的某个规则，选择进入下一代的个体。

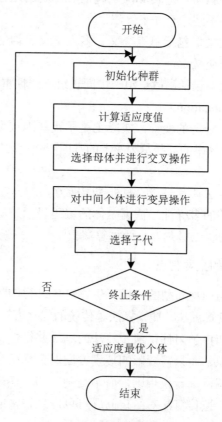

图 4-12 简单遗传算法的框图

（1）选择母体并进行交叉操作。从 $X(t)$ 中运用选择算子选择出 $M/2$ 对母体（其中 $M \geqslant N$），并对所选择的母体依概率 P_c 进行交叉操作，形成 M 个中间个体。

（2）对中间个体进行变异操作。对 M 个中间个体分别独立地依据概率 P_m 进行变异操作，形成 M 个候选个体。

（3）选择子代。从上述形成的 M 个候选个体中依适应度选择出 N 个个体，组成新一代种群 $X(t+1)$。

（4）中止检验。若已满足某种停止条件，则输出 $X(t+1)$ 中具有最大适应度的个体，作为最优解并终止计算；否则令 $t=t+1$，并转至步骤（3）。

算法的终止条件最简单的分别为：完成了预先给定的进化代数与种群中的最优个体在连续若干代没有改进或平均适应度在连续若干代基本没有改进。

4.6　微粒群算法

微粒群算法（Particle Swarm Optimization，PSO）是一种探索自然界生物如何以群体的形式生存，并在计算机里构建出这种模型的算法，这种算法具有速度快、效率高、算法简单等优点，并已经在实际中被广泛地应用。

4.6.1　微粒群算法的基本概念及进化方程

1. 微粒群算法的概念

微粒群算法又称粒子群优化，是由 J. Kennedy 和 R. C. Eberhart 等人于 1995 年开发的一种演化计算技术，其来源于对一个简化社会模型的模拟。其中"群（swarm）"来源于微粒群匹配。M. M. Millonas 在开发应用于人工生命（artificial life）的模型时，提出了群体智能的 5 个基本原则。"粒子（particle）"是一个折衷的选择，因为既需要将群体中的成员描述为没有质量、没有体积的，同时也需要描述其速度和加速状态。

微粒群算法是一种有效的全局寻优算法，具有进化计算和群智能的特点，是基于群体智能理论的优化算法，通过群体间微粒的合作与竞争，产生的群体智能指导优化搜索。与传统的算法相比较，微粒群算法保留了基于种群的全局搜索策略，采用的"速度-移位"模型操作简单，避免了复杂的遗传操作。由于每代种群中的解具有"自我"学习提高和向"他人"学习的双重优点，从而可以在较少的迭代次数中找到最优解。

2. 微粒群算法的进化方程

设微粒群在一个 n 维空间中搜索，由 N 个微粒组成种群 $X = \{X_1, X_2, \cdots, X_n\}$，其中每个微粒所在的位置 $X_i = \{X_{i2}, X_{i2}, \cdots, X_{in}\}$ 都表示问题的一个解。微粒需要通过不断地调整自己的位置 X_{id} 来搜索新的解。而每一个微粒都能记住自己搜索到的最优解，记作 P_{id}，整个微粒群经历过的最好的位置，即目前搜索到的最优解，记作 P_{gd}。并且每一个微粒都有一个速度，记作 $V_i = \{V_{i1}, V_{i2}, \cdots, V_{in}\}$，当两个最优解都找到后，每个微粒根据式（4-8）和式（4-9）来更新自己的速度。

$$v_{id}(t+1) = wv_{id}(t) + \eta_1 rand()(p_{id} - x_{id}(t)) + \eta_2 rand()(p_{gd} - x_{id}(t)) \quad （4\text{-}8）$$

$$x_{id}(t+1) = x_{id}(t) + v_{id}(t+1) \quad （4\text{-}9）$$

式（4-8）中，$v_{id}(t+1)$ 表示第 i 个微粒在 t+1 次迭代中第 d 维上的速度，ω 为惯性权重，η_1、η_2 为加速常数，$rand()$ 为 0～1 的随机数。另外，为使微粒速度不致于过大，可设置速度上限，即当式（4-8）中的 $v_{id}(t+1) > v_{max}$ 时，$v_{id}(t+1) = v_{max}$；$v_{id}(t+1) < -v_{max}$ 时，$v_{id}(t+1) = -v_{max}$。

从式（4-8）和式（4-9）可以看出，微粒的移动方向是由 3 个部分决定的：原有速度 $v_{id}(t)$、与自己最佳经历的距离 $p_{id} - x_{id}(t)$、与群体最佳经历的距离 $p_{gd} - x_{id}(t)$，并分别由权重系数 ω、η_1、η_2 决定其相对重要性。

4.6.2　标准微粒群算法流程

（1）如图 4-13 所示，初始化微粒群，即随机设定各微粒的初始位置 X 和初始速度 V。

（2）根据初始位置和初始速度来确定各微粒的新的位置。

（3）计算每个微粒的适应度值。

（4）自身极值算子（记录每个微粒到目前为止自己搜索出的最优解，通过自身的最优解来不断地调换自己的位置）。对每一个微粒，比较它的适应度值和它所经历的最好位置的适应度值，并更新出最好的位置。

（5）全局极值算子（记录整个微粒群经历的最好的位置，即目前搜索到的最优解，通过微粒所经历的最好位置来更新自身位置，使其解向全局最优解的方向逼近）。对于每个微粒，比较它的适应度值和群体所经历的最好位置的适应度值。

（6）速度—位移模型操作算子（通过对自身速度的改变来更新当前的位置）。在微粒群算法中，每个微粒都有一个速度。通过对微粒速度的改变来更新微粒的位置，通过式（4-8）和式（4-9）来调整微粒的位置和速度。

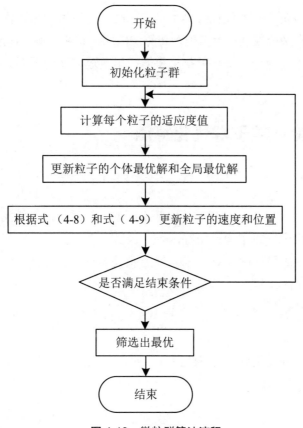

图 4-13 微粒群算法流程

（7）如果达到结束条件（有足够好的位置或最大迭代次数），则结束，否则继续进行迭代。

4.6.3 微粒群算法的研究现状

自微粒群算法提出以来，得到了国际上相关领域众多学者的关注，成为国际进化计算界研究的热点。目前，PSO 出现了许多改进算法，并且已经应用于许多科学和工程领域，特别是在生产调度领域的应用。

1．在算法改进方面的研究

在算法改进方面，人们不仅将微粒群算法与其他理论进行结合，还将微粒群算法与其他算法进行结合，从而产生了很多各有优势的不同算法，如根据耗散结构的自组织性，提出的一种耗散型 PSO 算法。

2．算法的应用

微粒群算法具有计算速度快、概念简明、依赖的经验参数较少、实现方便等特点，因此 PSO 是非线性连续优化问题、组合优化问题、非整数及非线性优化问题的有效优化工具。目前已经广泛应用于函数优化、神经网络训练、模糊系统控制以及其他遗传算法的应用领域。例如，应用 PSO 来分析人类的帕金森综合征等颤抖类疾病；用改进的速度更新方程训练模糊神经网络等。

4.7　实验：粒子群优化算法

实验目标

PSO 初始化为一群随机粒子（随机解），然后通过迭代找到最优解。在每一次迭代中，粒子通过跟踪两个"极值"来更新自己。第一个就是粒子本身所找到的最优解 pbest。另一个极值是整个种群目前找到的最优解，即全局极值 gbest。

实验内容

根据粒子群优化算法的算法流程，通过 Python 实现粒子群优化算法。

实验步骤

（1）PSO 参数设置

```
class PSO:
    def __init__(self, dim, size, iter_num, x_max, max_vel, best_fitness_value=
float('Inf'), C1 = 2, C2 = 2, W = 1):
        self.C1 = C1
        self.C2 = C2
        self.W = W
        self.dim = dim                              #粒子的维度
        self.size = size                            #粒子个数
        self.iter_num = iter_num                    #迭代次数
        self.x_max = x_max
        self.max_vel = max_vel                      #粒子最大速度
        self.best_fitness_value = best_fitness_value
        self.best_position = [0.0 for i in range(dim)]  #种群最优位置
        self.fitness_val_list = []                  #每次迭代的最优适应值
```

（2）初始化种群

```
self.Particle_list = [Particle(self.x_max, self.max_vel, self.dim) for i in range
(self.size)]
```

（3）更新粒子速度

```
#更新速度
 def update_vel(self, part):
     for i in range(self.dim):
         vel_value = self.W * part.get_vel()[i] + self.C1 * random.random() *
(part.get_best_pos()[i] - part.get_pos()[i]) \ + self.C2 * random.random() *
(self.get_bestPosition()[i] - part.get_pos()[i])
         if vel_value > self.max_vel:
             vel_value = self.max_vel
         elif vel_value < -self.max_vel:
             vel_value = -self.max_vel
         part.set_vel(i, vel_value)
```

（4）更新粒子位置

```
#更新位置
 def update_pos(self, part):
     for i in range(self.dim):
         pos_value = part.get_pos()[i] + part.get_vel()[i]
         part.set_pos(i, pos_value)
     value = fit_fun(part.get_pos())
     if value < part.get_fitness_value():
         part.set_fitness_value(value)
         for i in range(self.dim):
             part.set_best_pos(i, part.get_pos()[i])
     if value < self.get_bestFitnessValue():
         self.set_bestFitnessValue(value)
         for i in range(self.dim):
             self.set_bestPosition(i, part.get_pos()[i])
```

（5）测试数据

```
from OptAlgorithm.PSO import PSO
import matplotlib.pyplot as plt
import numpy as np
dim = 2
size = 20
iter_num = 1000
x_max = 10
max_vel = 0.5
pso = PSO(dim, size, iter_num, x_max, max_vel)
fit_var_list, best_pos = pso.update()
print("最优位置:" + str(best_pos))
print("最优解:" + str(fit_var_list[-1]))
plt.plot(np.linspace(0, iter_num, iter_num), fit_var_list, c="R", alpha=0.5)
plt.show()
```

（6）输出结果

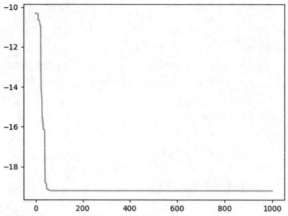

最优位置：[-8.054993759394142, 9.666220235718153]

最优解：-19.2084757779

▲ 习题

一、名词解释

1．状态空间

2．盲目搜索

3．启发式搜索

4．遗传算法

5．变异

二、单选题

1．下图是一个迷宫，S_0 是入口，S_g 是出口，把入口作为初始节点，出口作为目标节点，通道作为分支，画出从入口 S_0 出发，寻找出口 S_g 的状态树。根据深度优先搜索方法，搜索的路径是（　　）。

A．s_0-s_4-s_5-s_6-s_9-s_g　　　　　B．s_0-s_4-s_1-s_2-s_3-s_6-s_9-s_g

C．s_0-s_4-s_1-s_2-s_3-s_5-s_6-s_8-s_9-s_g　　D．s_0-s_4-s_7-s_5-s_6-s_9-s_g

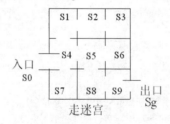

走迷宫

2．如果问题存在最优解，则下面几种搜索算法中，（　　）必然可以得到该最优解。

A．广度优先搜索 B．深度优先搜索

C．有界深度优先搜索 D．启发式搜索

3．如果问题存在最优解，则下面几种搜索算法中，（ ）可以认为是"智能程度相对比较高"的算法。

A．广度优先搜索 B．深度优先搜索

C．有界深度优先搜索 D．启发式搜索

4．下列搜索方法中不属于盲目搜索的是（ ）。

A．等代价搜索 B．宽度优先搜索

C．深度优先搜索 D．有序搜索

5．下列搜索方法中不属于盲目搜索的是（ ）。

A．等代价搜索 B．宽度优先搜索

C．深度优先搜索 D．有序搜索

6．（ ）不是简单遗传算法的遗传操作。

A．选择 B．重组

C．遗传 D．变异

三、填空题

1．在启发式搜索中，通常用_____来表示启发性信息。

2．在广度优先搜索算法中，OPEN 表的数据结构实际是一个_____，深度优先搜索算法中，OPEN 表的数据结构实际是一个_____。

3．启发式搜索是一种利用_____的搜索，估价函数在搜索过程中起的作用是（估计节点位于解路径上的希望）。

4．宽度优先搜索与深度优先搜索方法的一个致命的缺点是当问题比较复杂时，可能会发生_____。

5．问题的状态空间包含 3 种说明的集合，即_____、_____以及_____。

6．宽度优先搜索对应的数据结构是_____，深度优先搜索对应的数据结构是_____。

7．简单遗传算法的遗传操作主要有_____、_____、_____。

四、判断题

1．在 A*算法中，满足单调条件的 h 必然满足 A*算法的条件。（ ）

2．如果一条路径的第一个节点为问题的目的状态，最后一个节点为问题的初始状态，则该路径称为解路径。 （ ）

3．局部寻优搜索指找到全局最优解所在大致位置的能力，而全局寻优能力则指的是可以让结果无穷接近最优解的能力。 （ ）

4．模拟退火算法是基于 Monte-Carlo 迭代求解策略的一种随机寻优算法，其出发点是基于物理中固体物质的退火过程与一般组合优化问题之间

的相似性。 （　　）

5. 遗传算法中有 3 种关于染色体的运算：选择—复制、交叉、变异。这 3 种运算被称为遗传操作或遗传算子。 （　　）

6. 与或图通常称为状态图。 （　　）

7. A*算法是一种从静态路网中求解最短路径最有效的直接搜索方法，也是解决许多搜索问题的有效算法。 （　　）

8. 粒子群算法中的微粒是只有质量而没有体积的。 （　　）

五、简答题

1. 请阐述状态空间的一般搜索过程。OPEN 表与 CLOSED 表的作用分别是什么？

2. 广度优先搜索与深度优先搜索各有什么特点？

3. 何谓估价函数？在估价函数中，$g(x)$ 和 $h(x)$ 各起什么作用？

4. 什么是 A*算法的可纳性？

5. 简述用 A*算法求解问题时，为什么会出现重复扩展节点问题？解决的方法有哪些？

参考文献

[1] 陈素琼. 搜索算法综述[J]. 信息与电脑（理论版），2016（02）：87-88+92.

[2] GARC A L L, ARELLANO A G, CRUZ-SANTOS W. A parallel path-following phase unwrapping algorithm based on a top-down breadth-first search approach[J]. Optics and Lasers in Engineering, 2020, 124.

[3] SHAO W, ZUO Y. Computing the halfspace depth with multiple try algorithm and simulated annealing algorithm[J]. Computational Statistics, 2020, 35(1).

[4] 陈磊. 多目标进化算法理论、算法设计与应用研究[D]. 广东工业大学，2019.

[5] 伍建伟，刘夫云，李峤. MATLAB 遗传算法函数 ga 优化实例[J]. 机械工程与自动化，2017（02）：61-63.

[6] COELLO C, C.A., LECHUGA, et al. MOPSO: a proposal for multiple objective particle swarm optimization[J]. Evolutionary Computation, 2002 CEC '02 Proceedings of the 2002 Congress on, 2002.

[7] 孟红云. 多目标进化算法及其应用研究[D]. 西安电子科技大学，2005.

第 5 章

机器学习

机器学习（Machine Learning）是研究计算机怎样模拟或实现人类的学习行为以获取新的知识或技能，并重新组织已有的知识结构使之不断改善自身性能的技术。它是人工智能的核心，是使计算机具有智能的根本途径，其应用遍及人工智能的各个领域，主要使用归纳、综合而不是演绎的方法。在过去的 10 年中，机器学习帮助我们自动驾驶汽车，进行语音识别和网络语义搜索。SIGAI 将机器学习的方式分为 5 种：有监督学习、无监督学习、概率图模型、深度学习和强化学习。本章只介绍前 4 种，强化学习放在第 6 章介绍。

5.1 机器学习模型

图 5-1 展示了机器学习的简化过程。

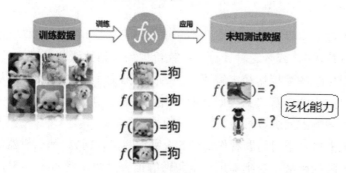

图 5-1 机器学习一般过程

$f(x)$称为学习模型，泛化能力是指机器学习算法对新鲜样本的适应能力。

通常期望学习模型具有较强的泛化能力。

1. 机器学习与人类学习对比

机器学习属于人工智能的一个分支。所以，学习是一种智能，图 5-2 给出了机器学习在人工智能学科中的地位。图 5-3 给出了机器学习与人类学习的对比。

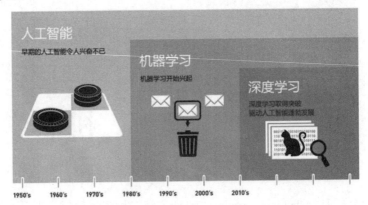

图 5-2　机器学习的地位

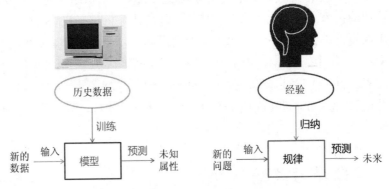

图 5-3　机器学习与人类学习的对比

2. 机器学习模型

由于许多实际问题，我们并不知道如何由给定的输入计算出期望的输出（没有算法），或者这种计算可能代价很高（指数级复杂度）。这些任务都不能用传统的编程途径来解决，因为系统设计者无法精确指定从输入数据到输出的方法。解决此类问题的一种策略就是让计算机从示例中学习从输入数据到输出的函数对应关系——机器学习。

如果把机器学习问题看作如图 5-4 所示的拟合问题，那么机器学习模型就是从无限的函数中找到满足一定条件的拟合函数，例如图 5-5 所示的 4 种拟合曲线（机器学习模型）。

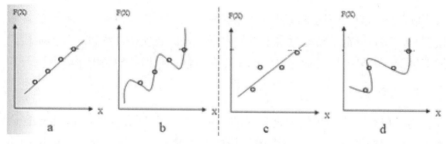

图 5-4　拟合函数示例

从图 5-4 可看出，拟合函数有简有繁（a、c 简单，b、d 复杂），拟合度有高有低（a、b、d 拟合度高，c 拟合度低）。如果拟合函数用 $h(x)$ 表示，可能的拟合函数集合为假设空间 H，如果实际的输出为 $y(x)$，则机器学习的任务就是在 H 中寻找 $h(x)$，使得 $|y(x)-h(x)|$ 最小。注意这里的 $|y(x)-h(x)|$ 是误差度量函数，不一定指"差的绝对值"。

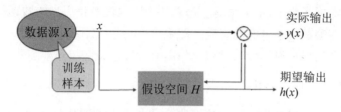

图 5-5　机器学习模型

所以，学习的过程就是寻找逼近 y 的拟合函数 $h(x)$ 的过程。

3．机器学习知识框架

图 5-6 给出了学习机器学习的知识框架。

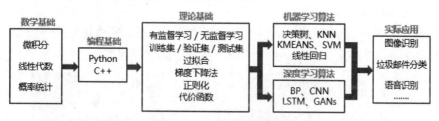

图 5-6　机器学习知识框架

△ 5.2　数据准备

5.2.1　数据集划分

1．训练集

训练数据（Train data）集是用于建模的，数据集的每个样本是有标签

（正确答案）的。在通常情况下，在训练集上模型执行得很好，并不能说明模型好，我们更希望模型对看不见的数据有好的表现，训练属于建模阶段，线下进行。如果把机器学习过程比作高考过程，则训练相当于平时的练习。

2. 验证集

为了模型对看不见的数据有好的表现，使用验证数据（Validation data）集评估模型的各项指标，如果评估结果不理想，那么将改变一些用于构建学习模型的参数，最终得到一个满意的训练模型。在验证集上模型执行得很好，也不能说明模型好，我们更希望模型对看不见的数据有好的表现，验证属于建模阶段，线下进行。如果把机器学习过程比作高考过程，验证相当于月考或周考。

3. 测试集

测试数据（Test data）集是一个在建模阶段没有使用过的数据集。我们希望模型在测试集上有好的表现，即强泛化能力。测试属于模型评估阶段，线上进行。如果把机器学习过程比作高考过程，验证相当于高考。

4. 数据集划分标准

一般来说采用 70/15/15，但这不是必须的，要根据具体任务确定划分比例。

5.2.2 数据标注

数据标注是通过数据加工人员（可以借助类似 BasicFinder 这样的标记工具）对样本数据进行加工的一种行为。通常数据标注的类型包括图像标注、语音标注、文本标注、视频标注等。以图像标注为例，标注的基本形式有标注画框、3D 画框、类别标注、图像打点、目标物体轮廓线等。类别标注如图 5-7 所示，标注画框如图 5-8 所示，图像打点如图 5-9 所示。

图 5-7　类别标注　　　　　　图 5-8　标注画框

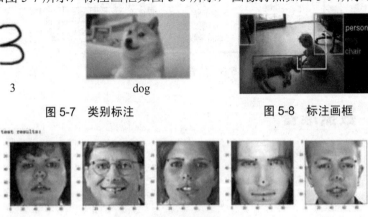

图 5-9　图像打点

也许这么解释仍然会有很多人不理解什么是数据标注，举个简单的例子，人脸识别已成功用于考勤、安检等领域，大多数人可能都会知道这种功能是由智能算法实现的，很少有人会思考，算法为什么能够识别这些人脸呢，算法是如何变得如此智能的？其实智能算法就像人的大脑一样，需要进行学习，通过学习它才能对特定数据进行处理、反馈。比如人脸识别，模型算法最初是无法直接识别人脸的，而是经过人工对人脸样本进行标注（打标签），将算法无法理解的图像内容转化成容易识别的数字内容，然后算法模型通过被标注后的图像内容进行识别，并与相应的人脸进行逻辑关联。也许会有人问，那么对不同的人脸是怎么分辨的？这就是模型算法在学习时需要海量数据的原因，这些数据必须覆盖常用脸型、眼型、嘴型等，全面的数据才能训练出出色的模型算法。

大家可能看出来了，数据标注的质量影响学习的效果，数据标注的成本非常高，如何实现自动化数据标注是机器学习领域研究的热点。

5.3　学习方式

5.3.1　有监督学习

有监督学习是指有求知欲的学生（计算机）从老师（环境）那里获取知识、信息，老师提供对错知识（训练集）、告知最终答案的学习过程（见图 5-10）。学生通过学习不断获取经验和技能（模型），对没有学习过的问题（测试集）也能做出正确的解答（预测）。

图 5-10　有监督学习

简答地说，就是通过训练集学习得到一个模型，然后用这个模型进行预测。根据预测数据是否连续，有监督学习分为两类（见图 5-11）。

（1）回归：预测数据为连续型数值。

（2）分类：预测数据为类别型数据，并且类别已知。

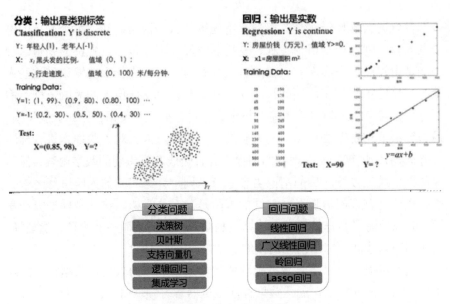

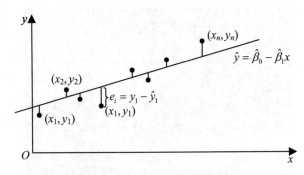

图 5-11　监督学习分类

1．线性回归

如果希望知道自变量 X 是怎样影响因变量 Y 的，以一元线性回归为例，从数学角度，就是建立模型：

$$Y=\beta_0+\beta_1X_1+\varepsilon$$

其中，$\beta=(\beta_0,\beta_1)$ 称为回归系数。

参数 β_0 和 β_1 决定了回归直线相对于训练集的准确程度，即模型预测值与训练集中实际值之间的差距（图 5-12 中 e_i），称为建模误差。

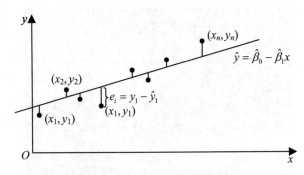

图 5-12　一元线性回归建模误差

我们希望建模误差越小越好，用公式表示：

$$\min(\sum_{i=1}^{n}(y_i-\hat{y}_i)^2)=\min(\sum_{i=1}^{n}(y_i-\hat{\beta}_0-\hat{\beta}_1x_i)^2) \tag{5-1}$$

一般使用梯度下降算法求使建模误差最小化的参数 β_0 和 β_1 的值，如下：

$$\begin{cases} \hat{\beta}_1 = \dfrac{n\sum\limits_{i=1}^{n} x_i y_i - \left(\sum\limits_{i=1}^{n} x_i\right)\left(\sum\limits_{i=1}^{n} y_i\right)}{n\sum\limits_{i=1}^{n} x_i^2 - \left(\sum\limits_{i=1}^{n} x_i\right)^2} \\[3mm] \hat{\beta}_0 = \overline{y} - \hat{\beta}_1 \overline{x} \end{cases}$$

其中，
$$\overline{x} = \frac{1}{n}\sum_{i=1}^{n} x_i, \quad \overline{y} = \frac{1}{n}\sum_{i=1}^{n} y_i \tag{5-2}$$

2．决策树

（1）基本思想

决策树模拟人类进行级联选择或决策的过程，按照属性的优先级依次对数据的全部属性进行判别，从而得到输入数据所对应的预测输出。

（2）基本概念

决策树包含：一个根节点、若干内部节点和叶子节点。其中，叶子节点表示决策的结果；内部节点表示对样本某一属性的判别。

测试序列：从根节点到某一叶子节点的路径。

图 5-13 给出了一个女孩是否约见男友的决策树。

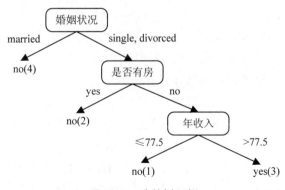

图 5-13　决策树示例

（3）决策树构造过程

首先根据某种分类规则得到最优的划分特征，计算最优特征子函数，并创建特征的划分节点，按照划分节点将数据集划分为若干部分子数据集；然后，在子数据集上重复使用判别规则，构建出新的节点，作为树的新分支；重复递归执行，直到满足递归终止条件。

（4）划分特征选择

合理选择其内部节点所对应的样本属性，使得节点所对应样本子集中的样本尽可能多地属于同一类别，即具有尽可能高的纯度。

特征选择的准则主要有 3 种：信息增益、信息增益比、基尼指数。

① 信息增益（ID3 算法）
$$G(D, A) = H(D) - H(D \mid A)$$

其中，$H(X)=-\sum_{i=1}^{n}p_i\log_2 p_i$ 为随机变量 X 的熵。熵可以表示样本集合的不确定性，熵越大，样本的不确定性就越大。缺点是信息增益偏向取值较多的特征。

② 信息增益比（C4.5 算法）

$$g_R(D,A)=\frac{g(D,A)}{H_A(D)}$$

其中，$H_A(D)=-\sum_{i=1}^{n}\frac{|D_i|}{|D|}\log_2\frac{|D_i|}{|D|}$，其缺点是信息增益比偏向取值较少的特征。

③ 基尼指数（CART 算法—分类树）

$$\text{Gini}(p)=\sum_{k=1}^{K}p_k(1-p_k)$$

其中，p_k 表示选中的样本属于 k 类别的概率。

3. 支持向量机

支持向量机（Support Vector Machine，SVM）是一类按有监督学习方式对数据进行二元分类的广义线性分类器，其决策边界是对学习样本求解的最优分类面。

SVM 是 Cortes 和 Vapnik 于 1995 年首先提出的，其在解决小样本、非线性及高维模式识别中表现出许多特有的优势。

传统的统计模式识别方法在进行机器学习时，强调经验风险最小化。而单纯的经验风险最小化会产生"过拟合问题"，其泛化力较差。根据统计学习理论，机器学习的实际风险由经验风险值和置信范围值两部分组成。

SVM 基本思想可用图 5-14 来说明。图中实心点和空心点分别代表两类样本，H 为它们之间的分类面：$w\cdot x+b=0$，H1 和 H2 分别为各类中离分类面最近的样本，且平行于分类面的超平面，它们之间的距离 2/‖W‖叫作分类间隔。

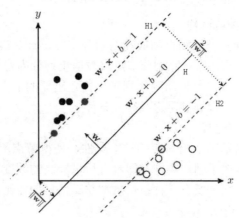

图 5-14　最优分类面示意图

两类样本中离分类面最近的点且平行于最优分类面的超平面 H1、H2 上的训练样本点，称作支持向量，因为它们"支持"了最优分类面。

5.3.2　无监督学习

无监督学习是在没有老师的情况下，学生自学的过程（见图 5-15）。无监督学习不局限于解决像有监督学习那样有明确答案的问题。因此，它的学习目标并不十分明确。常见的无监督学习任务是聚类、关联分析和降维。

图 5-15　无监督学习

1. 聚类

聚类模型是将物理或抽象对象的集合，分组为由类似的对象组成的多个类的分析过程。聚类给了我们把两个观测数据，根据它们之间的距离计算相似度以分组的方法（没有标注数据）。

（1）K-means 聚类

K-means 是最简单的聚类算法之一，其运用十分广泛。K-means 的计算方法如下。

Step1：随机选取 k 个中心点。

Step2：遍历所有数据，将每个数据划分到最近的中心点中。

Step3：计算每个聚类的平均值，并作为新的中心点。

Step4：重复 Step2、Step3，直到这 k 个中心点不再变化（收敛），或执行了足够多的迭代。

该方法有两个前提：通常要求已知类别数；只适用于连续型变量。

图 5-16 给出了一个 K-means 聚类示例。

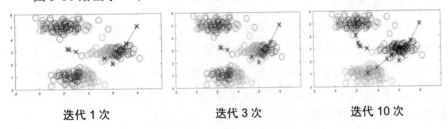

迭代 1 次　　　　　迭代 3 次　　　　　迭代 10 次

图 5-16　K-means 聚类示例

（2）层次聚类

层次聚类（Hierarchical Clustering，HC）是通过计算不同类别数据点间的相似度来创建一棵有层次的嵌套聚类树。在聚类树中，不同类别的原始数据点是树的最低层，树的顶层是一个聚类的根节点。创建聚类树有自下而上合并和自上而下分裂两种方法。

以表 5-1 中的数据为例，我们通过欧氏距离计算 A 到 G 的欧式距离矩阵（见图 5-17），并通过合并的方法将相似度最高的数据点进行组合，创建聚类树（见图 5-18）。

表 5-1　示例数据

A	B	C	D	E	F	G
16.9	38.5	39.5	80.8	82	34.6	116.1

	A	B	C	D	E	F	G
A	0	21.60	22.60	63.90	65.10	17.70	99.20
B	21.60	0	1.00	42.30	43.50	3.90	77.60
C	22.60	1.00	0	41.30	42.50	4.90	76.60
D	63.90	42.30	41.30	0	1.20	46.20	35.30
E	65.10	43.50	42.50	1.20	0	47.40	34.10
F	17.70	3.90	4.90	46.20	47.40	0	81.50
G	99.20	77.60	76.60	35.30	34.10	81.50	0

图 5-17　A 到 G 的欧式距离矩阵

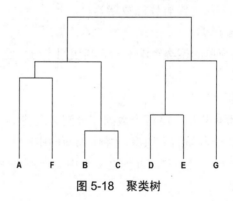

图 5-18　聚类树

2．关联分析

（1）模型原理

哪些商品顾客可能会在一次购物中同时购买？为回答该问题，我们可以对商店的顾客事务零售数量进行购物篮分析（见图 5-19）。该过程通过发现顾客放入"购物篮"中的不同商品之间的关联，分析顾客的购物习惯。这种关联的发现可以帮助零售商了解哪些商品频繁地被顾客购买，从而帮助他们开发更好的营销策略。

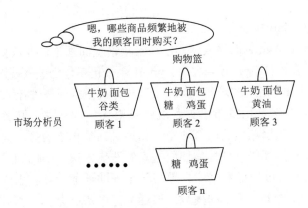

图 5-19 购物篮分析问题

（2）基本术语

假设 $I=\{i_1,i_2,...,i_n\}$ 是项的集合，给定一个交易数据库 $U=\{t_1,t_2,...,t_m\}$，其中每个事务（Transaction）t_i 是 I 的非空子集，即 $t_i \in I$，每一个交易都与一个唯一的标识符 TID（Transaction ID）对应。关联规则是形如 $X \Rightarrow Y$ 的蕴涵式，其中 $X,Y \in I$ 且 $X \cap Y = \phi$，X 和 Y 分别称为关联规则的前件和后件。关联规则 $X \Rightarrow Y$ 在 U 中的支持度（support）是 U 中事务包含 $X \cup Y$ 的百分比，即概率 $P(X \cap Y)=\dfrac{|G|}{|U|}$；置信度（confidence）是包含 X 的事务中同时包含 Y 的百分比，即条件概率 $P(Y \mid X)=\dfrac{|G|}{|A|}$。如果满足最小支持度阈值和最小置信度阈值，则称关联规则是有趣的。这些阈值由用户或者专家设定。下面用一个简单的例子说明。

表 5-2 是顾客购买记录的数据库 U，包含 6 个事务。项集 I={网球拍, 网球,运动鞋,羽毛球}。考虑关联规则：网球拍 $\Rightarrow$ 网球，事务 1,2,3,4,6 包含网球拍，事务 1,2,5,6 同时包含网球拍和网球，则支持度 $\text{support} = \dfrac{3}{6} = 0.5$，置信度 $\text{confident} = \dfrac{3}{5} = 0.6$。若给定最小支持度 $\alpha=0.5$，最小置信度 $\beta=0.8$，关联规则"网球拍 $\Rightarrow$ 网球"是有趣的，就认为购买网球拍和购买网球之间存在相关。

表 5-2 购物篮分析例子

TID	网 球 拍	网 球	运 动 鞋	羽 毛 球
1	1	1	1	0
2	1	1	0	0
3	1	0	0	0
4	1	0	0	0
5	0	1	1	1
6	1	1	0	0

（3）Apriori 算法

1994 年，Agrawal 等人建立了项目集格空间理论，并依据上述两个定理，提出了著名的 Apriori 算法，Apriori 至今仍然作为关联规则挖掘的经典算法被广泛讨论，诸多的研究人员对关联规则的挖掘问题进行了大量的研究。

Apriori 算法是挖掘布尔关联规则频繁项集的算法，其关键是利用了 Apriori 性质：频繁项集的所有非空子集也必须是频繁的。

Apriori 算法使用一种称作逐层搜索的迭代方法，k 项集用于探索（$k+1$）项集。首先，通过扫描数据库，累积每个项的计数，并收集满足最小支持度的项，找出频繁 1 项集的集合，该集合记作 L_1。然后，L_1 用于找频繁 2 项集的集合 L_2，L_2 用于找 L_3，如此下去，直到不能再找到频繁 k 项集。找每个 L_k 都需要一次数据库全扫描。

Apriori 算法的核心思想简要描述如下。

连接步：为找出 L_k（频繁 k 项集），通过 L_{k-1} 与自身连接，产生候选 k 项集，该候选项集记作 C_k，其中 L_{k-1} 的元素是可连接的。

剪枝步：C_k 是 L_k 的超集，即它的成员可以是也可以不是频繁的，但所有的频繁项集都包含在 C_k 中。扫描数据库，确定 C_k 中每一个候选的计数，从而确定 L_k（计数值不小于最小支持度计数的所有候选是频繁的，从而属于 L_k）。然而，C_k 可能很大，这样所带来的计算量就很大。为压缩 C_k，使用 Apriori 性质：任何非频繁的（$k-1$）项集都不可能是频繁 k 项集的子集。因此，如果一个候选 k 项集的（$k-1$）项集不在 L_k 中，则该候选项也不可能是频繁的，从而可以从 C_k 中删除。这种子集测试可以使用所有频繁项集的散列树快速完成。

3．降维

降维的意思是能够用一组个数为 d 的向量来代表个数为 D 的向量所包含的有用信息，其中 $d<D$。为什么可以降维？这是因为数据有冗余，要么是一些没有用的信息，要么是一些重复表达的信息。例如一张 512×512 的图中只有中心 100×100 的区域内有非 0 值，剩下的区域就是没有用的信息，又如一张图是成中心对称的，那么对称部分的信息就重复了。正确降维后的数据一般保留了原始数据的大部分重要信息，它完全可以替代输入去做一些其他工作，从而很大程度上减少了计算量。例如降到二维或者三维来可视化。

一般来说，可以从两个角度考虑做数据降维，一种是直接提取特征子集做特征抽取，例如从 512×512 图中只取中心部分，另一种是通过线性/非线性的方式将原来的高维空间变换到一个新的空间，这里主要讨论后面一种——主成分分析 PCA。

PCA（Principal Component Analysis）是一种基于从高维空间映射到低维空间的投影的方法，其主要目的就是学习或者算出一个矩阵变换 W，其

中 W 的大小是 $D{\times}d$，$d{<}D$，用这个矩阵与高维数据相乘得到低维数据。我们希望降维后的样本点尽可能分散（方差可以表示这种分散程度）。图 5-20 给出了 PCA 的一个示例，线性判别分析 LDA、多维放缩 MDS 都属于 PCA 这一类降维方法。

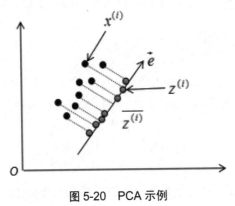

图 5-20　PCA 示例

5.3.3　概率图模型

概率图模型是机器学习算法中独特的一个分支，它是图与概率论的完美结合。在这种模型中，每个节点表示随机变量，边则表示概率。

1. 隐马尔可夫模型

隐马尔可夫模型在语音识别中取得了成功，后来被广泛用于各种序列数据分析问题，如中文分词等自然语言处理。

（1）随机过程

从一个状态转移到另一个状态有多条路的过程称为随机过程，如图 5-21 所示。

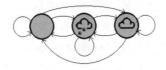

图 5-21　随机过程

（2）马尔可夫过程

一个系统有 N 个状态 $S_1,S_2,\cdots,S_n$，随着时间推移，系统从某一状态转移到另一状态，设 q_t 为时间 t 的状态，系统在时间 t 处于状态 S_j 的概率取决于其在时间 $1,2,\cdots,t-1$ 的状态，该概率为

$$P(q_t = S_j \mid q_{t-1} = S_i, q_{t-2} = S_k, \cdots) \tag{5-3}$$

如果系统在 t 时间的状态只与其在 $t-1$ 时间的状态相关，则该系统构成一个离散的一阶马尔可夫链（马尔可夫过程）

$$P(q_t = S_j \mid q_{t-1} = S_i, q_{t-2} = S_k, \cdots) = P(q_t = S_j \mid q_{t-1} = S_i) \quad (5\text{-}4)$$

（3）马尔可夫模型

如果 $P(q_t = S_j \mid q_{t-1} = S_i) = a_{i,j}, 1 \leqslant i, j \leqslant N$ ，其中状态转移概率 a_{ij} 必须满足 $a_{ij} \geqslant 0$ ，且 $\sum_{j=1}^{N} a_{i,j} = 1$ ，则该随机过程称为马尔可夫模型。

（4）状态转移矩阵

状态转移概率构成的矩阵。

【例 5.1】假定一段时间的气象可由一个三状态的马尔可夫模型 M 描述，S1 为雨，S2 为多云，S3 为晴，则状态转移概率矩阵为

$$A = [a_{ij}] = \begin{vmatrix} 0.4 & 0.3 & 0.3 \\ 0.2 & 0.6 & 0.2 \\ 0.1 & 0.1 & 0.8 \end{vmatrix}$$

如果第一天为晴天，根据这一模型，那么在今后七天中天气为 $O=$"晴晴雨雨晴云晴"的概率为

$$P(O \mid M)$$
$$= P(S_3, S_3, S_3, S_1, S_1, S_3, S_2, S_3 \mid M)$$
$$= P(S_3) \cdot P(S_3 \mid S_3) \cdot P(S_3 \mid S_3) \cdot P(S_1 \mid S_3) \cdot P(S_1 \mid S_1) \cdot P(S_3 \mid S_1) \cdot P(S_2 \mid S_3) \cdot P(S_3 \mid S_2)$$
$$= 1 \cdot a_{33} \cdot a_{33} \cdot a_{31} \cdot a_{11} \cdot a_{13} \cdot a_{32} \cdot a_{23}$$
$$= (0.8)(0.8)(0.1)(0.4)(0.3)(0.1)(0.2)$$
$$= 1.536 \times 10^{-4}$$

（5）隐马尔可夫模型（Hidden Markov Model，HMM）

在 HMM 中，每一个状态代表一个可观察的事件。在 HMM 中观察到的事件是状态的随机函数，因此该模型是一双重随机过程，其中状态转移过程是不可观察（隐蔽）的（马尔可夫链），而可观察事件的随机过程是隐蔽状态转换过程的随机函数（一般随机过程）。

对于一个随机事件，有一观察值序列 $O=o_1,o_2,\dots,o_T$；

该事件隐含着一个状态序列 $Q=q_1,q_2,\dots,q_T$。

假设 1：马尔可夫性假设（状态构成一阶马尔可夫链）

$$P(q_i \mid q_{i-1}\dots q_1) = P(q_i \mid q_{i-1}) \quad (5\text{-}5)$$

假设 2：不动性假设（状态与具体时间无关）

$$P(q_{i+1} \mid q_i) = P(q_{j+1} \mid q_j), \text{ 对任意 } i, j \text{ 成立} \quad (5\text{-}6)$$

假设 3：输出独立性假设（输出仅与当前状态有关）

$$p(O_1,\dots,O_T \mid q_1,\dots,q_T) = \Pi p(O_t \mid q_t) \quad (5\text{-}7)$$

一个 HMM 是由一个五元组描述的：$\lambda=(N,M,A,B,\pi)$，

其中

$N = \{q_1,\dots,q_N\}$，状态的有限集合；

$M = \{v_1,...,v_M\}$，观察值的有限集合；

$A = \{a_{ij}\}$，$a_{ij} = P(q_t = S_j \mid q_{t-1} = S_i)$，状态转移概率矩阵；

$B = \{b_{jk}\}$，$b_{jk} = P(O_t = v_k \mid q_t = S_j)$，观察值概率分布矩阵；

$\pi = \{\pi_i\}$，$\pi_i = P(q_1 = S_i)$，初始状态概率分布。

隐马尔可夫模型（HMM）的 3 个基本问题如下。

❑ 评估问题：对于给定模型，求某个观察值序列的概率 $P(O|\lambda)$。

❑ 解码问题：对于给定模型和观察值序列，求可能性最大的状态序列 $\max_Q\{P(Q|O,\lambda)\}$。

❑ 学习问题：对于给定的一个观察值序列 O，调整参数 λ，使得观察值出现的概率 $P(O|\lambda)$ 最大。

2. 贝叶斯网络

先看一个例子：一个学生，拥有成绩、课程难度、智力、SAT 得分、推荐信等变量。通过一张图（贝叶斯网络）可以把这些变量的关系表示出来，可以想象成绩由课程难度和智力决定，SAT 成绩由智力决定，而推荐信由成绩决定。

（1）条件概率密度

在这个例子中，将变量简单化，建立一个 CPD（Conditional Probability Distribution），即条件概率密度（见图 5-22），按表 5-3 进行假设。

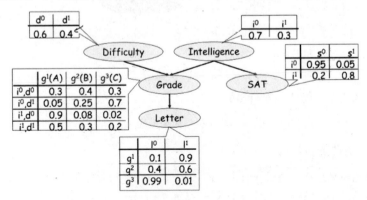

图 5-22　CPD

表 5-3　变量取值及含义

变　　量	值	含　　义
d	0、1	课程简单、课程难
i	0、1	智力一般、智力超常
g	A、B、C	课程获得 A、B、C 的成绩
s	0、1	SAT 成绩一般、成绩优秀
l	0、1	无推荐信、有推荐信

（2）链式法则

$$P(X_1,\ldots,X_n) = \prod_i P(X_i \mid \mathrm{Par}_G(X_i)) \qquad (5\text{-}8)$$

使用贝叶斯网络链式法则，可以将图 5-22 所示的整体概率表示为图 5-23。

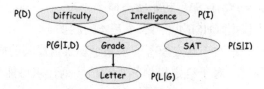

P(D,I,G,S,L) = P(D) P(I) P(G|I,D) P(S|I) P(L|G)

图 5-23　贝叶斯网络链式法则

（3）贝叶斯网络

比如 $P(d_0, i_1, g_3, s_1, l_1)$ 的概率等于 0.6*0.3*0.02*0.8*0.01。

贝叶斯网络定义为：

❑　一个有向无环图表示随机变量 $x_1\ldots x_n$。

❑　每个节点都有一个 CPD，是一个父节点的条件概率分布。

❑　贝叶斯网络可以表示为一个联合概率分布。

（4）因果推理

因果推理从顶向下，以父节点或祖先节点为条件（见图 5-24）。

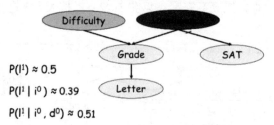

$P(l^1) \approx 0.5$

$P(l^1 \mid i^0) \approx 0.39$

$P(l^1 \mid i^0, d^0) \approx 0.51$

图 5-24　因果推理

3．条件随机场

设 $G=(V,E)$ 是一个无向图，$Y = \{Y_v \mid v \in V\}$ 是以 G 中节点 v 为索引的随机变量 Y_v 构成的集合。在给定 X 的条件下，如果每个随机变量 Y_v 服从马尔可夫属性，即 $p(Y_v \mid X, Y_u, u \neq v) = p(Y_v \mid X, Y_u, u \sim v)$，则 (X,Y) 就构成一个条件随机场（Conditional Random Fields，CRF）。条件随机场可看成是最大熵马尔可夫模型在标注问题上的推广。

CRF 主要用于序列标注问题，比如用 s、b、m、e 4 个标签做字标注法的分词，目标输出序列本身会带有一些上下文关联，比如 s 后面不能接 m 和 e，等等。CRF 将输出层面的关联分离了出来，这使得模型在学习上更为"从容"，如图 5-25 所示。

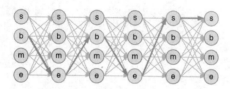

图 5-25 基于 CRF 的序列标注问题

在图 5-25 中，每个点代表一个标签的可能性，点之间的连线表示标签之间的关联，而每一种标注结果，都对应着图上的一条完整的路径。

在 CRF 的序列标注问题中，要计算的是条件概率

$$P(y_1,\ldots,y_n \mid x_1,\ldots,x_n) = P(y_1,\ldots,y_n \mid x), \quad x = (x_1,\ldots,x_n) \tag{5-9}$$

为了得到这个概率的估计，CRF 做了两个假设。

假设一：该分布是指数族分布。

这个假设意味着存在函数 $f(y_1,\ldots,y_n;x)$，使得

$$P(y_1,\ldots,y_n \mid x) = \frac{1}{Z(x)} \exp(f(y_1,\ldots,y_n;x)) \tag{5-10}$$

其中，$Z(x)$ 是归一化因子，因为是条件分布，所以归一化因子跟 x 有关。此 f 函数可以视为一个打分函数，打分函数取指数并归一化后得到概率分布。

假设二：输出之间的关联仅发生在相邻位置，并且关联满足指数加性的。

这个假设意味着 $f(y_1,\ldots,y_n;x)$ 可以更进一步简化为

$$\begin{aligned} f(y_1,\ldots,y_n;x) = {} & h(y_1;x) + g(y_1,y_2;x) + h(y_2;x) + g(y_2,y_3;x) \\ & + \cdots + g(y_{n-1},y_n;x) + h(y_n;x) \end{aligned} \tag{5-11}$$

也就是说，现在我们只需要对每一个标签和每一个相邻标签对分别打分，然后将所有打分结果求和，得到总分。

5.3.4 集成学习

1. 基本思想

我们之前讨论的学习器都是单一的，独立的。那么，整体表现比较差的学习器，在一些样本上的表现是否有可能超过"最好"的学习器呢？

当做重要决定时，大家可能都会考虑听取多个专家而不只是一个专家的意见。集成学习也是如此。

集成学习（多个学习器融合）能够在一定程度上弥补单个学习器泛化能力低的缺陷。图 5-26 给出由 3 个线性分类器集成实现二分类的示例。

2. 集成学习使用场景

（1）用于分类的特征可能属于不同类型，例如统计特征和结构特征，将它们直接组合起来构成单个分类器是很困难的。因此，将它们各自通过

分类器分类，再进行组合是一个很好的解决办法。

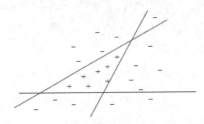

图 5-26 由 3 个线性分类器集成实现二分类的示例

（2）如果特征的维数太大，那么只用一个分类器进行识别会比较复杂。此时，将高维的特征向量分解成几个低维向量，分别作为几个分类器的输入，再进行组合也是一个好方法。这是因为多分类器组合对单个分类器的性能要求相对较低。这样做既可以简化对单个分类器的构造难度，又能够降低系统开销。

（3）不同分类器之间存在差异性。每一种分类方法都有其自身的优势和局限性，其精度和适用范围也有一定限度。例如，不同分类器可能出错的情况不同，这就是差异性的体现。通过这种差异性可以利用多个分类器进行互补，提高分类性能。

3．半监督学习

半监督学习是有监督学习和无监督学习相结合的一种学习方式。主要用来解决使用少量带标签的数据和大量没有标签的数据进行训练和分类的问题。

4．Bagging

个体学习器之间不存在强依赖关系，这样的集成称为装袋（Bagging）。装袋是在原始数据集选择 S 次后得到 S 个新数据集的一种技术，是一种有放回抽样（见图 5-27）。

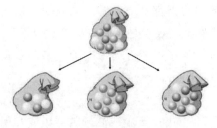

图 5-27 Baging 原理

输入：训练集 S，子分类器 i，循环代数 T
for i=1 to T{

```
        从 S 中得到一个样本子集 B
        Ci =I(B)
    }
输出：分类器 C*      //返回得票最多的类别
```

5．Boosting

个体学习器之间存在强依赖关系，这种集成称为提升（Boosting）。Boosting 维持训练集的一个权值分布，训练样本的初始权值均为 1，然后训练一个分类器，根据分类器对训练样本分类的正误以及本轮的训练集上的加权错误率更新样本权值，使得被错分的样本权值增加，从而使下一轮的分类器训练时，努力使分类错误的样本分类正确。最后集成分类器通过分类器集合的加权投票得到，训练错误率低的分量分类器在最后投票中占较高的权重。图 5-28 给出了 Boosting 算法的工作过程。

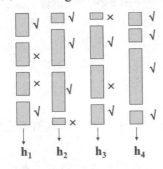

图 5-28　Boosting 原理

值得注意的是，虽然 Boosting 方法能够增强分类器之间的差异性，但同时也有可能使集成过分偏向于某几个特别困难的样本。因此，该方法不太稳定，有时能起到很好的作用，有时却没有效果，甚至会发生加入新的分量分类器时，集成分类器准确率下降的情况。

6．随机森林

为了克服决策树容易过度拟合的缺点，随机森林算法（Random Forests，RF）把分类决策树组合成随机森林，即在变量（列）的使用和数据（行）的使用上进行随机化，生成很多分类树，再汇总分类树的结果。随机森林在运算量没有显著提高的前提下提高了预测精度，对多元共线性不敏感，可以很好地预测多达几千个自变量的作用，被称为当前最好的算法之一。

随机森林原理

$$RF = 决策树+Bagging+随机属性选择$$

随机森林通过自助法（Bootstrap）重复采样技术，从原始训练样本集 N 中有放回地重复随机抽取 k 个样本，生成新的训练集样本集合，然后根据自助样本生成 k 决策树组成的随机森林。它的最终结果是单棵树分类结果的简单多数投票（见图 5-29）。

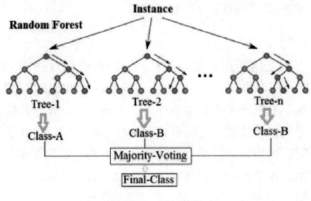

图 5-29　RF 原理

5.4　模型评估

5.4.1　泛化能力

泛化能力是指机器学习算法对新鲜样本的适应能力。通常期望学习模型具有较强的泛化能力。

对于训练好的模型，若在训练集表现差，在测试集表现同样会很差，这可能是欠拟合导致的。欠拟合是指模型拟合程度不高，数据距离拟合曲线较远（见图 5-30），或指模型没有很好地捕捉到数据特征，不能够很好地拟合数据。

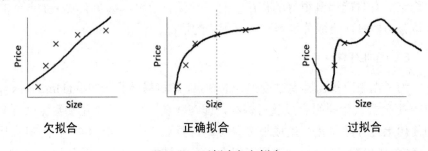

图 5-30　过拟合与欠拟合

若在训练集表现非常好，但在测试集上表现很差，可能是过拟合导致的。过拟合是指为了使学习模型得到一致假设而使假设变得过度复杂（见图 5-30）。避免过拟合是学习模型设计中的一个核心任务。通常采用增大数据量和测试样本集的方法对分类器性能进行评价。

图 5-31 能更形象地表达过拟合和欠拟合现象。

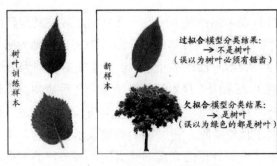

图 5-31　过拟合与欠拟合示例

5.4.2　交叉验证

交叉验证的概念很简单。以 10 倍交叉验证为例，给定一个数据集，随机分割成 10 份，使用其中的 9 份来建模，用最后的那 1 份度量模型的性能，重复选择不同的 9 份构成训练集，余下的那 1 份用作测试，需要重复 10 次，将 10 次测试的平均值作为最后的模型性能度量（见图 5-32）。

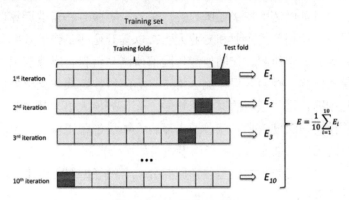

图 5-32　10 倍交叉验证

5.4.3　混淆矩阵

对于二分类，通常称一类为正例（阳性），另一类为反例（阴性）。

将评估模型应用于观测数据集与已知的实际结果（分类变量）。模型将被用来预测每个观察数据的类别，然后比较预测结果与实际结果。

评价模型性能的指标有很多，首先定义混淆矩阵（见表 5-4）。

表 5-4　二分类混淆矩阵

实际	预测		
	正例	反例	合计
正例	真阳（TP）	假阴（FN）	实际正例数（TP+FN）
反例	假阳（FP）	真阴（TN）	实际反例数（FP+TN）
合计	预测正例数（TP+FP）	预测反例数（FN+TN）	总样本数 TP+FP+FN+TN

TP（真阳性）表示阳性样本经过正确分类之后被判为阳性。

TN（真阴性）表示阴性样本经过正确分类之后被判为阴性。

FP（假阳性）表示阴性样本经过错误分类之后被判为阳性。

FN（假阴性）表示阳性样本经过错误分类之后被判为阴性。

混淆矩阵是将每个观测数据实际的分类与预测类别进行比较。混淆矩阵的每一列代表了预测类别，每一列的总数表示预测为该类别的数据的数目；每一行代表了观测数据的真实归属类别，每一行的数据总数表示该类别的观测数据实例的数目。每一列中的数值表示真实数据被预测为该类的数目。

5.5 实验：房价预测

实验目标

机器学习可以运用在诸如医疗、汽车、金融服务、云端运算以及其他许多产业中，让相关的企业和专业人士得以提升这些工作的效率和品质。如影像分类与内容侦测、诈骗侦测、脸部侦测与辨识、影像辨识与标示、大数据模式侦测、网络入侵侦测、特定目标广告、游戏、支票处理和电脑伺服器监控等。这些领域的原始资料中，无论规模大小，其实都隐藏了许多不同的模式与深度信息。就普通人而言，如果能善用机器学习功能，也可以更快地找到未来的趋势和行为模式，如房价预测。

机器学习常用的预测模型包括回归分析、神经网络等。本实验采用线性回归预测房价。

实验内容

现有 47 个房子的面积和价格，需要建立一个线性模型对新的房价进行预测。

实验步骤

虽然机器学习算法很多，但通常而言，进行机器学习的过程会包含以下 3 步：

（1）获取与处理数据。

（2）选择与训练模型。

（3）评估与可视化结果。

```
#导入库
import numpy
import matplotlib.pyplot as plot
#定义存储数组 x 和目标数组 y
x,y = [],[] 7 for sample in open(r'data5.txt','r'):
#调用 Python 中的 split 方法并将逗号作为参数传入
    _x,_y = sample.split(',')
    x.append(float(_x))
    y.append(float(_y))
#转为 numpy 数组进一步处理
x,y = numpy.array(x),numpy.array(y)
#标准化
x= (x-x.mean()) /x.std()
#以散点图的形式画出
plot.figure()
plot.scatter(x,y,c='g',s=6)
plot.show()


#开始训练
x0=numpy.linspace(-2,4,100)
def get_model(deg):
    min_p=numpy.polyfit(x,y,deg)
#该函数返回 L(p;n)最小的参数 p，亦即多项式的各项系数
    yy=lambda input_x=x0:numpy.polyval(min_p,input_x)
#根据输入的值 x（默认为 x0），返回预测的值 y
    return yy
#根据参数 n、输入的 x,y 返回相对应的损失
def get_cost(deg,input_x,input_y):
    return 0.5* ((get_model(deg)(input_x) - input_y) ** 2).sum()


#定义几个不同的 n 进行测试
text=(1,2,4,7,10)
for d in text:
    print(get_cost(d,x,y))
```

得到的结果如下：

```
96732238800.4
96709317398.4
94112406641.7
79655422575.4
75874846680.1

Process finished with exit code 0
```

分析可得出，似乎 n=10 优于 n=7,4,2，而 n=1 最差。

我们再直观地做出图像（见图 5-33）：

```
#画出相应的图像
plot.scatter(x,y,c='g',s=20)
for d in text:
    plot.plot(x0,get_model(d)(),label='degree={}'.format(d))

plot.xlim(-2,4)
plot.ylim(1e5,8e5)
plot.legend()
plot.show()
```

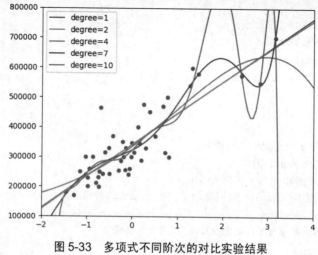

图 5-33　多项式不同阶次的对比实验结果

分析这张图可以发现，$n=1$ 和 $n=2$ 时拟合得最好，而 $n=4,7,10$ 时都开始出现过拟合了，$n=10$ 时已经非常不合理了。

至此我们便解决了这个问题，取 $n=1$，则函数模型为 $y=ax+b$；参数为 $y=[105764.13349282\ \ 340412.65957447]$，即 $y=105764x+340412$。

如果不进行标准化，则得出的模型为 $y=[134.52528772\ \ 71270.49244873]$，即 $y=134.5x+71270.5$。

习题

一、名词解释

1．机器学习
2．训练集
3．验证集
4．测试集
5．泛化能力

6．有监督学习

7．回归分析

8．无监督学习

9．支持向量机

10．购物篮分析

11．链式法则

12．半监督学习

13．真阴性

二、选择题

1．数据标记的基本形式不包括（　　）。

　　A．画框　　　　　　　　　B．类别标注

　　C．图像打点　　　　　　　D．以上都是

2．数据标记的种类不包括（　　）。

　　A．图像标注　　　　　　　B．语音标注

　　C．姿态标注　　　　　　　D．文本标注

3．（　　）不属于无监督学习任务。

　　A．聚类　　　　　　　　　B．降维

　　C．关联分析　　　　　　　D．分类

4．（　　）不属于有监督学习任务。

　　A．回归分析　　　　　　　B．SVM

　　C．关联分析　　　　　　　D．决策树

5．决策树包含一个（　　）节点。

　　A．根　　　　　　　　　　B．内部

　　C．叶子　　　　　　　　　D．外部

6．决策树构造时，特征选择的准则不包括（　　）。

　　A．信息增益　　　　　　　B．熵

　　C．信息增益比　　　　　　D．尼基指数

7．熵可以表示样本集合的不确定性，熵越大，样本的不确定性就越大。
（　　）是熵的表达式。

　　A．$H(X) = P\log_2 P$　　　　　B．$H(X) = -\sum_{i=1}^{n} p_i \log_2 p_i$

　　C．$H(X) = \sum_{i=1}^{n} p_i \log_2 p_i$　　D．$H(X) = -P\log_2 P$

8．过拟合是指（　　）。

　　A．在训练集表现非常好，但在测试集上表现很差

　　B．在训练集表现非常好，在测试集上表现也非常好

　　C．在训练集表现非常差，在测试集上表现也差

D. 在训练集表现非常差，但在测试集上表现非常好

9. 欠拟合是指（　　　）。

    A. 在训练集表现非常好，但在测试集上表现很差

    B. 在训练集表现非常好，在测试集上表现也非常好

    C. 在训练集表现非常差，在测试集上表现也差

    D. 在训练集表现非常差，但在测试集上表现非常好

10. 支持向量机的英文缩写是（　　　）。

    A. PCA   B. CRF   C. HMM   D. SVM

11. 主成分分析的英文缩写是（　　　）。

    A. PCA   B. CRF   C. HMM   D. SVM

12. 隐马尔可夫模型的英文缩写是（　　　）。

    A. PCA   B. CRF   C. HMM   D. SVM

13. 条件随机场的英文缩写是（　　　）。

    A. PCA   B. CRF   C. HMM   D. SVM

14. 在 SVM 中，分类面方程为（　　　）。

    A. $W \cdot X + b = 0$ B. $W \cdot X + b = 1$

    C. $W \cdot X + b = -1$ D. $W \cdot X + b = 2$

15. 基于图论的聚类方法是（　　　）。

    A. K-means 聚类   B. 谱聚类

    C. 层次聚类   D. 模糊聚类

三、判断题

1. 在训练数据集上模型执行得很好，说明是个好模型。（　　　）

2. 在验证数据集上模型执行得很好，说明是个好模型。（　　　）

3. 在测试数据集上模型执行得很好，说明是个好模型。（　　　）

4. 通常期望学习模型具有较强的泛化能力。（　　　）

5. 机器学习是人工智能的核心，是使计算机具有智能的根本途径。

    （　　　）

6. 机器学习主要使用演绎，而不是归纳、综合。（　　　）

7. 人工智能属于机器学习的一个分支。（　　　）

8. 机器学习至今还没有统一的定义。（　　　）

9. 训练集、验证集和测试集划分比例都采用 70/15/15。（　　　）

10. 数据标注的质量影响学习的效果。（　　　）

11. 数据标注成本非常高。（　　　）

12. 无监督学习的学习目标并不十分明确。（　　　）

13. 熵越小，样本的不确定性就越大。（　　　）

四、简答题

1．简述学习过程。

2．对比机器学习与人类学习。

3．为什么要用机器学习?

4．简述机器学习知识框架。

5．以人脸识别为例，说明数据的作用。

6．不同的人脸是怎么分辨的?

7．简述回归分析分类。

8．决策树的基本思想。

9．决策树的构造过程。

10．K-means 聚类算法的过程。

11．为什么可以降维?

12．集成学习的基本思想。

13．EM 算法的基本思想。

14．十倍交叉验证。

五、填空题

1．学习过程就是构造逼近因变量 y 的_____ h 的过程。

2．预测数据为连续型数值，一般称为_____。

3．预测数据为类别型数据，并且类别已知，一般称为_____。

4．决策树包含一个根节点、若干内部节点和_____节点。

5．决策树叶子节点表示_____的结果。

6．决策树从根节点到某一叶子节点的路径称为_____。

7．_____可以表示样本集合的不确定性。

8．K-means 聚类有两个前提：一是已知_____，二是只适用于连续型变量。

9．根据_____理论，学习机器的实际风险由经验风险值和置信范围值两部分组成。

10．最优分类面要求分类面不但能将两类正确分开，而且使分类间隔_____。

11．过两类样本中离分类面最近的点且平行于最优分类面的超平面H1、H2 上的训练样本点就称作_____。

12．降维后的数据一般保留了原始数据的_____的重要信息。

13．_____的主要目的就是学习或者算出一个矩阵变换 W，其中 W 的大小是 $D×d$，$d<D$，用这个矩阵与高维数据相乘得到低维数据。

14．CRF 主要用于_____标注问题。

15．个体学习器之间不存在强依赖关系，这种集成称为_____。

16. 个体学习器之间存在强依赖关系，这种集成称为_____。

17. _____算法在变量（列）的使用和数据（行）的使用上进行随机化，生成很多分类树，再汇总分类树的结果。

参考文献

[1] 周志华. 机器学习[M]. 北京：清华大学出版社，2016.

[2] 人工智能知识体系. 中国科技信息[J]. 2017，16：1-5.

[3] 李开复，王咏刚. 人工智能[M]. 文化发展出版社，2017.

第 6 章

深度学习

深度学习引领了目前人工智能技术范式的改变，即由"大定律，小数据"到"大数据，小定律"的转变，契合了云计算、大数据时代的需求。2016 年以来，深度学习一直是人工智能领域研究的热点和主流方向。

深度学习之所以广受关注，是因为它高效地解决了以往人工智能极具挑战的任务。比如在围棋方面，机器已经碾压人类；在计算机视觉领域，卷积神经网络（CNN）已成为当前图像处理的标准算法；甚至在某些人类擅长的领域，如写诗和作曲，深度学习也取得了不错的成绩。

本章将介绍深度学习产生的历史背景，解释神经网络的学习原理和著名的误差反向传播算法。鉴于全连接网络随着网络层数的加深难于训练的缺点，引入了各种功能组件：卷积层、池化层、Dropout 层等，通过分析经典的 LeNet-5 网络，介绍卷积网络的一般架构。随后介绍强化学习框架及其仿真环境。深度学习离不开实践，本章将介绍各种编程框架。另外，在相关章节我们给出了手写数字和图像识别的实验案例。

6.1 深度学习概况

6.1.1 深度学习是什么

南京大学周志华教授在"西瓜书"中总结说，早期的符号学习、连接主义被统计机器学习打压，统计机器学习又被深度学习打压。开篇已提到深度学习是机器学习的一个子集，下面用图 6-1 和图 6-2 对比一下机器学习和深度学习的建模和预测过程。

图 6-1　机器学习的建模和预测流程　　图 6-2　深度学习的建模和预测流程

机器学习的许多规律和方法在深度学习中仍有指导意义，不同点在于，在深度学习中，我们使用了深度神经网络模型，"学习规则"取代了"机器学习"，以后的学习中我们更关注的是理解神经网络的学习规则。

不管是机器学习还是深度学习，它们都是从数据中学习，都需要训练。

我们再用一个图来表明神经网络、机器学习、深度学习与人工智能之间的关系，如图 6-3 所示。

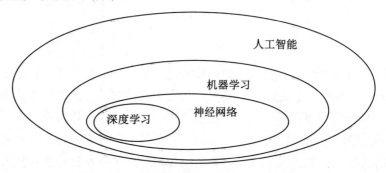

图 6-3　机器学习、深度学习与人工智能的关系

深度学习并非是一种横空出世的新技术，而是早期人工神经网络的升级版。

6.1.2　深度学习的前世今生

先从人工神经网络（以下简称神经网络）谈起，神经网络的历史充满了传奇色彩，期间的波折一言难尽，有高潮也有低谷。

神经网络的研究始于 20 世纪初，源于物理学、心理学和神经心理学等跨学科研究。20 世纪 40 年代，Meculloh 和 Walter Pitts 从原理上证明了人工神经网络可以计算任何算术和逻辑函数。20 世纪 50 年代，Rosenblatt 提出了感知机网络和联想学习规则，公开演示了它进行模式识别的能力，不幸的是，研究表明感知机网络只能解决有限的几类问题。

为克服单层神经网络的局限性，神经网络演化为多层架构，仅仅将隐藏层添加到单层神经网络中就花了大约 30 年的时间。原因是没能找到训练复杂网络的学习算法，再加上当时也没有功能强大的数字计算机来支持各种实验，从而导致人工神经网络研究停滞了十几年，这也导致了 20 世纪七八十年代 AI 研究的寒冬。

物理学家 Hopfield 用统计机理解释某些类型的递归网络，20 世纪 80 年代，训练多层感知器的反向传播算法横空出世。

1986 年，反向传播算法奠定了人工神经网络中网络连接系数的优化基础。早期由于无法训练拥有大量参数的神经网络，使得神经网络一度陷入低谷。

大约在 1995—2005 年，大部分机器学习研究者的视线离开了神经网络，因为训练网络需要极强的计算力，使用的数据集也相对较小。费雪在 1936 年的 Iris 数据集只有 150 个样本，并广泛应用于测试算法性能，MNIST 数据集有 6 万个样本，当时就被认为很庞大。而现在，海量数据和超强计算能力迎来了神经网络的春天，可以说深度学习顺应了潮流，是数据和算力驱动的。

又经过近 20 年的发展，Hinton 于 2006 年设计出深度信念网络并革命性地提出深度学习的概念，从此深度学习几乎成为了人工智能技术的代名词。

各种具有独特神经处理单元和复杂层次结构的神经网络不断涌现，如卷积神经网络、循环神经网络（Recurrent Neural Network）、生成对抗网络等，深度学习技术不停刷新着各应用领域内人工智能技术性能的极限。

（1）2012 年在世界性的图像识别大赛 ILSVRC 中，使用深度学习技术的 supervision 方法取得完胜。

（2）2012 年，Google 开发的自动学习方法实现了猫脸识别的无监督学习，人工智能从 YouTube 的视频中识别出猫。

（3）2013 年，深度学习被麻省理工学院《MIT 科技评论》评为世界 10 大突破性技术之一。

（4）2014 年，苹果公司将 siri 的语音识别系统变更为使用深度学习技术的系统。

（5）2016 年，奥迪、宝马等公司将深度学习技术运用到汽车的自动驾驶中。

（6）2016 年 3 月，李世石九段以 1∶4 不敌谷歌公司研发的阿尔法围棋 AlphaGo，标志着人工智能在围棋领域开始"碾压"人类。2017 年 5 月，人机大战 2.0 最后以 3∶0 完胜柯洁。人类棋手惨败于 AlphaGo 事件成为人工智能发展史上一个分水岭式的事件。

知名深度学习专家吴恩达对深度学习有个比喻：深度学习的过程犹如发射火箭，发射火箭依赖于发动机和燃料，深度学习中，"发动机"就是"大计算"，"燃料"就是"大数据"。颠覆性在于，将人类过去痴迷的算法问题演变成数据和计算问题，"算法为核心竞争力"转化为"数据为核心竞争力"，正是云计算和大数据技术的推动，让以深度学习为代表的人工智能技术走向前沿。人工智能的第三波浪潮和深度学习是分不开的。

6.1.3　深度学习分类

监督学习、无监督学习和强化学习是机器学习的三大框架。

监督学习技术主要包括多层感知器、卷积神经网络和循环神经网络等。多层感知器技术是早期神经网络研究的基础性成果，也是衡量深度神经网络性能的对比参照基础。卷积神经网络 CNN 主要应用在计算机视觉领域。循环神经网络在 RNN 自然语言处理领域取得了广泛的应用。

非监督深度学习技术主要包括玻尔兹曼机、自编码器和生成式对抗网络三驾马车。

深度学习让计算机具有非常强大的感知能力，但人类的思维更具有创造能力，从机器感知到机器创造 2016 年提出至今，生成式对抗网络已成为深度学习中的主流技术，2018 年被评为"全球十大突破性技术"。生成对抗网络被广泛应用于补全缺失数据，高分辨率图像生成，图像检索，信息隐藏，药物预测等领域。

在图像处理领域，生成器不断生成可以以假乱真的图像，而判别器不断提高识别生成器制造假图像的能力，不断训练博弈，最终使判别器不能区分生成图像和真实图像之间的差异。在 IMDB 数据集上训练的模型，可以用一种条件生成对抗网络改变人脸的年龄。

强化学习填补了监督学习和非监督学习之间的空白，强化学习介于中间，仅仅告知答案正确与否，但是没有说明如何去提高它。强化学习算法要尝试不同的策略，挑出最好的解决方案。

强化学习强在决策。看到一只动物，监督学习帮你识别出它是老虎，强化学习则告诉你赶紧跑。监督学习让机器具有感知能力，所以是预言家，强化学习让机器具有决策能力，因此是决策家。

经典的强化学习问题被归纳为用马尔可夫决策（MDP）来描述。

深度强化学习技术是深度学习和强化学习的结合。当采用深度神经网络对 MDP 过程中相应的量进行参数化，利用神经网络方法进行强化学习问题的求解，就变成了深度强化学习。AlphaGo Zero 就是使用了深度强化学习技术，使得深度强化学习技术得到了很高的关注度。

6.1.4　深度学习的入门建议

很多人觉得程序员了不起，能让计算机按我们的指令做事情。然而，在机器学习、深度学习领域，计算机能自发产生"解决问题的程序"，计算机能从数据中自动提取特征，发现人类看不见的规律，这就颠覆了我们的思维。深度学习领域也不像前端开发领域，各种各样的框架层出不穷，已学的技术很容易过时。深度学习领域不一样，它构建在坚实的数学基础之上，其解决问题的思维非常巧妙，高等数学、线性代数、概率统计的基础课要学好自不必说，像正则化、梯度、卷积、马尔可夫过程等一些数学概念，需要我们去自学了解，等我们把这些基础都学扎实了，没有个几年时间是不够的。笔者的建议是，先建立体系，不纠结，不事事追求完美。成为高手的前提是先建立"知识体系"，再根据需要去钻研细节。

深度学习能火爆起来，是因为它有太多成熟的应用，也产生了很多开源框架，我们将用简单的代码令几个经典的例子跑起来，其好处有两个，一是通过程序的调试，增加学习的信心；另一方面，会对本书讲到的知识点有一个感性的认识。

6.2　神经网络基础

当我们思考和运动时，就自动启动了复杂的神经网络系统，只是我们自己没有感觉到而已，人脑系统有上千亿个神经元，高度互连而成，类似于复杂的微处理器，我们认知客观世界的能力，一方面来自天赋，一方面是我们后天努力学习的结果。先天聪明，意味着我们有好的大脑，好的神经结构，但如果我们不好好学习，大脑一片空白，照样一事无成。本节我们引入神经网络模型，并揭示其学习机制。

6.2.1　人工神经网络模型

深度学习模仿人脑处理信号的方式，而神经元是人脑神经网络最基本的组成单元。为了建立人工神经元模型，我们先看图 6-4，生物神经元的结构。

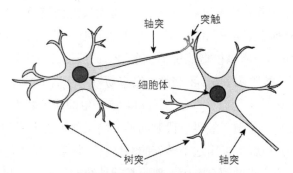

图 6-4　生物神经元结构图

生物神经元的输入端有多个树突，用来接收输入信息，经突触处理，将输入信息累加。当处理后的输入信息大于某一个特定的阈值时，就会把信息通过轴突传播出去，这时称神经元被激活，相反，神经元就处于抑制状态，不会向其他神经元传递数据。神经元的活动不是一个匀速的过程，其该激活时才激活，这点很重要，赋予神经元做决策的能力。

1943 年，心理学家 McCulloch 与数学家 Pitts 两人给出了一个理想的神经元模型，简称 MP 模型，如图 6-5 所示。

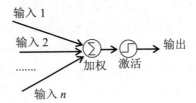

图 6-5　人工神经元结构图

第一阶段，称为预激活阶段：设 $x_1, \cdots, x_n$ 是外界的输入的信号，$w_1, \cdots, w_n$ 是对应的信号和神经元连接权重（值），相当于突触，一个加法器把输入信号按权值相加，与收集电荷的细胞膜等价。

$$h = \sum_{i=1}^{n} w_i \cdot x_i \tag{6-1}$$

注意，线性代数中用向量表达式，后面的求和部分可以写成内积的形式：

令
$$w = (w_1, \cdots, w_n), \quad x = (x_1, \cdots, x_n)$$
$$h = w \cdot x \tag{6-2}$$

第二阶段，称为决策阶段：上一步的结果 h 传递给激活函数 g，最初的激活函数是一个阶跃函数，决定细胞对于当前的输入是否被激活：

$$o = g(w \cdot x) = g(h) = \begin{cases} 1 & h > 0 \\ 0 & h \leqslant 0 \end{cases} \tag{6-3}$$

上述模型的输出结果只有 0 和 1，所以只能做简单的二分类问题。式（6-1）在几何上表示一个超平面，当 h 为正时，即在超平面上方时，输出 1，反之输出 0，所以模型等价于一个简单的线性二分类器。

举个例子。按照图 6-6，我们可以很容易做一个简单的评三好生的神经网络模型，假如手头上有一些三好生和非三好生的成绩数据，我们可以把这些样本"喂"给模型，经过一段时间后，网络就可以学习到 3 个权值参数的信息。下一步就可以用这个学到的网络，评判某个学生是否为三好生。

单一的神经元能做的事有限，把一系列神经元放置在一起，形成网络，才能做一些有用的事情。1957 年，由康奈尔大学的罗森布拉特提出的单层感知机模型，被称为神经网络中的"Hello World"。它仅由输入层和输出层构成，网络的输入和输出数量是由外部问题所确定的，如图 6-7 所示。

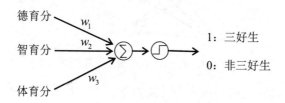

图 6-6 神经网络训练实例

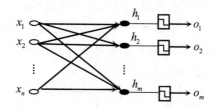

图 6-7 由 m 个 MP 神经元组成的网络

同一层神经元彼此之间是完全独立的，它们之间唯一共享的是输入，每个输入和每个神经元之间都有连接，连接权重用 w_{ij} 表示。它是第 j 个神经元和第 i 个输入 x_i 之间的连接权重。

显然，上面的神经网络模型只能输出 0,1 序列，为了拓展神经网络的表达能力，激活函数有多种选择。另外，当输入全零时，按照输入与权重的线性组合公式，得到的结果总为零。实际上，一般的神经元都要加上一个非零偏置项参数 b，相应的公式变为 $h = w \cdot x + b$，为方便起见，可以把偏置项 b 理解为输入为 1 的权重。

上述模型是一个典型的监督学习模型，模型的输入为 x，输出为 t，都是确定的，以后不加声明。为了简洁，根据上下文注意到输入 x 和输出 t 都理解成向量，经过简单分析可知，图 6-7 中的感知机模型有 n 个输入和 m 个输出值，模型中需要确定的参数为 w 和 b，即待定的参数个数为 $m \times n + m$，这些参数是如何学习出来的，在下一节我们来阐明。

6.2.2 感知机学习算法

现在来讲讲，感知机是怎么学习的。

设 x_j 是网络的输入，t_i 是相应的目标输出，输出节点 i 的输出误差是 $e_i = t_i - o_i$，权值 w_{ij} 调整规则称为增量规则：如果一个输入节点对输出节点的误差有贡献，那么这两个节点间的权重应当以输入值 x_j 和输出值误差 e_i 成比例地调整，如图 6-8 所示。

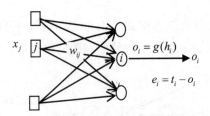

图 6-8　感知机节点输出误差图样

网络初建时，链路的权重都是随机的，把训练样例一条一条地输入网络，拿到输出后，与正确答案相比较，看输出结果与正确结果的偏差，如果偏差大，则说明当前网络链路的权值设置不合理，需要重新修改，信号越强的线路调整得越大，增量规则通俗地说就是"谁能力强谁承担的责任多"。这种学习机制没有什么奇怪的，所谓"吃一堑，长一智"，我们也总是在不断的纠错中成长起来。

$$\begin{cases} w_{ij} \leftarrow w_{ij} + \alpha e_i x_j \\ b_i \leftarrow b_i + \alpha e_i \end{cases} \tag{6-4}$$

w_{ij} 是输出节点 i 和输入节点 j 之间的权值，α 是学习率，α 在 0～1 取值，控制学习的快慢。权重和偏置更新公式可以统一起来看，偏置可以看成是输入为 $x_j = 1$ 的特殊权重。

可以试想一下感知机分类原理，前面提到每个神经元就是一个二分类器，训练出一条分类边界，多个神经元组合起来就可以构成多条复杂的分类边界。

可能有人会担心，按增量规则，权重有可能永远都不会停止变化，或者说算法没法结束，此时网络学习失败。

罗森布拉特证明了感知机收敛定理：给定一个线性可分的数据集，感知机将在有限次迭代之后收敛。只要最优权值存在，学习规则就一定会使网络收敛到该权值上。

感知器能力弱，因为感知机学不会简单地异或逻辑。

如图 6-9 所示，将 4 个点分成两类，圆点和叉号点，在二维平面上我们找不出一条线能把两类数据分开，也就是说数据集是线性不可分的，此时感知机无能为力。回想第 5 章中用支持向量机算法，把数据映射到更高维的空间中，数据就能分开了。

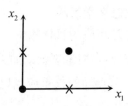

图 6-9　异或运算数据点

6.2.3 多层前馈神经网络

更多的问题并非线性可分的，早先的感知机由于采用线性分类模型，无法解决异或问题，表达能力受到限制。人们的想法就是把感知机的单层模型扩展为多层，并增加非线性的激活函数，以增强模型的表达能力。

多层前馈网络，简称 MLP，以层为功能单位，同层神经元之间无连接，上层与下层实现全连接，无跨层连接。输入层只负责接收信号输入，无数据处理功能，隐藏层和输出层是由具有信号处理功能的神经元构成。图 6-10 显示了有一个隐藏层的多层神经网络结构。

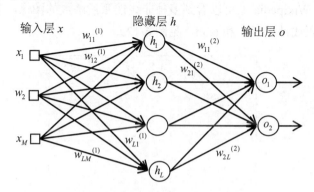

图 6-10 多层前馈神经网络结构图

著名的 MLP 通用逼近定理是这样总结的：不需超过二层，具有足够多隐藏层节点的神经网络能以任意精度逼近任意连续函数。通用逼近定理表明了神经网络计算的普适性，即使神经网络只有一个隐藏层，这个定理仍然成立。

神经网络的学习过程就是根据训练数据，学习合适的连接权值和阈值，从宏观上看，这些权值和阈值等参数，也就是学到的"知识"，它们分布式地存储在神经元网络中，体现了分布式表征的核心。

可以说一个神经网络就是一个模型，这些权值就是模型的参数，也就是模型要学习的东西。然而，一个神经网络的连接方式、网络的层数、每层的节点数这些参数，则不是学习出来的，而是人为事先设置的，这些称为超参数。

归纳起来，神经网络的输出是 3 个变量的函数：当前的输入 x，网络节点的激活函数 $\varphi(\cdot)$，网络的权重 w。我们不能改变输入，因为它们是外界给定的，在算法学习时，我们也不能改变激活函数，所以权重是唯一可以改变的。改变权重以改善网络的表现的变量，也就是说让它学习。

为简单起见，图 6-10 中没有标上激活函数，实际上，对于每个神经元来说，信息的处理机制是类似的，收集前一层传来的信号，按权值叠加，$h = w \cdot x + b$，再经过一个非线性激活函数 $o = \varphi(h)$ 输出结果，传给下一层，经典的感知机中常用一个单位阶跃函数做激活函数。非此即彼，分类边界是一条线，而现实世界有太多两难的问题，用 Sigmoid 等激活函数可以把分类边界柔化。

我们可以想象一下，如果去掉网络中所有的非线性激活函数，MLP 网络就是一个多层线性变换叠加，线性代数理论告诉我们，其结果还是等价于一层线性变换。非线性激活函数将上一层的结果映射到另一个空间中，从而实现了更好维度的特征抽象，作用如同 SVM 中的核函数。可见激活函数是 MLP 拟合复杂函数能力的源泉，在实际应用中，激活函数要经过精心挑选。

常见的激活函数是 Sigmoid 函数（见图 6-11），该函数是一个 S 型函数，处处可导，Wikipedia 上可以看到多种非线性激活函数的图像，常用的还有 ReLU（修正线性单元）和 tanh（见图 6-12）。

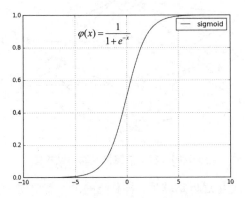

图 6-11　Sigmoid 激活函数图像

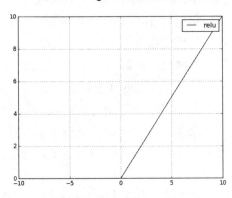

图 6-12　ReLU 激活函数图像

Sigmoid 函数表达式为

$$\varphi(x) = \frac{1}{1+e^{-x}} \tag{6-5}$$

它的导数为 $\varphi'(x) = \varphi(x)(1-\varphi(x))$。

ReLU 函数为 $\varphi(x) = \max(0, x)$，是非线性函数里最接近线性的，其求导更简单，训练网络更快。

$$\varphi'(x) = \begin{cases} 1 & x > 0 \\ 0 & x \leq 0 \end{cases} \tag{6-6}$$

Sigmoid 和 tanh 激活函数有共同的缺点：即在 x 很大或很小时，导数几乎为零，使用梯度下降优化算法更新网络很慢。由于 Sigmoid 和 tanh 存在上述缺点，因此 ReLU 激活函数成为了大多数神经网络的默认选择。

输出层节点的个数是确定的，一般根据我们需要把数据分成多少类。

二分类问题我们在前面感知机的例子中见过，设置一个输出节点就足够了。对于手写数字识别，鉴别 10 个数字，我们的输出节点有 10 个。

如果是多分类问题，常用 softmax 激活函数。

比如，有 3 个类别，将类别标签转换为数值代码。

类 1→[1　0　0]；类 2→[0　1　0]；类 3→[0　0　1]

节点映射成一个类别向量，而且只在相应的节点上生成 1，该表达技术称为热独编码（one-hot-code）。

多分类器大多采用 softmax 函数作为输出节点的激活函数。softmax 函数不但考虑了输入的加权和，还考虑了其他输出节点的输出值。例如，当 3 个输出节点接收的加权和分别为 2,1,0.1 时，需要在分母上对所有输入求加权和，即

$$h = \begin{bmatrix} 2 \\ 1 \\ 0.1 \end{bmatrix} \rightarrow \varphi(h) = \begin{bmatrix} \dfrac{e^2}{e^2 + e^1 + e^{0.1}} \\ \dfrac{e^1}{e^2 + e^1 + e^{0.1}} \\ \dfrac{e^{0.1}}{e^2 + e^1 + e^{0.1}} \end{bmatrix} = \begin{bmatrix} 0.6590 \\ 0.2424 \\ 0.0986 \end{bmatrix}$$

输出结果中的第一个值最大，显然我们应该把样本识别为类别 1。

接下来问题来了，我们该如何训练多层前馈网络？前面介绍的增量规则对于多层网络的训练来说是不起作用的，因为对于输出神经元，我们不知道输入，对于隐藏层我们不知道目标，对于额外的隐藏层，我们既不知道输入也不知道目标，因此无法考查节点计算误差。

1986 年，反向传播算法，也称 BP 算法，最终解决了多层神经网络的训练问题。其意义在于提供了一种确定隐藏层误差的系统方法，一旦确定好隐藏层误差，就可以使用增量规则，去调整权重。

6.2.4　BP 算法背后的数学

反向传播是指将预测误差从输出层向输入层（即反向）进行传播，以便一次更新各层网络的参数（连接权重及偏置）。

1. 目标函数和学习规则

神经网络是怎样学习的？其思路非常简单，计算神经网络得出的预测值与正解的误差，确定使得误差总和达到最小的权值和偏置。这在数学上称为最优化问题。

训练值和真实值之间的差异就称为损失函数或代价函数，优化理论中将其称为目标函数。神经网络的监督学习是一个调整权值以减少模型输出与训练数据正确输出之间误差的过程，误差越大，代价函数的值就越大。

假设网络有 M 个输出单元，则均方误差损失函数定义为

$$J = \sum_{i=1}^{M} \frac{1}{2}(t_i - o_i)^2 \tag{6-7}$$

其中，o_i 是输出节点的输出，t_i 是来自训练数据的正确输出。

均方误差确定参数的方法在数学上称为最小二乘法，它也是统计学中回归分析常用的方法。

按网络的数据向前传播的过程，最终可以把损失函数表示为所有参数（权值和偏置）的函数

$$J = J(w, b) \tag{6-8}$$

训练的目的调整参数 w、b，使得 $J(w, b)$ 不断缩小，逼近于 0。

均方误差函数是一种常见的度量损失函数的方法，但不是唯一的方法，第 5 章在决策树算法中介绍了信息熵的度量方法，在神经网络学习中，对于分类问题还有一种性能更好的称为交叉熵的损失函数，在此不再展开。

2. 梯度下降法

由简单的微积分知识，得到函数 $y = f(x)$ 图像（见图 6-13），假设函数的最小值在 x_0 处，如何从随机的某一点出发，找到函数的最小值？我们需要确定函数值减少的两个因素，一个是方向，即向哪个方向移动能减少函数值，另一个是步长，即每次移动多少。移动的步长太大了不行，因为有可能越过最低点。很明显，函数值减少的方向为图像上各点导数的反方向，即图中箭头所示方向。

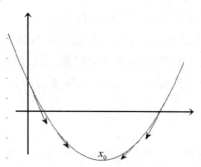

图 6-13　ReLU 激活函数图像

梯度是什么呢？

我们还是从最简单的情况说起，对于一元函数来讲，梯度就是函数的导数。

对于多元函数而言，梯度是一个向量，也就是说，把求得的偏导数以向量的形式写出来，就是梯度。

如何能找到损失函数 $J(w,b)$ 的全局最小点呢？因为 $J(w,b)$ 是连续可微的，根据微积分知识，理论上导数为零的点是函数的极小值点。多元函数的梯度概念，即为一元函数导数概念的推广，我们只要沿着负梯度方向按某一步长前进，总能找到函数的极小值点。

有了函数的梯度信息，按梯度下降法，通过一步步迭代，让所有偏导都下降到最低。

定义损失函数梯度：

$$\nabla J = \left[\frac{\partial J}{\partial w}, \ \frac{\partial J}{\partial b}\right] \tag{6-9}$$

当权重调整量为 $(\Delta w, \Delta b) = -\eta\left[\frac{\partial J}{\partial w}, \ \frac{\partial J}{\partial b}\right] = -\eta\nabla J$ 时，η 为步长，可以保证损失函数 $J(w,b)$ 是持续减少的。根据梯度方向调整参数为

$$w^{new} = w - \eta\frac{\partial J}{\partial w_k} \tag{6-10}$$

$$b^{new} = b - \eta\frac{\partial J}{\partial b_k} \tag{6-11}$$

η 也称为学习率，在训练前指定。

上述参数调整策略就是梯度下降法，只要沿着梯度方向的反方向改变自变量，函数的值就有希望变小。梯度下降法在函数优化中有重要的意义。通俗的叫法是下山法，人在山顶想尽快下山，直觉上会寻找坡度最陡的方向，即负梯度的方向前进，η 决定行走的步长，如果步长太大，则可能会跨过极小点，一般刚开始时将 η 设为 0.01。

计算损失是基于整个训练集样本的，当训练集样本量很大时，计算并不容易，造成模型的学习速度很慢。

实际中，每次随机选择一个样本，然后根据运行结果调整参数，称为随机梯度下降（SGD）。采用随机梯度下降法（SGD）来增加算法的随机性，提高算法跳出局部最优的能力。

为了提高稳定性，每次选取 N 个样本，代入网络进行训练，分别计算出它的权值更新值，然后再用这些权值更新值的平均值来调整权值。批量大小 N，每次调整参数前所选取的样本数量。批量平均特性使训练过程对训练数据不那么敏感。

SGD 算法具有较快的速度，批处理算法具有较好的稳定性。在实际中，我们结合两者的优点，利用小批量算法（取较小的 N）训练数据。

"轮"（epoch）：轮数是全部训练数据都参与训练的循环次数。每学习完一遍数据集，就称为 1 个 epoch。例如，数据集中有 1000 个样本，批大小为 10，那么将全部样本训练 1 遍后，网络会被调整 1000/10=100，即 100 次，但这并不意味着网络已经达到最优，可重复这个过程，让网络再学多遍数据集。而且每一个 epoch 都需要打乱数据的循序，以使网络受到调整，更具多样性。

在含有多个隐藏层的神经网络中，如何计算每层参数的梯度向量，进而调整参数？这就需要用到著名的误差反向传播算法了。人们花费了 30 年的时间才为单层神经网络增加了一层，为什么这么难？就是因为没有找到适合多层神经网络的学习规则，1986 年反向传播算法被提出来后，神经网络又回归历史舞台了。

6.2.5　误差反向传播法

损失是如何产生的？基于 MLP 模型的深层输入来自前一层，所以靠近输入层的神经元误差会影响后面网络的所有神经元。在输出层，计算的误差实际上是由前向神经网络在传输过程中累积形成的，在输出层得到的最终误差可以用于调整输出层的参数。那如何调整前面各层的参数呢？

为便于理解，用一个简单网络做例子（见图 6-14）。

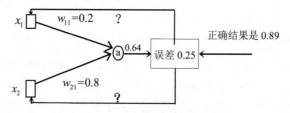

图 6-14　利用误差来改进权重参数

假设正确的结果是 0.89，网络输出为 0.64，最后误差为 0.25，我们知道每改变一次权重，都会对最后的输出结果有影响，每个链路权重对最终的误差都负有责任，问题在于责任该如何分配，即 w_{11} 和 w_{21} 如何调整？

思路仍然是谁的权重大，负责的机会就大，w_{11} 所占的权重为 $\frac{w_{11}}{w_{11}+w_{21}}=\frac{0.2}{0.2+0.8}=0.2$，分配给 w_{11} 的误差为 $0.25\times0.2=0.05$；同理，按比例分配给 w_{21} 的误差为 $0.25\times0.8=0.2$。这两个节点的误差可以写成误差向量 $[0.05,0.2]$。

如果网络不止一层，误差继续按比例回传。当网络有很多层，每层有许多节点时，各层的误差向量之间实际上可以写成矩阵运算的关系，矩阵的元素与两层之间的权重有关，这种先从输出层获取误差，然后按链路参数权重把误差反传回去的方式，就是神经网络的误差回传机制。

损失函数可以看作以权重为自变量的多元函数，我们调整权重的目的就是最小化损失函数。然而多层神经网络，层多节点多，需要调整的权重也多，按梯度下降法，需要计算损失函数对各层权重的梯度信息。在网络前向传播时，损失函数是权重的复合函数，越靠近输入层的权重，复合层次越深。所以在求梯度时，根据复合函数求导的链式规则，越靠近前面的层，梯度计算表达式越烦琐。我们在此不再写出详细的表达式。

重复相同的反向传播过程，计算所有的网络节点梯度，一旦计算出所有节点梯度，就可以去训练这个神经网络（见图 6-15）。

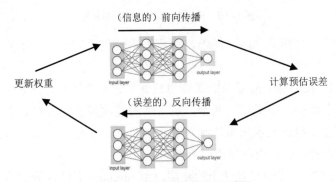

图 6-15 神经网络的学习周期

反向传播算法是梯度下降法中重要的一环，其负责在梯度下降的每次迭代中计算权重参数的梯度，提高神经网络的训练效果。

反向传播法基于链式法则，合并了许多重复的运算，只需进行一次前向传播与一次反向传播，就可以计算所有参数的梯度。这就是大名鼎鼎的反向传播算法。简单地说，就是将误差从后往前逐层分配给神经网络的每一个神经元。就像开车一样，即便不懂车的原理，我们一样可以开得很熟练。为了便于训练网络，目前像 TensorFlow、Pytorch 这些神经网络框架中，都有强大的自动求梯度引擎。

6.2.6 可视化 MLP 网络训练

PlayGround 是一个在线演示及实验的神经网络平台，也是一个入门神经网络的网站。这个图形化平台非常强大，可将神经网络的训练过程直接可视化。网址是 http://playground.tensorflow.org/。

PlayGround 的页面如图 6-16 所示，主要分为 DATA（数据）、FEATURES（特征）、HIDDEN LAYERS（隐含层）、OUTPUT（输出层）。

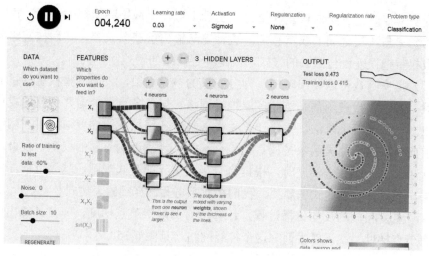

图 6-16 PlayGround 训练网络图

图中的点被标记为两种颜色，深色为正，浅色为负，表示要区分的两类数据。

图 6-16 我们选了最复杂的螺旋型数据来分类，输入为待分类点的横、纵坐标两个特征，隐藏层有两个，层之间的连线颜色代表权重正负，层与层之间的连线粗细表示权重的绝对值大小。训练开始后，我们可以把鼠标放在线上查看权值，也可以点击修改。

图 6-17 中，我们设置两个隐藏层，用 Sigmoid 激活函数训练的批大小为 10，学习率为 0.01，在训练集上的损失是 0.363，在测试集上的损失为 0.468，我们可以调整特征的个数、迭代次数、学习速率、激活函数、隐藏层数和隐藏节点个数等超参数，动态地观察分类效果。PlayGround 还提供了非常灵活的数据配置，可以调节噪声、训练数据和测试数据的比例及 Batch size 的大小。

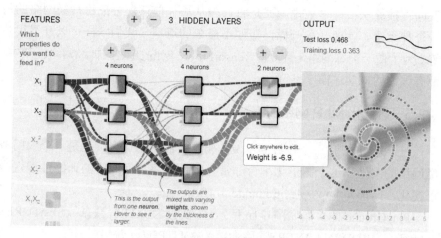

图 6-17 误差从隐藏层反向传播

一般来讲，隐含层越多，衍生出的特征类型也就越丰富，对于分类的效果也会越好，但不是越多越好，层数多了训练的速度会变慢，同时收敛的效果不一定会更好，层数和特征的个数过多，会造成训练困难，反向传播算法面临着以下难题：

梯度消失，梯度可以认为与反向传播算法中的增量类似，当输出误差无法到达更远的节点时，就会在使用反向传播算法的训练过程中，出现梯度消失的现象。

将输出误差反向传播至隐藏层，训练神经网络，但当误差无法到达第一个隐藏层时，权值就得不到调整，这样输入层附近的隐藏层就会得不到恰当的训练，增加的隐藏层就变得毫无意义。

误差反向传播算法虽然解决了多层神经网络的学习问题，但随着网络层数的增加，出现了许多困难，其一度被支持向量机算法所压制，沉睡了十几年。直到 2006 年，Hinton 提出了卷积网络架构，正式将其命名为深度学习网络，为深层网络的学习开辟了一个新的领域。

6.3　深度学习框架

深度学习框架在传播深度学习思想的过程中扮演了重要的角色。caffe、Theano、TensorFlow、PyTorch 和 MXNet 使得建模变得简单。keras 是 TensorFlow 的高级封装，可以将其理解为框架的框架。

2017 年，TensorFlow 成为最受欢迎的深度学习框架，Pytorch 成为 TensorFlow 最大的竞争对手。2016 年，亚马逊确定 MXNet 为其官方深度学习平台，其后微软和亚马逊联合推出 Gluon 动态接口。2017 年，微软、亚马逊、Facebook 等联合发布 ONNX 格式，实现了模型在主流深度学习框架之间的转换。深度学习框架呈现一起对抗 Google 的趋势。

选择框架主要考虑入门的难易程度、文档的完善程度、社区的活跃度等。从关注度来看，人们对 TensorFlow 的关注程度高，其有丰富的教程，学习曲线较平缓。Keras 是 TensorFlow 的高级封装，可帮助用户快速进行原型实验，并且搭建和训练网络非常容易，对新手最友好。

静态图框架，也称符号式框架，动态图框架，也可以称为解释式框架。

在 TensorFlow、Kaffe 等静态图框架中，计算图的构造方式是先构造、再运行，运行时不能再修改。因为可做更多的优化，采用符号式编程框架的运行速度比采用命令式的运行速度快好几倍。

在 Pytorch、MXNet Gluon 等动态图框架中，计算图是动态构造的，根据程序语句动态生成，所以也称为命令式的编程框架，其类似于编程语言的解释执行，程序写起来很灵活，方便调试。

深度学习框架降低了深度学习的入门门槛，通过提供深度学习的组件，避免重复"造轮子"。

6.3.1　Matlab 深度学习工具包

Matlab 框架是由一个丹麦的博士生维护的，对于我们了解算法的细节很有帮助，下载 https://github.com/rasmusbergpalm/deeplearntoolbox，解压后放入 Matlab 安装目录 toolbox 下：

addpath (genpath ('E:\Program Files\MATLAB\R2014a\toolbox\deeplearntoolbox'))

保存路径：

>> savepath;

测试

>> which runalltests.m

E:\Program Files\MATLAB\R2014a\toolbox\deeplearntoolbox\tests\runalltests.m

6.3.2　TensorFlow 深度学习框架

TensorFlow 用张量定义数据模型，把数据模型和操作定义在计算图中，使用会话运行计算。

通过张量（Tensor）和流（Flow）通俗易懂地解释了深度学习算法的运行过程，即张量之间通过计算相互转换。用提供的模块建立"计算图"，功能非常强大，它可以执行张量运算流程，并且构建各种深度学习和机器学习模型。

Tensorflow 执行效率高，但 Tensorflow 是比较底层的深度学习框架，其学习门槛高，它有特殊的"计算图"程序设计模式，需要自行设计张量运算，初学者会有挫败感。

所以你可以先学习 Keras，它以 Tensorflow 为底层，很容易建立深度学习模型。

Keras 使用 Python 编写，以 TensorFlow 为其后端引擎。使程序员花最少的时间就可以建立深度学习模型，进行训练，评估准确率，并进行预测。

下面介绍 TensorFlow 和 Keras 的安装。

建立 TensorFlow 的 Anaconda 虚拟安装环境。

CPU 与 GPU 需要安装的 TensorFlow 版本不一样，可以分别安装在不同的虚拟环境中。

建立工作目录。

在命令提示符窗口输入命令，切换搭配工作目录：

```
C:\Users\zn>md Pythonwork
C:\Users\zn>cd Pythonwork
C:\Users\zn\Pythonwork>
C:\Users\zn\Pythonwork>conda   create   --name   tensorFlow   Python=3.6
anaconda
```

conda create 创建虚拟环境，虚拟环境名称为 tensorFlow，Python 版本为 3.6，加入 anaconda 命令选项，建立虚拟环境同时安装其他 Python 软件包，如 jupyter、Numpy、Scipy、matplotlib、Pandas 等。如果不加入此选项，就会建立一个空的虚拟环境，必须由用户逐个安装其他数据分析的软件包。

用 activate tensorflow 命令激活虚拟环境。

```
(tensorflow) C:\Users\zn\Pythonwork>
# > deactivate
```

安装 TensorFlow CPU 版本

```
>pip install tensorflow
```

安装 Keras: > pip install Keras

在 Anaconda 虚拟环境中安装了 TensorFlow 与 Keras 后，也就同时安装了 Jupyter，所以不需重复安装，直接启动即可。

```
>>>import tensorFlow as tf
>>>tf.__version__
>>>import keras
#自动以 TensorFlow 为 Backend
>>>keras.__version__
```

6.3.3　PyTorch 深度学习框架

PyTorch 具有构建神经网络的独特方式。大多数框架，如 TensorFlow、Theano、Caffe 和 CNTK，拥有静态视图。建立一个神经网络，并重复使用相同的结构。改变网络的行为方式意味着必须从头开始。

使用 PyTorch，我们需使用一种称为反向模式自动分化的技术，它允许用户以零延迟/开销改变网络的运行方式。

在 Windows 下用 Anaconda 安装 Pytorch/torchvision。

在"开始"菜单单击 Anaconda Prompt，在里面输入"conda create -n pytorch Python=3.6"，为 PyTorch 创建一个虚拟环境。路径选择 E 盘。添加清华镜像：

```
conda config --addchannels \
https://mirrors.tuna.tsinghua.edu.cn/anaconda/pkgs/free/
conda config --set   show_channel_urls yes
```

activate pytorch 激活这个虚拟环境（取消激活用 deactivate）。

(pytorch) E:\pytorch>Python m pip install upgrade pip

升级 pip 后，安装 pytorch。

pip3 install   \

http://download.pytorch.org/whl/cpu/torch-0.4.0-cp36-cp36m-win_amd64.whl

测试：

from __future__ import print_function

import torch as t

6.3.4　其他构建方式

1. 以 Docker 方式安装深度学习框架

Docker 的推出极大地提高了应用的部署效率，它可以把配置好环境的 TensorFlow 等框架，下载到本地运行。作为软件打包的流行趋势，Docker 的安装省时省力，在 Github 上有大量的配置好环境的深度学习镜像。

从 Github 上搜索到 github.com/enakai00/jupyter_tensorflow 镜像下载安装说明，按步骤进行即可。

zsh@zsh-Lenovo:~$ mkdir   ensordata

zsh@zsh-Lenovo:~$ Docker run -itd --name jupyter -p 8800:8800 \

-p 6006:6006 -v ./ensordata:/root/notebook   -e PASSWORD=password \

enakai00/jupyter_tensorflow:0.9.0-cp27

0.9.0-cp27: Pulling from enakai00/jupyter_tensorflow

a3ed95caeb02: Pull complete

zsh@zsh-Lenovo:~$ Docker run -itd --name jupyter -p 8800:8888 \

-p 6006:6006 -v ensordata:/root/notebook   -e PASSWORD=password\

enakai00/jupyter_tensorflow:0.9.0-cp27

在浏览器中输入地址，即可打开 Notebook，如图 6-18 所示。

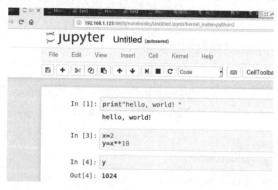

图 6-18　Notebook 运行界面

在 Jupter Notebook 单元中输入"!git clone https://github.com/enakai00/jupyter_tfbook",下载实例做测试。

2. 免费体验环境

mybinder.org 是 Binder 社区提供的在线 Notebook 服务,网址为 https://mybinder.org/v2/gh/MachineIntellect/DeepLearner/master?filepath=ai-ch02.ipynb。微软公司也为全球开发者免费提供在线 Notebook 服务,网址为 https://notebooks.azure.com/JLHDL/projects/DeepLearner。谷歌提供的 colab 在线,好处是有数据集,容量为 10GB 以上,网址为 https://colab.research.google.com/github/MachineIntellect/DeepLearner/blob/master/ai-201.ipynb,如图 6-19 所示。

CarRacing Environment

Since Gym provides different interesting environments, let us simulate a car racing environment as shown below.

```
In [ ]:  import gym
         env = gym.make('CarRacing-v0')
         env.reset()
         for _ in range(1000):
             env.render()
             env.step(env.action_space.sample())

In [*]:  ! pip install tensorflow

         Collecting tensorflow
           Downloading https://files.pythonhosted.org/packages/2a/5c/f1d96a6dda6f2ff528f6eaifd0757e0e594d17debb3ec7f82daa967ea9a/tensorflow-2.0.0-cp
         37-cp37m-manylinux2010_x86_64.whl (86.3MB)
                                   | 7.3MB 4.6MB/s eta 0:00:18
```

图 6-19　安装软件包

6.3.5　体验手写数字识别

深度学习领域的"Hello world",即手写数学识别。数据集 MNIST 中含 60000 张手写数字图片,作为训练集。10000 张手写数字图片,作为测试集。以多层感知器模型识别 MNIST 手写数字图像为例。

输入层是 28×28 的输入图像,在 NumPy 中以 reshape 转换为一维向量,即为 784 个浮点数,作为 784 个神经单元的输入,如图 6-20 所示。

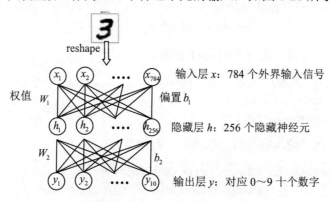

图 6-20　数字识别多层神经元模型

输入层与隐藏层的关系为 $h = \mathrm{ReLu}(x * W_1 + b_1)$，这里使用 ReLU 激活函数连接输入层与隐藏层，总共需要 784×256=200704 个轴突。所以权值 W_1 是 784×256 矩阵，因为隐藏层有 256 个神经元，所以偏置 b_1 是长度为 256 的向量，如图 6-21 所示。

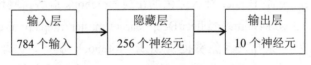

图 6-21　模型参数个数示意图

建立隐藏层与输出层的公式 $y = \mathrm{softmax}(h * W_2 + b_2)$，$y$ 是输出层，总共 10 个输出结果，所以有 10 个神经元。权值 W_2 是 256×10 矩阵，偏置 b_2 是长度为 10 的向量。经过 softmax 运算后的输出是概率分布，共有 10 个输出，数值越高代表概率越高。

灰度图像：每个像素用一个 8 位的整数表示，将数字图像标准化，可以提高后续训练模型的准确率

```
x_Train_normalize = x_Train/ 255
x_Test_normalize = x_Test/ 255
```

预处理 label：数字图像的真实值，原本是 0～9 的数字，必须以 One-Hot encoding 转换为 10 个 0 或 1 的组合。正好对应输出层的 10 个神经元。

```
y_Train_OneHot = np_utils.to_categorical(y_train_label)
y_Test_OneHot = np_utils.to_categorical(y_test_label)
```

进行训练时，数据可以分为多个批次，例如每批有 200 项数据，然后读取一批次数据，进行反向传播算法训练，权重更新，直到误差收敛。

Keras 快速搭建神经网络模型：安装好 Keras 和 TensorFlow 以后就可以建立模型，具体步骤为导入数据、定义模型、编译模型、评估模型、进行预测。用户可以直接在 jupyter notebook 中运行实例代码，详细代码请参考 https://github.com/shixiangbupt/deeplearning。

1. 导入模块，建立 Sequential 模型

```
from keras.models import Sequential
from keras.layers import Dense
    model=Sequential()
```

2. 加入"输入层"与"隐藏层"到模型

```
model.add(Dense(units=256, input_dim=784,
            kernel_initializer='normal', activation='relu'))
```

用 add 函数加入层加入输入层。Dense 为密集的意思，代表全连接层，其特点是上一层与下一层的神经元都完全连接。隐藏层的神经元的个数是 256，接收输入层传来的 784 个信息，使用正态分布的随机数，初始化权重与偏置，定义激活函数为 ReLU。

3. 加入"输出层"到模型

```
model.add(Dense(units=10,
                kernel_initializer='normal',
                activation='softmax'))
```

可以看出输出节点有 10 个；softmax 可以将神经元的输出转换为预测每一个数字的概率。

4. 编译模型

```
model.compile(loss='categorical_crossentropy',
              optimizer='adam', metrics=['accuracy'])
```

loss 参数用来设置损失函数。6.2.4 节介绍了均方误差损失函数，实际上，此处用交叉熵 cross_entropy 效果比较好。损失函数不是唯一的。optimizer 优化器设置：使用 adam 优化器本质上就是用随机梯度下降法，可以让训练更快收敛。Metrics 参数设置评估模型的方式是准确率。

5. 训练模型

```
train_history =model.fit(x=x_Train_normalize,
                         y=y_Train_OneHot,validation_split=0.2,
                         epochs=10, batch_size=200,verbose=2)
```

开始训练，fit 的意思就是把数据"喂"进去，训练过程保存在 train_history 变量中；x=x_Train_normalize 为数字图像的特征值 features。y=y_Train_OneHot 为数字图像的真实值 label。设置训练与验证数据的分割比例：validation_split=0.2。Keras 自动将数据二八分，其中 60000×0.8=48000 作为训练数据，当然也可以用 train_test_split()函数手工去分割。epochs=10，batch_size=200，设置训练周期为 10，每一批次有 200 项数据。在每个训练周期，48000 项训练数据分为每一批次 200 项，所以大约分为 240 个批次进行训练。训练完成后，会计算这个训练周期的准确率与误差，可以看到共执行了 10 个训练周期，如图 6-22 所示。这些超参数可以通过实验误差来调整。

```
Train on 48000 samples, validate on 12000 samples
Epoch 1/10
2s - loss: 0.4380 - acc: 0.8831 - val_loss: 0.2181 - val_acc: 0.9408
Epoch 2/10
2s - loss: 0.1910 - acc: 0.9455 - val_loss: 0.1557 - val_acc: 0.9557
Epoch 3/10
2s - loss: 0.1353 - acc: 0.9618 - val_loss: 0.1258 - val_acc: 0.9647
Epoch 4/10
2s - loss: 0.1025 - acc: 0.9703 - val_loss: 0.1118 - val_acc: 0.9683
Epoch 5/10
2s - loss: 0.0809 - acc: 0.9770 - val_loss: 0.0982 - val_acc: 0.9715
Epoch 6/10
2s - loss: 0.0659 - acc: 0.9819 - val_loss: 0.0933 - val_acc: 0.9722
Epoch 7/10
2s - loss: 0.0544 - acc: 0.9852 - val_loss: 0.0912 - val_acc: 0.9739
Epoch 8/10
2s - loss: 0.0459 - acc: 0.9877 - val_loss: 0.0837 - val_acc: 0.9757
Epoch 9/10
2s - loss: 0.0378 - acc: 0.9906 - val_loss: 0.0821 - val_acc: 0.9758
Epoch 10/10
2s - loss: 0.0315 - acc: 0.9919 - val_loss: 0.0811 - val_acc: 0.9758
```

图 6-22　10 个训练周期的结果

6. 以测试数据评估模型准确率

程序结果的准确率为 0.97。x_Test_normalize 为测试数据的特征值 features，y_Test_OneHot 为测试数据的 label，即数字图像的真实值。

```
scores = model.evaluate(x_Test_normalize, y_Test_OneHot)
print()
print('accuracy=',scores[1])
```

```
In [42]: scores = model.evaluate(x_Test_normalize, y_Test_OneHot)
         print()
         print('accuracy=', scores[1])

         9440/10000 [===========================>..] - ETA: 0s
         accuracy= 0.9767
```

7. 进行预测

```
prediction=model.predict_classes(x_Test)
```

将预测结果存储在 prediction 变量中。

同学们可以继续改进这个例子，隐藏层有 256 个神经元，将其增加为 1000 个神经元，观察预测准确率有没有变化。

6.4　卷积神经网络及其应用

前面我们用 PlayGround 演示了多层神经网络 MLP 的训练过程,会发现随着层数的增加，训练出现停滞现象。在手写体识别案例中，对于图像数据而言，全连接网络的参数量巨大，其不但占用空间多，也是容易过拟合的原因之一。全连接层从输入特征空间中学到的是全局模式，而从卷积层学到的是局部模式，因为每个神经元不会响应上一层的全部输入，大大降低了网络复杂度。近年来的研究表明，对于大规模的神经网络，只要规模足够大，足够深，有足够多的神经元，最后的结果会非常接近全局最优解。

卷积神经网络，简称 CNN，是由计算机科学家 LeCun 所提出的。它是深度学习技术中极具代表性的网络结构，应用非常广泛，尤其是在计算机视觉领域，取得了极大的成功。

瞳孔接收到像素级颜色信号的刺激，大脑皮层的视觉细胞提取边缘和方向，得到物体的形状，完成由点到线，再到面，局部到整体的特征提取过程，最终抽象出物体的本质属性。科学家发现，视神经细胞中有 S 型细胞和 C 型细胞，S 型细胞用于局部特征提取，类似于卷积操作，C 型细胞则用于抽象和容错，类似于池化操作。

卷积神经网络相比较于传统的图像处理算法的优点在于，避免了前期复杂的对图像人工特征提取工作。CNN 能直接从原始像素出发，经过少量的预处理，就能识别出原图视觉上的特征，有人也称其为端到端的学习。

1998 年，LeCun 推出了 LeNet 网络，它是第一个广为流传的卷积神经网络。

2012 年，Hinton 和他的学生推出了 AlexNet。在当年的 ImageNet 图像分类竞赛中，AlexeNet 以远超第二名的成绩夺冠，使得深度学习重回历史舞台，具有重大历史意义。

2012 年，AlexNet 有 8 层，VGG 有 19 层。2014 年，GoogleNet 已经达到了 22 层。2015 年，ResNet 达到惊人的 152 层，识错率为 3.57%，已经强于人眼了。2015 年，ILSVRC 竞赛的冠军 ResNet，其深度是 AlexNet 的 20 多倍，它能抽象出更深层的、更抽象的特征。

深度卷积网络分层次地学习输入数据的特征，每一层从前一层的输出数据中提取特征。威力来自于通过使用适度的并行非线性步骤，对非线性数据进行分类和预测。

6.4.1　卷积神经网络的功能组件

卷积神经网络大体可以看作包含提取输入图像特征的神经网络和另外一个进行图像分类的神经网络。

这些功能组件大致分为卷积层、池化层、全连接层（FC 层），当然还存在一些看不见的功能单元，如激活函数、Dropout 丢弃处理、批量规范化 Batch Normlize 等。

神经网络之所以能往深度方向发展，离不开各种功能层。

卷积层可想象为数字滤波器的集合，它是 CNN 网络的核心结构。

卷积层的作用类似于经典信号处理中的滤波器，功能就是将原信号特征增强，下面的网站给出了卷积核提取边界的可视化案例，如图 6-23 所示。

https://graphics.stanford.edu/courses/cs178/applets/convolution.html

 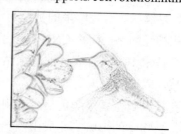

	rect	0.00	0.00	0.00	0.00	0.00
	big rect	0.00	0.00	-2.00	0.00	0.00
	gaussian	0.00	-2.00	8.00	-2.00	0.00
	sharpen	0.00	0.00	-2.00	0.00	0.00
●	edges	0.00	0.00	0.00	0.00	0.00
	shift					
	hand shake					
	custom			normalize		

图 6-23　卷积提取图像边缘效果图

池化层也称子采样或下采样层，它是 CNN 的另一个核心结构层，通过对输入数据的各个维度进行空间的采样，可以进一步降低数据规模，并对输入数据具有局部线性转换的不变性，可增强网络的泛化处理能力。激活层：把上层的线性输出通过非线性的激活函数进行处理。

全连接层（FC 层）等价于传统的多层感知机的层，卷积网络在进入全连接层之前，已经经过了多个卷积层和池化层的处理，数据维度大大降低，此时的全连接层就是一个分类神经网络，起一个分类器的作用。卷积神经网络的最后几层都是全连接层加一个输出层。扁平化（Flatten）操作也叫拉直，是卷积网络进入全连接神经网络的一个具体操作，经过不断抽象的图像特征信息，最终利用扁平化操作和高维特征矩阵"压缩并拉直"成一维向量，进而作为输入数据源，进入经典的全连接前馈神经网络。

丢弃层（Dropout 层），解决深度学习中因大量参数而导致的过拟合问题。2012 年的深度神经网络 AlexNet，在每次训练时，随机删除 50%的隐藏神经元，下次训练时，再随机删除 50%的神经元，发现丢弃一些神经元反而使训练误差更小。由于每次训练会随机删除掉不同的神经元，实际上每个神经元都可能发挥作用。

批规范化（BN 层）是由 DeepMind 团队提出的，它是现代深度网络架构中最常用的一种技巧之一，其原理是使网络中间数据的分布尽量规范化。通过一定的规范化手段，把每层神经网络任意神经元的输入值的分布强行拉到正态分布。可显著加速网络的训练，且避免了过拟合，通常将 BN 层放在非线性激活层之前。

一般在图像处理中，卷积神经网络每层的神经元都是按三维排列的，具有宽度、高度、深度。有几个卷积核就对应几组参数，并可以得到相应的特征映射，而卷积核的个数就是超参数。

在卷积神经网络中，有大量需要预设的参数。与网络有关的参数有卷积层的卷积核的大小、卷积核的个数、激活函数的种类、池化方法的种类、卷积层的个数、全连接层的个数、Dropout 的概率。与训练有关的参数有 Mini-Batch 的大小、学习率、迭代次数等。

1. 卷积层

由于卷积神经网络主要关注的是图像，所以卷积层和池化层的运算在概念上是处于二维平面的，同时这也是卷积神经网络与其他神经网络的不同点。

卷积层具有平移不变性，在图像右下角学到某个模式之后，可以在任何地方识别这个模式，如左上角。只需更少的训练样本就能学到具有泛化能力的数据表示。

卷积层可以学到模式的空间层次结构，第一个卷积层将学习较少的局部模式，如边缘。第二个卷积层将学习由第一层特征组成的更大的模式，使得卷积网络可以学习到越来越复杂、抽象的视觉特征。

卷积层生成的特征映射的数量，与卷积核的数量相等。

卷积核用二维矩阵（5×5 或 3×3 矩阵）：卷积核矩阵的值是在训练过程中确定的，这些值在整个训练过程中都不断得到优化，此过程类似于普通神经网络中连接权重的更新过程。

卷积是一种用文字很难去解释的运算，因为它是在二维平面上运算的，如图 6-24 所示。

$$\begin{bmatrix}1&0&1&3\\2&4&4&8\\30&0&1&5\\0&2&2&4\end{bmatrix} \odot \begin{bmatrix}1&0\\0&1\end{bmatrix} = \begin{bmatrix}5& & \\ & & \\ & & \end{bmatrix}$$

图 6-24 卷积运算示意（第 1 步）

矩阵表示一个 4×4 的像素图，对这个图像用一个卷积核运算生成一个特征映射。

卷积运算从矩阵左上角的子矩阵开始进行，两个矩阵的卷积是相同位置的元素的乘积之和。图 6-24～图 6-27 展示了第 1 步到第 4 步的结果。

卷积核向右，然后向下移动，一直到最后，如图 6-28 所示。

卷积结果的 3×3 矩阵中，左下角的元素 32 最大，这是因为原图像的左下角与卷积核的形态相同，卷积运算就生成一个最大的值，如图 6-29 所示。

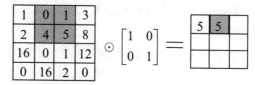

$$\begin{bmatrix} 1 & 0 & 1 & 3 \\ 2 & 4 & 5 & 8 \\ 16 & 0 & 1 & 12 \\ 0 & 16 & 2 & 0 \end{bmatrix} \odot \begin{bmatrix} 1 & 0 \\ 0 & 1 \end{bmatrix} = \begin{bmatrix} 5 & 5 & \\ & & \\ & & \end{bmatrix}$$

图 6-25　卷积运算示意（第 2 步）

$$\begin{bmatrix} 1 & 0 & 1 & 3 \\ 2 & 4 & 5 & 8 \\ 16 & 0 & 1 & 12 \\ 0 & 16 & 2 & 0 \end{bmatrix} \odot \begin{bmatrix} 1 & 0 \\ 0 & 1 \end{bmatrix} = \begin{bmatrix} 5 & 5 & 9 \\ & & \\ & & \end{bmatrix}$$

图 6-26　卷积运算示意（第 3 步）

$$\begin{bmatrix} 1 & 0 & 1 & 3 \\ 2 & 4 & 5 & 8 \\ 16 & 0 & 1 & 12 \\ 0 & 16 & 2 & 0 \end{bmatrix} \odot \begin{bmatrix} 1 & 0 \\ 0 & 1 \end{bmatrix} = \begin{bmatrix} 5 & 5 & 9 \\ 2 & & \\ & & \end{bmatrix}$$

图 6-27　卷积运算示意（第 4 步）

$$\begin{bmatrix} 1 & 0 & 1 & 3 \\ 2 & 4 & 5 & 8 \\ 16 & 0 & 1 & 12 \\ 0 & 16 & 2 & 0 \end{bmatrix} \odot \begin{bmatrix} 1 & 0 \\ 0 & 1 \end{bmatrix} = \begin{bmatrix} 5 & 5 & 9 \\ 2 & 5 & 17 \\ 32 & 2 & 1 \end{bmatrix}$$

图 6-28　卷积运算示意（最后一步）

$$\begin{bmatrix} 1 & 0 & 1 & 3 \\ 2 & 4 & 5 & 8 \\ 16 & 0 & 1 & 12 \\ 0 & 16 & 2 & 0 \end{bmatrix} \odot \begin{bmatrix} 1 & 0 \\ 0 & 1 \end{bmatrix} = \begin{bmatrix} 5 & 5 & 9 \\ 2 & 5 & 17 \\ 32 & 2 & 1 \end{bmatrix}$$

图 6-29　特征映射的结果

　　卷积核对输入图像进行卷积运算，并生成特征映射，在卷积层中被提取出来的特征是由训练后的卷积核确定的。因此，卷积层提取的特征因使用不同的卷积核而不同。

　　一个卷积核就像一个小小的探测器，卷积核扫过图像，它在图片的上下左右任意位置看到的结果都是相同的，这就是卷积核具有平移不变性的原理。卷积核具有局部性，只对图像中的局部区域敏感。整个卷积过程相当于一层神经网络。下面以一个更形象的例子来证实，如图 6-30 所示。

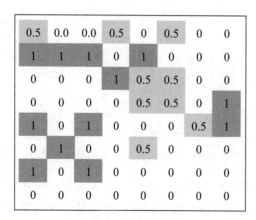

图 6-30　待匹配的图片

可以看到图 6-30 的左下角有一个 X 形的区域，上方也有一个类似 X 形的区域。如图 6-31 所示，用一个 3×3 的卷积核表示后，图中有正也有负，正值代表与特征匹配，负值代表与特征相反。结果发现有一个 5 最大，次大的是 3，说明卷积对细节的观察能力很强。

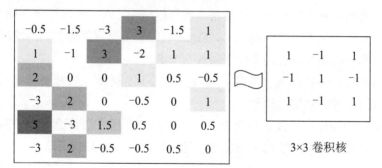

3×3 卷积核

图 6-31　卷积结果图

卷积可以用来识别纹理和形状。不同的卷积核可识别不同的目标。卷积神经网络的优点是可以通过训练，自动找到合适的卷积核，无须人工考虑如何构造卷积核。

卷积操作后，图像会变小一圈，如果在 $n×n$ 图像上使用一个 $k×k$ 卷积核，那么输出的就是 $(n-k+1)×(n-k+1)$ 的图像，如果希望图像不变小，则可提前给边缘加一圈 0，在 Keras 中用 padding 参数设置。

卷积运算是信息丢失的运算，或者说丢失次要信息的运算，从而实现定向特征提取。

卷积核就是神经元之间的连接权重。与输入向量做线性运算，也就是卷积神经网络中需要训练的参数，训练方法仍然是误差反向传播算法。

2. 池化层

池化层能减少图像的尺寸，减少了计算量，并防止过拟合，如图 6-32

所示。

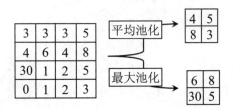

图 6-32　平均池化和最大池化后的结果

池化层与卷积层不同的是，池化层是固定的。池化层的主要作用是去掉卷积得到的特征映射中的次要部分，进而减少网络参数，其本质是对局部特征的再次抽象表达，因此也叫子采样，有均值子采样和最大值子采样之分。

卷积和池化操作，层层递进，赋予神经网络抽象的能力。

6.4.2　卷积神经网络的架构

深度网络基本架构中，层是基本的数据结构。在一个数据处理模块中，可将层看作深度学习的乐高积木，Keras 等框架就是这么做的，构建深度学习模型就是将相互兼容的多个层拼接在一起。

网络拓扑结构的选择更像是一门艺术而不是科学，只有动手实践才能成为合格的神经网络架构师。

在实际卷积中，往往还会加入一个偏置，具体方法是给得到的图像再加一个可训练数，即给每个点都加上这个数，如图 6-33 所示。

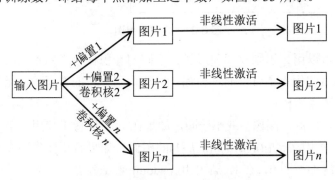

图 6-33　一张图输入 n 张图输出架构

使用多个卷积核：因为不同物体的部分、纹理和形状不同，需要不同的卷积核去匹配。将一张图用 n 个不同的卷积核去处理，得到 n 张图，加上偏置后，再做非线性激活。因为卷积是一个线性操作，必须引入非线性激活函数，方法与全连接网络中一致，就是在图像中的每个点调用非线性激活函数。

得到 n 张图后，可再用 $n×m$ 个卷积核，得到 m 张图。例如，用 $2×3=6$ 个卷积核，可将两张图变成 3 张图，如图 6-34 所示。

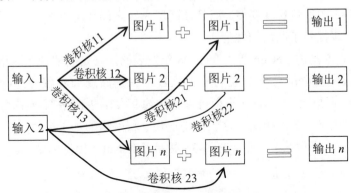

图 6-34　两张图输入 n 张图输出架构

卷积网络的结构与全连接网络类似，只是把乘法换成了卷积，其实乘法类似于 1×1 卷积。

对于彩色图像，在计算机中会按 R、G、B 定义 3 个通道存储，所以输入的图就是 3 张图。

对于输入的 3 张 32×32 图像，经过 3×3 卷积核，输出 64 张 30×30 的图像，用卷积神经网络，需要 3×64=192 个卷积核，加上每个特征图像还有一个偏置，64 个图像有 64 个偏置，总的参数量为 192×9+64=1792 个。

如果使用全连接神经网络，由于输出 64×30×30=57600 个像素，需要 57600 个神经元，每个神经元有 3×32×32=3072 个输入权重，加上偏置，有 3073 个，总参数量为 57600×3073=177004800，远大于卷积网络的参数量。

与传统的神经网络相比，相同的图像，CNN 经过一系列的卷积和池化操作后，图像数据不断被抽象，进而网络的参数大大减少，同时图像的关键信息并没有丢失，这就是 CNN 的显著优势。

传统的深度卷积网络，如 AlexNet 中会使用较大的卷积核 11×11（见图 6-35），因为当时认为卷积核越大，感受野就越大，看到的图像信息就越多，现代架构中会用较小的卷积核节省参数且加入更多的非线性，拟合效果更好。

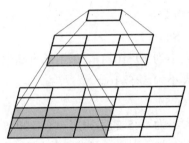

图 6-35　两层 3×3 卷积核视野相当于 1 层 11×11 卷积核

图 6-35 中，顶层的一个像素与中间层的 3×3 像素有关，与底层的 5×5 像素有关。2 层 3×3 卷积，可以模拟一层 5×5 卷积，5×5 卷积的参数量是 25，比 3×3 的参数量 9 要多。而且在两层 3×3 之间还可以加入非线性激活，这样进一步提升了网络的性能。

LeNet-5 是由 LeCun 等人在 1998 年发表的，它是卷积神经网络的开山之作。LeNet 也是第一个成功应用于数字识别问题的卷积神经网络。在 MNIST 数据集上，LeNet-5 模型可以达到约 99.2%的正确率。网络包含了卷积层、池化层、全连接层，这些都是现代卷积网络的基本组件。

LeNet-5 模型共有 7 层，图 6-36 展示了 LeNet-5 模型的结构。

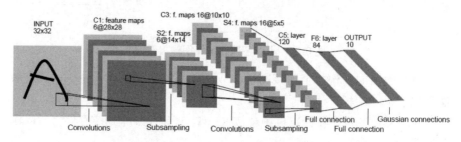

图 6-36　卷积神经网络结构图

下面详细介绍了 LeNet-5 模型每一层的结构。除了输入层、输出层，还包括 3 个卷积层、2 个池化层和 1 个全连接层。

第一层，卷积层（C1）

C1 层为卷积层，包含 6 个 5×5 卷积核，将 MNIST 的输入数据转化为 6 个 28×28 的特征图。这一层的输出尺寸为 32-5+1=28。总共有 5×5×6+6=156 个参数，其中有 6 个为偏置项参数。

第二层，池化层（S2）

这一层的输入为第一层的输出，是一个 28×28×6 的节点矩阵。最大池化下采样用 2×2 窗口，本层的输出为 6 个 14×14 图像。

第三层，卷积层（C3）

本层的输入矩阵大小为 14×14×6，使用的卷积核大小为 5×5，个数为 16。本层的输出为 16 个 10×10 特征。按照标准的卷积层，本层应该有 5×5×6×16+16=2416 个参数。

第四层，池化层（S4）

本层的输入矩阵大小为 10×10×16，采用的过滤器大小为 2×2，与 S2 类似。本层的输出矩阵大小为 5×5×16。

第五层，卷积层（C5）

此为一个卷积核大小为 5×5 的卷积层，有 120 个卷积核。本层的深度为 120。本层的输出矩阵大小为 1×1×120。总共有 5×5×16×120+120=48120

个参数。本层的输入矩阵大小为 5×5×16，因为过滤器的大小就是 5×5，所以和全连接层没有区别。

第六层，全连接层（F6）

本层的输入节点个数为 120 个，输出节点个数为 84 个，总共参数为120×84+84=10164 个。

第七层，输出层（Output）

本层的输入节点个数为 84 个，输出节点个数为 10 个，分别代表数字 0～9，总共参数为 84×10+10=850 个。

相比 MLP，LeNet 使用了更少的参数，其总共只有 60000 个参数，却获得了更好的结果。LeNet-5 的重大突破在于，它不再像经典的图像处理，需要人工预先设定卷积核（或称滤波器），而是通过训练自动形成的，这就是伟大的自动特征提取。

以今天的观点来看，LeNet-5 只有 7 层，算不上"深度"，第一个真正的深度神经网络，被称为深度学习革命揭幕者的是 AlexNet，由 Hinton 带领的多伦多大学团队提出。相比 LeNet-5，AlexNet 设计了更深层的网络。提出了重要的正则化策略 dropout，对于提高模型的泛化能力非常有效。AlexNet 网络至今仍然可以用于很多任务，这足以说明其鲁棒性。

深度卷积网络在 2012 年迎来了历史突破，接下来迎来了深度学习的爆发，VGG、GoogleNet、ResNet 等相继被提出，刷新了行业底线，ResNet 残差网络突破了 1000 层。

深层网络的一般结构可以归纳为使原来"矮胖"型的图像输入层变成"瘦长"型的立体，最后做一个单层网络，把"瘦长"型的立体和输出层（类别）联系在一起，通常这种模型比浅而宽的网络更节约资源，并能更好地表征问题的本质。

有人做过卷积网络可视化研究，发现深度网络是分层学习的，底层网络学习图像的"底层"特征，如基本的形状，中间层学习抽象一点的特征，如鼻子、眼睛等，而更上层的功能可识别出具体是猫还是狗，概念的学习不需要领域的专业知识。

训练深度神经网络是深度学习中最困难的问题，因为网络层数越多，网络参数规模就越大，这就对计算能力和样本数据量提出了巨大的挑战。传统的 CPU 算法往往不能满足对强大计算能力的需求，大型项目需要 GPU、TPU 加速的并行编程和分布式计算。

深度学习在围棋、游戏、图像识别和翻译领域取得了很大的成功，但是，网络层数加深了，深度学习中的"网络训练"问题就成了一个技术活。如何选择合适的网络模型架构、需要考虑如何设置众多的超参数等技术细节，深度学习的研究者也被称为"调参工程师"，这也从侧面体现了要想真正掌握和运用深度学习，必须不断努力，不断上手实践。在深度学习领域没有最好，只有更好。

6.4.3　卷积神经网络识别 CIFAR 图像集

CIFAR 图像集共有 10 类：飞机、汽车、鸟、猫、鹿、狗、青蛙、马、船、卡车，如图 6-37 所示。

图 6-37　CIFAR 图像集

可以从网站下载数据集：http://www.cs.toronto.edu/~kriz/cifar.html，我们将详细代码分享在 Github 上：https://github.com/shixiangbupt/deeplearning。

1．加载环境

```
In [1]:  import tensorflow as tf
         tf.__version__

Out[1]:  '1.2.1'

In [2]:  import keras
         keras.__version__
         Using TensorFlow backend.

Out[2]:  '2.0.2'
```

```
import numpy
from keras.datasets import cifar10
import numpy as np
np.random.seed(10)
```

用固定的随机数种子初始化，重复运行相同代码，可获得相同的结果。

2．数据准备

```
(x_img_train,y_label_train), \
(x_img_test, y_label_test)=cifar10.load_data()
```

第一次执行 cifar10.load_data() 方法时，程序会检查是否有 cifar-10-batches-py.tar 文件，训练数据有 50000 项，测试数据有 10000 项。

训练数据是由 images 与 label 组成，y_label_train 是图像数据真实值，每一个数字代表一种图像类别的名称，共有 10 个类别。

Images 的 shape 形状：使用 shape 方法。

```
In [6]:  x_img_train. shape
         #第四项是3，表示RGB图像
Out[6]:  (50000, 32, 32, 3)
```

Image normalize：照片图像特征标准化，提高模型预测的准确度，并且收敛更快。

```
x_img_train_normalize = x_img_train.astype('float32') / 255.0
x_img_test_normalize = x_img_test.astype('float32') / 255.0
```

将训练数据与测试数据的 label 都编码，转换 label 为 OneHot Encoding。

```
from keras.utils import np_utils
y_label_train_OneHot = np_utils.to_categorical(y_label_train)
y_label_test_OneHot = np_utils.to_categorical(y_label_test)
```

3．建立模型（见图 6-38）

```
from keras.models import Sequential
from keras.layers import Dense, Dropout, Activation, Flatten
from keras.layers import Conv2D, MaxPooling2D, ZeroPadding2D
model = Sequential()
```

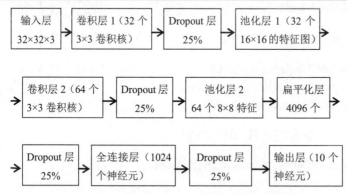

图 6-38　卷积网络模型识别 CIFAR 图像示意图

为在计算机上尽快运行出结果，我们增加了 3 个 Dropout 层以提升速度。增加卷积层 1：

```
model.add(Conv2D(filters=32,kernel_size=(3,3),
                 input_shape=(32, 32,3),
```

```
                    activation='relu',
                    padding='same'))
```

Conv2D 代表卷积运算。参数 filters=32 的意思是随机产生 32 个卷积核；padding='same' 让卷积运算产生的卷积图像大小不变，就是在卷积特征图边缘用 0 填充；input_shape=(32, 32,3)表示输入为彩色 RGB 图像；激活函数为 ReLU。也可以单独定义一个激活函数：model.add(Activation('tanh'))。

```
model.add(Dropout(rate=0.25))
```

Dropout 层，训练中随机放弃 25%的神经元，避免过拟合。

```
model.add(MaxPooling2D(pool_size=(2, 2)))
```

建立池化层 1，将 32×32 的图形缩减采样成 16×16 的图形。
类似地建立卷积层 2 与池化层 2。

```
model.add(Conv2D(filters=64, kernel_size=(3, 3),
                 activation='relu', padding='same'))
```

执行第二次卷积运算，将原本的 32 个图像转换为 64 个图像，卷积运算不会改变图像大小，所以图像大小仍然是 16×16。

```
model.add(Dropout(0.25))
model.add(MaxPooling2D(pool_size=(2, 2)))
```

池化层 2 将 16×16 的图像缩减采样为 8×8 的图像。

```
model.add(Flatten())
```

Flatten()函数建立扁平化层，将一个高维矩阵按设定"压扁"。

```
model.add(Dropout(rate=0.25))
model.add(Dense(1024, activation='relu'))
model.add(Dropout(rate=0.25))
```

增加一个隐藏层，共 1024 个神经元。

```
model.add(Dense(10, activation='softmax'))
```

建立有 10 个神经元的输出层。

```
print(model.summary())                        #模型摘要
```

4. 编译和训练模型

```
model.compile(loss='categorical_crossentropy',
              optimizer='adam', metrics=['accuracy'])
train_history=model.fit(x_img_train_normalize, y_label_train_OneHot,
```

```
                    validation_split=0.2,
                    epochs=10, batch_size=128, verbose=1)
```

开始训练，训练过程会存储在 train_history 变量中；参数 verbose=2 显示训练过程；按分割参数，选 50000×0.8=40000 项作为训练数据，选 10000 项作为验证数据。40000 项数据每一批分为 128 项，所以约分为 300 个批次（40000/128=313）进行训练。

epochs=10 轮训练完成后，计算这个训练周期的准确率与误差，并且在 train_history 中新增一项数据记录。

5．评估模型的准确率

```
scores = model.evaluate(x_img_test_normalize,
                        y_label_test_OneHot, verbose=0)
scores[1]    #模型评价的准确率为 0.68559999999999999
```

6．进行预测

```
prediction=model.predict_classes(x_img_test_normalize)
 9984/10000 [============================>.] - ETA: 0s
prediction[:10]
#查看前 10 项预测结果
array([3, 8, 8, 8, 6, 6, 1, 4, 3, 1], dtype=int64)
```

查看预测结果（见图 6-39）。

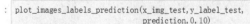

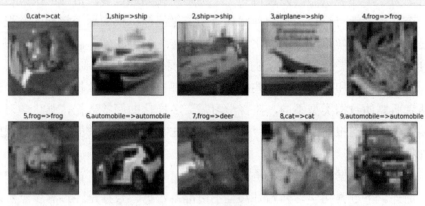

图 6-39　预测结果

第 3 号图预测错误，真实值是 airplain，但预测值是 ship，符合我们的预期，因为天空和水面都是蓝色的，为提高识别率，可以建立 3 层卷积运算的神经网络。

6.5　强化学习

强化学习能解决智能决策问题和序贯决策问题。序贯决策问题就是需连续不断地做出决策才能实现最终目标的问题。机器人在仿真环境下自己学会从摔倒状态爬起、AlphaGo 能下棋都是经典的强化学习案例。

强化学习更像人的学习过程：人类通过与周围环境交互，学会走路、奔跑、劳动，人与自然的交互创造了现代文明。

通过与环境交互进行学习是人类的特质，强化学习也是这样，在复杂不确定的环境中学习如何实现设定的目标。强化学习可以说是一种通用的人工智能，相比于传统的机器学习算法（如监督学习），强化学习是一种目标导向的学习方法，如图 6-40 所示。

图 6-40　简化的 MDP 实例

环境受智能体动作的影响，改变自己的状态 S，并给出奖励 R。智能体通过感知周围环境状态，同时根据决策规则，在当前环境中执行一个动作到达另一个环境状态，并且得到一个奖励。此为通过多步恰当的决策达到一个目标的学习过程，是一种序列多步决策问题。摸索这个策略的过程就是强化学习的学习过程。强化学习有别于传统的机器学习，它不能立即得到标记，而只能得到一个暂时的反馈，是一种标记延迟的监督学习。

强化学习和监督学习的共同点是两者都需要大量的数据进行训练，但两者所需的数据类型不同，监督学习需要多样化的标签数据，强化学习需要的是带有回报的交互数据，强化学习算法有自己获取数据、利用数据的独特方法。

模型、数据和求解算法是机器学习中重要的三要素，在强化学习中也不例外。不过强化学习开始时甚至不用准备数据，数据是经过一步一步地仿真采样得到的，而得到的数据是标签延迟的训练数据。为了得到好的训练结果，通常要进行大量的迭代采样，对环境进行建模，防止过拟合。

人工智能的终极目标是通过感知进行智能决策。深度学习善于做非线性拟合，强化学习适合做决策学习。近年来，Google 的 DeepMind 团队提出了一种算法框架——深度强化学习框架，其将深度学习技术与强化学习算法的优势相结合。

2013 年，DeepMind 提出 DQN（Deep Q Network），将深度网络与强化学习算法结合，形成深度强化学习。

2016 年和 2017 年，谷歌 AlphaGo 连续两年击败了世界级的围棋冠军，更是将强化学习推到了风口浪尖上。

基于强化学习，研发人员已经开发出许多强大的游戏 AI。在主机 Atari2600 的经典游戏中，基于强化学习的游戏 AI 已经在将近一半的游戏中超过人类历史最佳成绩，如吃豆人、星际争霸、Flappy Bird 手游等。在自动驾驶中，AI 可控制方向盘、油门、刹车等。

强化学习有着非常大的实用价值，其能在路线策划、机器控制、棋牌、智能游戏、人机对话及金融决策等领域发挥决定性作用。

6.5.1　一个迷宫问题

强化学习算法就是通过奖励或惩罚单步的决策，学习怎样选择能产生最大累积奖励的序列行动的算法。

图 6-41 以一个简单的迷宫问题为例，说明动态规划求解智能体的最佳路线。

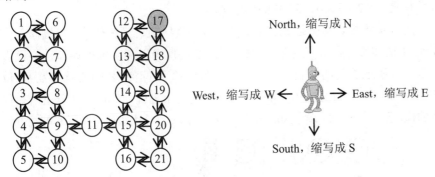

图 6-41　迷宫问题

图 6-41 是一个迷宫的地图，假设除了墙壁机器人可以自由移动，17 号位置是出口。

这里的状态就是迷宫中能访问的位置，共 21 个状态。动作就是墙壁机器人可以移动的方向，有东、南、西、北 4 个方向。状态和动作是强化学习的基本元素，奖赏指定了在某个动作转移到另一个状态时，智能体获得的收益或代价，机器人到达目标时将收到一个正的奖励。强化学习的目标是寻找用于控制机器人的策略，该策略使机器人在长期的运行中，能获得最大的奖赏量。

策略是什么？就是智能体在每个状态采取的动作，或者说指定了从初始状态到终止状态智能体应该采取的状态和动作序列，称为轨迹。假设有一条轨迹，如 7→8→9→11→15→20→19→18→17，求沿着这条轨迹的瞬时奖励和，将其定义为回报，我们称之为值函数。在现实生活中，从一个较远的未来所获得的奖赏通常会被打折，原因是人们更希望获得较早的奖赏，以使智能体更快地到达目标。值函数通过动态规划的方法进行求解。

动态规划是指将复杂优化问题递归地分解为若干个更简单的子问题的通用求解方法。

从位置 7 开始，机器人可以一步到达位置 2、6、8，如果机器人知道相邻位置的奖励值，则它会选值最大的那个位置。但是位置 2、6、8 的值也是未知的，这是 3 个子问题，这些子问题又可以进一步分解：

计算位置 2 的奖励值被分解为 3 个子问题，分别计算位置 1、3、7 的奖励值。

计算位置 6 的奖励值被分解为 3 个子问题，分别计算位置 1、7 的奖励值。

计算位置 8 的奖励值被分解为 3 个子问题，分别计算位置 3、7、9 的奖励值。

去除重复的，计算位置 7 的奖励值被分解为 6 个独立的子问题，分别计算位置 1、2、3、6、8、9 的奖励值。

进一步继续，将会遇到计算位置 17 的奖励值，而在位置 17 机器人将得到+1 的奖赏。因此，位置 12 和位置 18 的值可以被明确地计算，假设折扣因子（延迟奖赏的惩罚）为 0.9，则位置 12 和位置 18 的值就为 0.9，位置 13 和位置 19 的值为 0.9×0.9=0.81。重复这个过程，就可以计算出所有位置的值。基于这些值，就能知道机器人应该采取的最优策略，如图 6-42 所示。

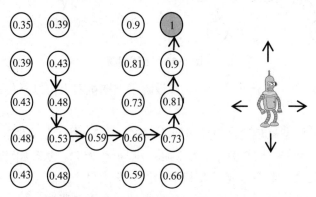

图 6-42 各个状态的奖励值

目标状态下给出+1 奖赏时，根据步骤按 0.9 的折扣给出状态的值。这个例子中智能体完全知道迷宫的地图，知道状态之间是如何连接的，因此利用动态规划方法，仅仅根据奖励值就可以正确决策。不过，现实中的强化学习任务比这个要复杂得多，有太多的外部干扰，转移通常是随机的，也就是说状态到动作的映射是不确定的，需要通过马尔可夫过程建模解决。

6.5.2 强化学习问题的框架 MDP

在强化学习中，环境通常被建模为马尔可夫决策过程（MDP）。强化学习问题一般会用马尔可夫决策过程描述。核心理论：通过一个智能体来感知环境状态，并且在与环境交互的过程中得到最大奖赏的目标。

马尔可夫性：系统下一个状态 s_{t+1} 仅与当前状态 s_t 有关，而与以前的状态无关。

状态 s_t 是马尔可夫的，当且仅当 $P\{s_{t+1} \mid s_t\} = P\{s_{t+1} \mid s_1, \cdots, s_t\}$。

马尔可夫过程是一个二元组 (S, P)，且满足 S 是有限状态的集合，P 是状态转移概率矩阵，具体的例子见第 5 章。

当给定状态转移概率时，从某个状态出发存在多条马尔可夫链，对于游戏或机器人，马尔可夫过程不足以描述其特点，因为马尔可夫链中不存在动作和奖励。将动作（策略）和回报考虑在内的马尔可夫过程称为马尔可夫决策过程。

我们先给出一个例子，引出 MDP 的基本要素。

图 6-43 中，Goal 为智能体的目标位置。

Goal	A
B	C

图 6-43　简化的 MDP 实例

智能体能真正处于一组状态 S={A,B,C,Goal}，S 称为状态集。

智能体从一种状态转移到另一种状态所执行的一组行为 A，称为动作集。除了墙壁，智能体可向相邻位置随便移动。

转移概率 $P_{ss'}$：从一个状态 s 转移到另一个状态 s' 的概率，一般用条件概率表示，如表 6-1 所示，每个状态向所有状态转移的概率之和为 1。

表 6-1　状态转移矩阵

S_2	S_1			
	A	B	C	Goal
A	0.5	0.0	0.25	—
B	0.0	0.5	0.25	—
C	0.25	0.25	0.5	—
Goal	0.25	0.25	0.0	—

即时奖励：R_t 表示智能体在时刻 t 执行动作所获得的即时奖励，目标位

置设为 10，其他位置都为-1，对人来说饥饿、疼痛为负奖励，快乐、进食为正奖励。对智能体来说，显然接近目标为正奖励。

折扣因子 γ：控制着即时奖励和未来奖励的重要性，与经济学上的折现率类似，这里设为 1。

从位置 A 向右和向上都会碰到墙壁，所以停留在 A 的概率为 0.5。真实的强化学习环境非常复杂，跟别人下棋时，对方走的每一步都会影响我们，我们没有办法预知环境。智能体没有环境或回报函数的先验知识，只能一次次试探，在试探中得到转移概率。如果不知道各种状态转化概率，则可以通过反复试验进行统计，当统计的次数足够多时，就用此统计的转换概率的近似值代替模型中相应的真实值。也可以用蒙特卡洛法，把模型试探出来，如表 6-2 所示。

表 6-2　状态转移后的奖励值

S_2	S_1			
	A	B	C	Goal
A	-1	—	-1	—
B	—	-1	-1	—
C	-1	-1	-1	—
Goal	10	10	—	—

这里的奖励值是人为设定的，到达目标设为 10，其他位置都设为-1，奖励值要符合人类的价值观。

人类评价一件事情的好坏常常基于自己的价值观，在强化学习的范畴里，想解决一个问题，通常要简单得多，用评价函数（如考试得分、损失函数等）即可。

上述参数就是 MDP 的模型参数，从图中任意一个状态出发，根据状态转移的方向，都可以找到一条到达目标状态的搜索路径。例如，若此时智能体处于状态 C，采取向上的动作到达状态 A，然后采取向左的策略便可以到达目的地，同时还可以计算出这条路径的奖励值大小。

$$R=0.25\times(-1)+0.25\times10=2.25$$

虽然策略 π 没有出现在模型要素中，但策略却是从状态到动作的一种映射，通常表示为 $a=\pi(s)$，策略用以确定某一个状态下智能体的动作。一般来讲，策略也可以是随机的，可以理解为在状态为 s 时做动作 a 的概率，$\pi(s)=P\{a|s\}$。比如，明天以 50%的概率打伞出门。跟传统的机器学习不同，强化学习并不是每输入一个状态模型就映射一个动作，而是通过应用这些映射的动作，得到一系列反馈奖励值，通过累积效果选取最大奖励值的动作。

各状态之间通过动作进行转换，动作执行的路径如下：

$$s_0 \xrightarrow{a_0} s_1 \xrightarrow{a_1} s_2 \xrightarrow{a_2} \cdots$$

从初始状态 s_0 开始，经过若干步完成任务的累积奖励，就是把状态转移过程中所有的奖励值乘以折扣因子并加起来。

$$V^\pi(s) = R(s_0, a_0) + \gamma R(s_1, a_1) + \gamma^2 R(s_2, a_2) + \cdots \quad (6\text{-}12)$$

奖励 $R(s_0, a_0)$ 表示智能体在状态 s_0 时，执行动作 a_0 所获得奖励。

实际上，从状态 s_0 到 s_1 有多种策略，每一种策略又对应多个动作，如果不考虑智能体采取什么动作从状态 s_0 到 s_1，则整个过程如下：

$$s_0 \to s_1 \to s_2 \to \cdots$$

那么值函数可以表示为只和 s 有关的函数：

$$V^\pi(s) = R(s_0) + \gamma R(s_1) + \gamma^2 R(s_2) + \cdots \quad (6\text{-}13)$$

强化学习往往具有延迟回报的特点，下一步棋除非知道它是最后一步，否则无法知道这一步对后面的影响。在某种策略情况下定义一个函数，用来表明当前状态下所做的策略的长远影响，即用它衡量该状态的好坏程度，此函数称为值函数。

这里解释一下为什么要引入折扣因子。比如同学们大学毕业后都面临各种选择，继续深造、找工作、参加培训等，深造又有读研及出国进修等选择，找工作有去国企还有去私企等选择，静下心来可以做一个很长的决策树，可能深造或进修暂时的奖励值为 0，但远期效应还是要考虑的，可以这么计算：

$$R(读研)=R(留学)+\gamma R(在大企业)+\gamma^2 R(找好对象)+\gamma^3 R(生个好孩子)+\cdots$$

还有一个理由是如果决策问题是连续型的决策问题，决策的步数无穷无尽，不加折扣率上面的式子是不收敛的。

如果不特别声明，则奖赏、动作、状态都是随机变量。在强化学习中，场景的情况复杂，围棋下到最后才知道输赢，乒乓球比赛每得一分就可以有一个奖励，自动驾驶中每偏离赛道中心一定位置就得一个负的奖励，所以说奖励值及折扣因子是强化学习的超参数，要根据实际情况确定。

既然值函数是一个和多个状态关联的函数，那么应该如何求解？由于 MDP 具有马尔可夫模型的性质，因此下一时刻的状态仅由当前的状态决定，则有

$$V(s) = R + \gamma \sum_{s' \in S} p(s'|s) V(s') \quad (6\text{-}14)$$

式（6-14）是一个递归关系，表达了一个状态的值与其下一个状态的值之间以及所有可能的状态平均值之间的递归关系。状态值和它的邻接状态值有直接的关系。假定智能体选择了最优行动，一个状态的值是该状态得

到的立即奖赏加上下一个状态期望折扣后的累积奖赏。

对于只有 n 个状态 $(1,2,\cdots,n)$ 的决策，根据马尔可夫转移概率矩阵，上述方程可以写成

$$\begin{bmatrix} V(1) \\ V(2) \\ \vdots \\ V(n) \end{bmatrix} = \begin{bmatrix} R_1 \\ R_2 \\ \vdots \\ R_n \end{bmatrix} + \gamma \begin{bmatrix} p_{11} & p_{12} & \cdots & p_{1n} \\ p_{21} & p_{22} & \cdots & p_{2n} \\ \vdots & \vdots & \cdots & \vdots \\ p_{n1} & p_{n2} & \cdots & p_{nn} \end{bmatrix} \begin{bmatrix} V(1) \\ V(2) \\ \vdots \\ V(n) \end{bmatrix} \quad (6\text{-}15)$$

这个方程的计算复杂度为 $O(n^3)$。

对于策略 π 与 π'，如果对于任意状态有 $V^\pi(s) \geqslant V^{\pi'}(s)$，称 π 是优于 π' 的，至少存在一个策略比其他策略好，称为最优策略 π^*，简言之，最优策略是能够产生最优值函数的策略。

这就是著名的贝尔曼方程，其用于求解 MDP 问题，寻找最优策略和值函数。

每一种策略表示的都是一种状态到动作空间的映射 $a = \pi(s)$，于是将通过某种动作得到的值函数定义为 $Q(s,a) = \sum_{s' \in S} P(s'|s)[R + \gamma V^\pi(s')]$，将其中的 $V^\pi(s')$ 用动作值函数 $Q(s,a)$ 表示，将它拆解为各个动作相关的表示

$$Q(s,a) = R(s|a) + \gamma \sum_{s' \in S} P(s'|s) \sum_{a' \in A} \pi(a|s) Q(s',a') \quad (6\text{-}16)$$

这就是关于 Q 函数的贝尔曼方程，动作值函数实际是值函数的一种动作具体表示。

值函数和动作值函数两个方程之间的相关性强，值函数是确定状态的最佳程度，而 Q 函数是确定某一状态下行为的最佳程度。由于最优值函数是具有最大值的函数，因此它也是 Q 函数的最大值，通过取 Q 函数的最大值可以很容易地计算最优值函数。假设已知一个当前最好的动作 a^*，那么显然 $V^{\pi^*}(s) = \max_a Q^*(s,a)$。

从一个随机值函数开始，以迭代的方式寻找一个新的改进值函数，直到找到最优值函数。一旦找到最优值函数，就可以很容易地从中得到最优策略。这里的一次迭代可以理解为游戏的一次运行。

6.5.3 求解贝尔曼方程

通过贝尔曼方程，可以知道值函数的求解是一个动态规划问题，为了计算当前状态 s 的值函数的值，只需要计算到下一个状态的奖励和下一个状态的值函数的和，因此使用动态规划算法进行迭代计算，就可以计算出所有状态稳定的值函数的值了。

当所有状态下的值函数都被求解出来后，朝着函数增大的方向行动便

是好的决策。

策略迭代以某种策略开始在环境中做动作，会得到相应的状态值函数 $V^\pi(s)$，当然也得到了 $Q^\pi(s,a)$ 值，从中找到估值最大的 $Q^\pi(s,a)$ 值，挑选估值最大的动作作为新的策略，从而得到新的策略 π'。使用 π' 在环境里做动作会得到新的 $V^{\pi'}(s)$ 和 $Q^{\pi'}(s,a)$，迭代后再得到更好的策略 π''，此过程重复下去，总会收敛到最优策略。

这就是策略迭代的方法，如果动作策略多，计算评估非常耗时。

另一种方法是值迭代。在每一个值的迭代中都能找到令当前值函数最大的更新方式，用这种方式来更新值函数，直到值函数不再变化。

以一种策略开始在环境中做动作，会得到相应的 $V^\pi(s)$ 和 $Q^\pi(s,a)$，与策略迭代第一步没有区别。类似于树遍历问题，越靠近终点的位置，计算代价越小，从下往上按贝尔曼方程逐层估算 $V^\pi(s)$，实际上就是动态规划中递归的方法。此时的策略，就是每次都能使状态迁移到最优价值状态的动作。

马尔可夫决策过程（MDP）不能与强化学习划等号，强化学习还需要在 MDP 的基础上进行探索与利用。现实中的强化学习算法更多的是无模型学习算法，而为环境建模非常困难，也就是说不知道模型中合适的奖励值及状态转移关系等，只能通过经验得到或者采用样本采样的学习算法，其中典型的有蒙特卡洛算法、时序差分算法等。

对于大型的视频游戏，需要处理高维的视频流信息，比如一个游戏的环境输入是 400×300 像素的图像，那么表示一个状态的维度至少有 12000 个，对传统的强化学习算法来说极其艰难，必须先降维，进行特征提取，去除无用的信息。这个时候，深度强化学习诞生了，可以将其理解为在强化学习中使用深度学习这个工具。深度学习和强化学习是一个极具威力的组合，深度学习的拟合能力很强，MDP 模型中的状态值函数、动作 Q 函数都是复杂的非线性函数，可以用深度学习算法进行拟合。AlphaGo 通过强化学习，可以让智能体在没有游戏先验知识的前提下学会打游戏，甚至在游戏中战胜人类。第 6.5.4 节将以开源的 OpenAI Gym 强化学习工具包作为实践环境，体验一把强化学习。

6.5.4 强化学习仿真环境

凡是能提供智能体与环境进行交互的软件，都可以用来作为训练强化学习的仿真环境。

2017 年的一则新闻中，OpenAI 开发的 AI 在《Dota2》游戏的 1 对 1 单挑里战胜了多位世界顶尖选手。通过多智能体学习，其又在 5 对 5 的游戏中完全超越了人类。

2016 年 4 月，OpenAI 对外开放了其 AI 训练平台 Gym。同年 12 月，该组织宣布了开源测试和训练 AI 通用能力的平台 Universe，其可训练 AI 通过虚拟的键盘和鼠标，像人类一样使用计算机玩游戏。不久后，DeepMind 团队也宣布开源其 AI 核心平台 DeepMind Lab。

AirSim 是 Microsoft 发布的开源自动驾驶仿真环境，为免安装绿色版，内有很多小城镇的街景及位置的仿真环境，并使用 Python 程序读取信息和控制车辆，详情参考 https://github.com/microsoft/AirSim。

复杂的游戏也可以用 SerpentAI 开源项目，用原始屏幕图像做输入，训练难度高。SerpentAI 使用 pyenv 作为其虚拟环境载体，更轻量，不像 Universe 使用了 Docker 容器。

Gym 对强化学习实验环境封装得最友好，其涵盖了各种环境介绍，每一个都是独立游戏的仿真环境，可用程序模拟一个机器人在 Gym 中做各种动作。其本身集成了很多仿真环境，如算法问题、Atari 游戏、Box2D 模拟器、经典控制问题、多关节动力学问题等。Gym 接口做得很好，其对复杂的场景进行了抽象并合理降维。Gym 是用 Python 写的，可以和深度学习的开源软件（如 Tensorflow 等）无缝衔接。

Universe 提供 1000 多种不同的游戏和训练测试环境，它也是由 OpenAI 公司发布的通用 AI 训练架构。在 Universe 中，AI 能够像人一样看视频、浏览网页、玩游戏。

对于 Universe 的安装和配置，也会用到 Docker。因为 Universe 的环境基本都是运行在一个 Docker 容器里的，所以需要安装 Docker，最好是在 linux 环境下做实验。

安装 gym：

git clone https://github.com/openai/gym

cd gym

sudo pip install -e .[all]

下面以小车倒立摆模型 CartPole-v0 为例，如图 6-44 所示。

环境描述：运载体无摩擦地支撑杆子，目标是平衡小车上的杆子，观测状态由 4 个连续的参数组成。

动作：2 个动作。施加-1 和+1，分别对应向左、向右推动运载体。

状态：4 个。x 的位置为 x_dot；移动速度为 theta；角度为 theta_dot；移动角速度。使用 Gym 接口的好处是不需要以一帧完整的图像作为状态，本例中只有 4 个状态，所以收敛速度很快。

奖励：每一步杆子保持垂直，就可以获得+1 奖励。

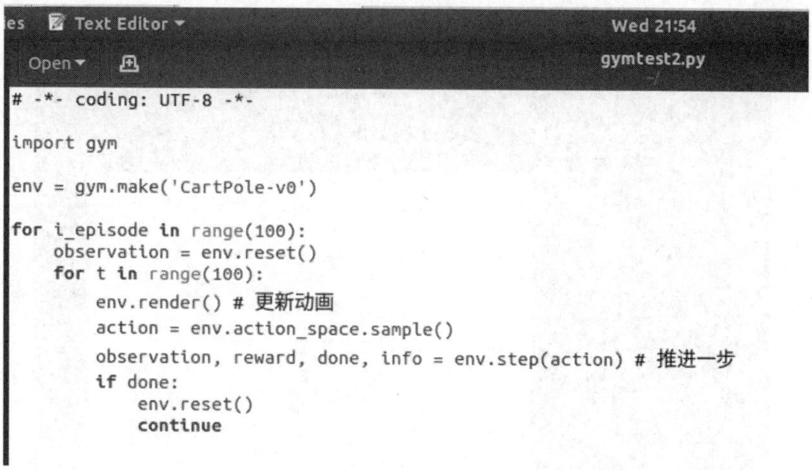

```
es    📝 Text Editor ▾                                    Wed 21:54

Open ▾    🔳                                              gymtest2.py

# -*- coding: UTF-8 -*-

import gym

env = gym.make('CartPole-v0')

for i_episode in range(100):
    observation = env.reset()
    for t in range(100):
        env.render() # 更新动画
        action = env.action_space.sample()
        observation, reward, done, info = env.step(action) # 推进一步
        if done:
            env.reset()
            continue
```

图 6-44　CartPole-v0 代码

终止条件：杆子的摇摆幅度偏离垂直方向 15 度或运载体偏离初始位置超过 2.4 个单位。

建模时，要已知台车和摆的质量、摆的长度等。基于强化学习的方法，则不需要建模也不需要设计控制器，只需构造一个强化学习算法，让摆系统自己去学习就可以了，当学习训练结束后，摆系统便可以实现自平衡。

OpenAI Gym 提供了一个统一的环境接口，智能体可以通过 3 种基本方法（重置、执行和回馈）与环境交互。重置操作会重置环境并返回观测值。执行操作会在环境中执行一个时间步长，并返回观测值、奖励、状态和信息。回馈操作会回馈环境的一个帧，如弹出交互窗口。

核心代码及解释如下：

import gym	#载入包
env =gym.make('CartPole-v0')	#构造一个初始环境

Gym 里面包含很多环境，目前有 700 多种，都是来自社区的积极贡献，可参考 https:// github.com/openai/gym。

env.reset()	#通过重置来启动环境
evn.action_space	#获取可以执行的动作

动作总数可以通过指令 env.action_space.n 获得。

其中的 env.render() 函数用于渲染出当前的智能体以及环境的状态。env.step() 会返回 4 个值：observation（object）、reward（float）、done（boolean）、info（dict）。其中，done 表示是否为 reset 环境，如图 6-45 所示。

可以看到，通过下面的小车移动，能保证上面的杆子不倒。

我们再看一个乒乓球游戏，代码 gymtest1.py 如图 6-46 所示。

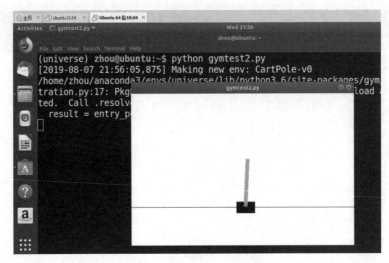

图 6-45　CartPole-v0 实验结果

```
import gym
import universe  # register the universe environments
from universe import wrappers

env = gym.make('gym-core.PongDeterministic-v0')
env = wrappers.experimental.SafeActionSpace(env)
env.configure(remotes=1)

observation_n = env.reset()

while True:
    action_n = [env.action_space.sample() for ob in observation_n]
    observation_n, reward_n, done_n, info = env.step(action_n)
    env.render()
```

图 6-46　PongDeterministic-v0 代码

运行代码（见图 6-47）：

```
zhou@ubuntu:~$ source activate universe
(universe) zhou@ubuntu:~$ python gymtest1.py
/home/zhou/universe/universe/runtimes/__init__.py:7: YAMLLoadWarning: calling
 yaml.load() without Loader=... is deprecated, as the default Loader is unsaf
e. Please read https://msg.pyyaml.org/load for full details.
  spec = yaml.load(f)
[2019-08-07 16:52:31,877] Making new env: gym-core.PongDeterministic-v0
/home/zhou/anaconda3/envs/universe/lib/python3.6/site-packages/gym/envs/regis
tration.py:17: PkgResourcesDeprecationWarning: Parameters to load are depreca
ted.  Call .resolve and .require separately.
  result = entry_point.load(False)
[2019-08-07 16:52:32,124] Writing logs to file: /tmp/universe-3340.log
[2019-08-07 16:52:32,186] Ports used: dict_keys([])
[2019-08-07 16:52:32,186] [0] Creating container: image=quay.io/openai/univer
se.gym-core:0.20.6. Run the same thing by hand as: docker run -p 5900:5900 -p
```

图 6-47　PongDeterministic-v0 代码

下载镜像（见图 6-48）：

```
resent locally; pulling
0.20.6: Pulling from openai/universe.gym-core
[DEPRECATION NOTICE] registry v2 schema1 support will be removed in an upcomi
ng release. Please contact admins of the quay.io registry NOW to avoid future
 disruption.
aed15891ba52: Pulling fs layer
773ae8583d14: Pulling fs layer
d1d48771f782: Pulling fs layer
cd3d6cd6c0cf: Pulling fs layer
8ff6f8a9120c: Pulling fs layer
dd8b54e91746: Pulling fs layer
2e5cb956f982: Pulling fs layer
0c93ba10c511: Pulling fs layer
39d8cf200333: Pulling fs layer
```

图 6-48　下载 Docker 镜像

再次运行程序(universe) zhou@ubuntu:~$　Python gymtest1.py（见图 6-49）。

```
File Edit View Search Terminal Help
[2019-08-07 21:37:23,331] Writing logs to file: /tmp/universe-3941.log
[2019-08-07 21:37:24,203] Ports used: dict keys([])
[2019-08-07 21:37:24,204] [0] Creating container: image=quay.io/openai/univer
se.gym-core:0.20.6. Run the same thing by hand as: docker run -p 5900:5900 -p
 15900:15900 quay.io/openai/universe.gym-core:0.20.6
[2019-08-07 21:37:29,997] Remote closed: address=localhost:5900
[2019-08-07 21:37:29,997] Remote closed: address=localhost:15900
[2019-08-07 21:37:29,998] At least one sockets was closed by the remote. Slee
ping 1s...
universe-k4N4RK-0  | + xvnc_display=0
universe-k4N4RK-0  | + xvfb_display=1
universe-k4N4RK-0  | + /app/universe-envs/base/openai-setpassword
universe-k4N4RK-0  | Setting VNC and rewarder password: openai
```

图 6-49　启动 Docker 容器

Universe 的很多模型都是放在 Docker 中运行的，外部通过 VNC 访问容器中的 Universe 程序。

图 6-50 是机器玩 Pong（乒乓球）游戏，按 Ctrl+C 快捷键可强行停止容器。

图 6-50　PongDeterministic-v0 游戏界面

6.5.5　深度学习前景展望

深度学习以一己之力引领了第三次人工智能的浪潮，目前其广泛应用于各个领域，如人脸识别、目标检测、医学图像处理、无人驾驶、语音识别、机器翻译、推荐广告系统等。微软、谷歌、亚马逊、Facebook、百度等国内外知名 IT 公司都将人力投入到深度学习的研究中，为提高市场占有率，推出了各自的深度学习框架。

在图像识别领域，每年都会举办物体识别竞赛，深度学习方法的引入再次打破了原有方法的性能壁垒，使性能得到大幅度提升。

现在，计算机可以快速自动地识别出图像中的各个物体，对于自动驾驶和机器人技术有着重要的意义。

生成式对抗网络是一种新的深度卷积网络范式，它试图模拟人类的创造力和想象力，能自动作画、作曲、写诗，甚至发现治疗癌症的药物结构。

AlphaGo Zero 的最新版已经能够完全脱离人类棋谱，从零开始，自我博弈，在十几天内就超越了人类，40 天内下棋水平就能超越最初的 AlphaGo。

深度学习技术的发展日新月异。

李国杰院士曾指出了人工智能的新知识悖论：计算机的本质是没有知识的，其不产生新知识，不会增进人类对客观的认识，是机械的、可重复的。然后，AlphaGo Zero 自我博弈 40 天就称霸世界，让人类陷入"知其然而不知其所以然"的境地。

李国杰院士担心的就是深度学习的可解释性问题，AlphaGo 会下围棋，但它无法解释每一步棋的含义，这就是深度学习的不可解释性。

随着深度学习理论的深入发展及应用领域的不断拓展，深度学习技术自身存在的一系列瓶颈问题也逐渐显现出来，成为了制约深度学习技术进一步突破的主要问题。深度学习越来越像"老中医"，在很多情况下可依靠自己的经验和实验结果进行调整。目前，网络的训练方法还离不开经典的 BP 算法，需要损失函数可导。

深度学习之父 Hinton 认为，尽管深度卷积网络在计算机视觉领域取得了巨大的成功，但仍有本质上的缺陷，其池化层过于简单粗暴，丢失了信息。2017 年发布了胶囊网络，试图改进 CNN 的缺陷。也有学者提出了图神经网络的概念。

中国学者周志华教授提出的深度森林架构，需要的超参少，在小样本数据的情况下取得了不错的效果。

当前的深度学习已经在静态任务方面取得了很大成功，对于图像识别及语音识别，AI 已差不多达到了人类的水平，把这种成功延续到复杂的动态决策问题中是当前深度学习的一个挑战，博弈机器学习。

目前的 AI 还没有逻辑思考，联想及推理能力，它必须靠大数据来覆盖各种可能的场合。需要把数据和知识结合起来，提高机器学习的训练速度或识别精度。

要把深度学习、知识图谱、逻辑推理和符号学习等结合起来，推动人工智能向人的通用智能发展，不久的将来一定会取得突破。

⚠ 6.6　实验：利用卷积神经网络识别图像

❈ 实验目标

本实验是让我们理解经典的卷积神经网络的模型，并学会处理常见的图像识别任务。Keras 是一个神经网络库，它可以通过调节大量的超参数，从而创建更好的网络模型。

详细代码请参考 https://github.com/shixiangbupt/deeplearning。

Dense 层：节点与输出层节点完全连接。

Activation 层：包含激活函数，如 Sigmoid、ReLUctant、Tanh 等。

Dropout 层：使用正则化。

Flatten 层：将输入"压平"，即把多维的输入一维化。

Reshape 层：重构层，与 numpy 中的 reshape 方法一样，将多维矩阵重排，元素数量不变。

Permute 层：将输入的维度按照给定模式进行重排。

RepeatVector 层：将输入重复 n 次。

查阅文献，了解优化方法，如随机梯度下降法（Stochastic Gradient Descent）、Adam 方法。常用的损失函数，如均方误差（mean_square_error）、交叉熵损失函数（binary_cross_entropy）等。超参数选择：学习率，隐含层数，隐含单元数，批处理大小，正则化项。

❈ 实验内容

（1）安装 TensorFlow 框架，安装 Keras 框架。

（2）下载相关数据集：CIFAR 图像集和 MNIST 手写体数据集。

（3）分别搭建两个卷积神经网络，选择参数。

（4）训练网络。

（5）评估模型。

（6）进行预测。

❈ 实验步骤

下面以 MNIST 手写体识别为例，如图 6-51 所示。

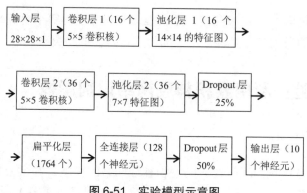

图 6-51　实验模型示意图

（1）数据预处理

```
(x_Train, y_Train), (x_Test, y_Test) = mnist.load_data()
```

将 features 数字图像特征值转换为四维矩阵。

```
x_Train4D=x_Train.reshape(x_Train.shape[0],28,28,1).astype('float32')
x_Test4D=x_Test.reshape(x_Test.shape[0],28,28,1).astype('float32')
x_Train4D_normalize = x_Train4D / 255
x_Test4D_normalize = x_Test4D / 255
#将特征值标准化可以提高模型预测的准确度，并且收敛更快
y_TrainOneHot = np_utils.to_categorical(y_Train)
y_TestOneHot = np_utils.to_categorical(y_Test)
#将数字真实值 label 以 One-Hot Encoding 进行转换
```

（2）建立模型

```
from keras.models import Sequential
from keras.layers import Dense,Dropout,Flatten,Conv2D,
MaxPooling2D
#导入模块
model = Sequential()
#仍然是线性堆叠模型
model.add(Conv2D(filters=16,
                 kernel_size=(5,5),
                 padding='same',
                 input_shape=(28,28,1),
                 activation='relu'))
#一个完整的卷积运算包含一个卷积层与一个池化层
#此为卷积层 1，输入图像大小是 28×28，进行一次卷积运算会产生 16 个图像，
卷积运算不改变图像大小
#kernel_size=(5,5) 5×5 大小的滤镜
# padding='same'，此设置卷积运算产生的卷积图像大小不变
#input_shape=(28,28,1)，第一、二维代表输入图像的形状为 28×28，第三维因为
是单色灰度图像，所以最后的维数是 1
```

```
model.add(MaxPooling2D(pool_size=(2, 2)))
#建立池化层
#执行一次缩减采样
#将 16 个 28×28 的图像缩小为 16 个 14×14 的图形
model.add(Conv2D(filters=36,
                 kernel_size=(5,5),
                 padding='same',
                 activation='relu'))
#建立卷积层 2，执行第二次卷积运算
#将原本的 16 个图像转换为 36 个图像，卷积运算不会改变图形大小，所以图像仍
然是 14×14
model.add(MaxPooling2D(pool_size=(2, 2)))
#建立池化层 2，并且加入 DropOut 避免过度拟合
model.add(Dropout(0.25))
#每次训练迭代时会在神经网络中随机放弃 25%的神经元，避免过拟合
model.add(Flatten())
#建立平坦层，将从池化层 2 下来的 36 个 7×7 的图像转换成一维向量，长度是
36×7×7，即 1764 个 float，正好对应 1764 个神经元
model.add(Dense(128, activation='relu'))
#建立隐藏层，共有 128 个神经元
model.add(Dropout(0.5))
#每次训练迭代时会在神经网络中随机放弃 50%的神经元，避免过拟合
model.add(Dense(10,activation='softmax'))
#加入输出层
print(model.summary())
#查看模型摘要
```

（3）进行训练

使用反向传播算法进行训练，在训练之前，先使用 compile 方法对训练
模型进行设置。

```
model.compile(loss='categorical_crossentropy',
              optimizer='adam',metrics=['accuracy'])
#loss='categorical_crossentropy'设置损失函数，交叉熵
#使用 adam 优化器可以让训练更快收敛
#设置评估模型的方式是准确率
train_history=model.fit(x=x_Train4D_normalize,
                        y=y_TrainOneHot,validation_split=0.2,
                        epochs=20, batch_size=300,verbose=2)
#verbose=2，显示训练过程
#batch_size=300，每一批次 300 项数据
#epochs=20，执行 20 个训练周期
#validation_split=0.2，将 80%作为训练数据，20%作为验证数据，48000 作为训
练数据
#12000 作为验证数据，使用 48000 项训练数据进行训练，分为一批次 300 项，
```

所以大约分为 160 个批次

```
import matplotlib.pyplot as plt
def show_train_history(train_acc,test_acc):
    plt.plot(train_history.history[train_acc])
    plt.plot(train_history.history[test_acc])
    plt.title('Train History')
    plt.ylabel('Accuracy')
    plt.xlabel('Epoch')
    plt.legend(['train', 'test'], loc='upper left')
    plt.show()
#画出准确率执行结果（见图 6-52）
#acc 是训练的准确率，val_acc 是验证的准确率
show_train_history('acc','val_acc')
show_train_history('loss','val_loss')
#画出误差执行结果
```

```
Train on 48000 samples, validate on 12000 samples
Epoch 1/20
64s - loss: 0.8482 - acc: 0.7176 - val_loss: 0.1249 - val_acc: 0.9637
Epoch 2/20
61s - loss: 0.2350 - acc: 0.9284 - val_loss: 0.0818 - val_acc: 0.9759
Epoch 3/20
61s - loss: 0.1719 - acc: 0.9478 - val_loss: 0.0647 - val_acc: 0.9808
Epoch 4/20
63s - loss: 0.1444 - acc: 0.9562 - val_loss: 0.0563 - val_acc: 0.9841
Epoch 5/20
63s - loss: 0.1272 - acc: 0.9612 - val_loss: 0.0520 - val_acc: 0.9843
Epoch 6/20
63s - loss: 0.1132 - acc: 0.9653 - val_loss: 0.0451 - val_acc: 0.9875
Epoch 7/20
64s - loss: 0.1039 - acc: 0.9684 - val_loss: 0.0418 - val_acc: 0.9877
Epoch 8/20
65s - loss: 0.0969 - acc: 0.9709 - val_loss: 0.0390 - val_acc: 0.9885
Epoch 9/20
65s - loss: 0.0874 - acc: 0.9737 - val_loss: 0.0362 - val_acc: 0.9900
Epoch 10/20
66s - loss: 0.0838 - acc: 0.9753 - val_loss: 0.0358 - val_acc: 0.9898
Epoch 11/20
67s - loss: 0.0808 - acc: 0.9754 - val_loss: 0.0337 - val_acc: 0.9905
Epoch 12/20
67s - loss: 0.0743 - acc: 0.9772 - val_loss: 0.0325 - val_acc: 0.9908
Epoch 13/20
67s - loss: 0.0706 - acc: 0.9787 - val_loss: 0.0334 - val_acc: 0.9905
Epoch 14/20
67s - loss: 0.0698 - acc: 0.9784 - val_loss: 0.0320 - val_acc: 0.9903
Epoch 15/20
69s - loss: 0.0682 - acc: 0.9793 - val_loss: 0.0299 - val_acc: 0.9913
Epoch 16/20
68s - loss: 0.0607 - acc: 0.9814 - val_loss: 0.0302 - val_acc: 0.9916
Epoch 17/20
67s - loss: 0.0614 - acc: 0.9813 - val_loss: 0.0302 - val_acc: 0.9916
Epoch 18/20
72s - loss: 0.0599 - acc: 0.9809 - val_loss: 0.0305 - val_acc: 0.9914
Epoch 19/20
77s - loss: 0.0568 - acc: 0.9824 - val_loss: 0.0286 - val_acc: 0.9920
Epoch 20/20
68s - loss: 0.0550 - acc: 0.9828 - val_loss: 0.0284 - val_acc: 0.9922
```

图 6-52　运行结果

（4）评价模型准确率

使用测试数据集评估模型准确率。使用卷积神经网络识别 MNIST 数据集，分类精度接近 0.99。

```
scores = model.evaluate(x_Test4D_normalize , y_TestOneHot)
scores[1]
```

（5）进行预测

```
prediction=model.predict_classes(x_Test4D_normalize)
#x_Test4D_normalize 指已标注了的测试数据
prediction[:10]
#查看预测结果的前 10 项
```

习题

一、填空题

1. 机器学习的分类：_____、_____和_____。

2. 深度学习的编程框架分两大类：_____和_____。

3. 强化学习模型可以用_____来描述。

4. _____最终解决了多层神经网络的训练问题。

二、选择题

1. 深度学习需要非常大的计算机能力。（　　）芯片能够提高计算能力。

  A．TPU（Tensor Processing Unit）

  B．GPU（Graphics Processing Unit）

  C．A、B 都能

  D．A、B 都不能

2. AlphaGo 是（　　）。

  A．下围棋的人工智能　　　　　B．合成音乐和艺术的人工智能

  C．医疗诊断的人工智能　　　　D．机器翻译

3. 多层感知机（Multi-Layer Perception，MLP）的反向传播算法（BP算法）和（　　）推动了人工神经网络的第二次大发展。

  A．线性支持向量机（SVM）　　B．万能逼近定理

  C．感知机（perceptron）算法　　D．AlexNet 网络

4. 明斯基（Minsky）证明了感知机只能处理线性分类问题，就连最简单的 XOR（异或）问题都无法正确分类。导致神经网络的研究由热变冷。（　　）

  A．是　　　　　　　　　　　　B．不是

5. 所有的人工智能方法是否都是机器学习？（　　　）

    A. 是　　　　　　　　　　　　B. 不是

6. 深度学习是不是人工神经网络的一个子集？（　　　）

    A. 是　　　　　　　　　　　　B. 不是

7. 麦卡洛克—皮特斯模型（McCulloch-Pitts model），简称 MP 模型（　　　）。

    A. 参考生物神经元提出

    B. 纯粹从数学推导得出

    C. 从自动化控制理论得出

    D. A、B、C 都不是

8. 神经网络学习是通过调整权重，减少预测标签与人工标签的误差。（　　　）是目前最好的学习算法。

    A. 随机调整权重　　　　　　　B. 通过遗传算法调整权重

    C. 反向传播算法　　　　　　　D. 按固定增量调整权重

9. MP 模型的特点包括（　　　）。

    A. 每个神经元都是一个多输入单输出的信息处理单元

    B. 每个神经元都是一个多输入多输出的信息处理单元

    C. 神经元输入分兴奋性输入和抑制性输入两种类型

    D. 选项 A 和 C

10. 强化学习（　　　）。

    A. 没有规则的训练样本和标签

    B. 通过奖励和惩罚达到学习的目的，主要包含 3 个概念：状态、动作和回报

    C. 强化学习不同于监督学习，监督学习通过正确结果指导学习，而强化学习通过环境提供的信号对产生的动作的好坏做评价，它必须要靠自身经历进行学习

    D. 选项 A、B、C 都对

    E. 选项 A、B、C 都不对

11. 通用逼近定理是指（　　　）。

    A. 感知机神经网络逼近任意函数

    B. 具有隐含层（最少一层）的感知机神经网络逼近任意函数

    C. 具有隐含层（最少一层）的感知机神经网络在激活函数下逼近任意函数

    D. 具有隐含层（最少一层）的感知机神经网络在非线性激活函数下逼近任意函数

12. 避免过拟合的方法是（　　　）。

　　A. 提前终止训练

　　B. 增大数据集，扩增

　　C. 正则化（Regularization），包括 L1、L2 正则化

　　D. dropout

　　E. 选项 A、B、C、D 都对

　　F. 选项 A、B、C、D 都不对

13. 神经网络的不同主要在于（　　　）。

　　A. 神经元连接方式的不同　　　B. 激活函数的不同

　　C. 神经元时延性的不同　　　　D. 反馈方式的不同

　　E. 选项 A、B、C、D 都对　　　F. 选项 A、B、C、D 都不对

14. 由于深度多层感知机神经网络神经元全连接的特点，当隐含层以及神经元节点数增加时，会出现大量参数的计算。这超出了现今的计算能力。卷积神经网络采取什么办法解决这个问题呢？（　　　）

　　A. 采取局部感知域和权值共享降低参数数目

　　B. 减少神经元节点数

　　C. 减少隐含层数

　　D. 选项 A、B、C 都对

　　E. 选项 A、B、C 都不对

15. 激活函数将线性加权值变换为输出值，激活函数具有（　　　）性质。

　　A. 非线性：当激活函数是非线性时，一个含有一层隐含层的神经网络就可以逼近所有任意的函数

　　B. 可微性：当优化方法是基于梯度下降法时，这个性质是必须的

　　C. 单调性：当激活函数是单调的时候，单层网络能够保证为凸函数，凸函数能够保证只有一个极小值

　　D. 线性：当激活函数是线性的时候，神经网络容易计算

　　E. 选项 A、B、C 正确

　　F. 选项 A、B、C、D 正确

16. 感知机（perceptron）的介绍正确的是（　　　）。

　　A. 输入为实例的特征向量，输出为实例的类别（取值+1 和-1）

　　B. 感知机无法解决 XOR（异或）分类

　　C. 感知机分为输入层和输出层

　　D. 选项 A、B、C 都对

　　E. 选项 A、B、C 都不对

17. 下载下来的 MNIST 数据集被分成两部分，即 60000 行的训练数据

集和 10000 行的测试数据集。数据集被分成两部分的好处是（   ）。

    A. 在机器学习模型设计时必须有一个单独的测试数据集，它不用于训练而是用来评估这个模型的性能，从而更容易把设计的模型推广到其他数据集上（泛化）

    B. 缩小的训练数据集能提高训练速度

    C. 训练数据集和测试数据集分别训练，可以加以对比

    D. 防止过拟合

18. 监督学习的说法正确的是（   ）。

    A. 人工标注每一个训练数据的相对应的标签

    B. 通过机器学习训练特征和标签之间的联系

    C. 训练好以后，可以预测只有特征数据的标签

    D. 以上全对

19. 决策树学习是根据数据属性的决策树特征度量，采用树状结构建立的一种决策模型，可以用此模型解决分类和回归问题。决策树特征度量不包括（   ）。

    A. 信息增益（information gain）

    B. 增益比率（gain ratio）

    C. 基尼不纯度（Gini impurity）

    D. Jaccard 相似系数（Jaccard Coefficient）

20. NumPy 是一个开源的 Python 科学计算库，其主要功能不包括（   ）。

    A. ndarray，即一个具有矢量运算和复杂广播能力的快速且节省空间的多维数组

    B. 用于对数组数据进行快速运算的标准数学函数

    C. 线性代数、随机数生成以及傅里叶变换功能

    D. 机器学习、优化函数功能

21. ReLU（Rectified Linear Unit）函数，其函数表达式为 $f(x) = \max(0, x)$。以下说法错误的是（   ）。

    A. ReLU 能够有效缓解梯度消失和梯度爆炸问题

    B. 由于其分段线性的特性，相比于 Sigmoid 和 tanh，计算速度大大增加

    C. 不是以原点为中心，和 Sigmoid 函数一样有很大缺点

    D. 没有指数运算，收敛速度快

    E. ReLU 一般也可用作输出层激活函数

    F. 当位于负半轴时，会使网络处于 dead 状态（在训练过程中不会再激活），但通过设置合适的学习速率可以避免这个问题

22. 8×8 矩阵进行 2×2 最大池化后的结果是（　　）。

    A．2×2　　　B．3×3　　　C．4×4　　　D．8×8

23. 影响卷积计算结果的因素有（　　）。

    A．输入特征矩阵的数值与维度

    B．卷积核（filter）的大小与数值

    C．卷积步长（stride）

    D．卷积填充（padding）

    E．选项 A、B、C、D 都对

    F．选项 A、B、C、D 都不对

24. 关于 Softmax，下面说法错误的的是（　　）。

    A．Softmax 应用于多分类问题

    B．Softmax 经常与交叉熵损失函数一起使用

    C．Softmax 属于单节点激活函数

    D．Softmax 函数的输出将每个输出都映射到了 0 到 1 区间，并且所
        有值之和等于 1，选择最大的输出值（概率最大）为分类结果

25. Scipy 是一个高级的科学计算库，它和 NumPy 联系很密切，Scipy
一般都通过操控 NumPy 数组进行科学计算，可以说 Scipy 是基于 NumPy
的库。Scipy 有很多子模块可以应对不同的应用，其中不包括（　　）。

    A．插值运算　　　　　　B．优化算法

    C．图像处理　　　　　　D．数学统计

26. 卷积神经网络的特点是（　　）。

    A．输入层（input layer）

    B．n 个卷积计算层+ReLU 激励层+池化层的组合

    C．一个全连接层（FC layer）的多层感知机分类器构成的输出层

    D．LSTM 层

三、简答题

1. 线性函数为什么不能作隐藏层的激活函数？

2. 为什么说深度学习是端到端的学习？

3. 什么是卷积？简述卷积的作用。

4. 简述神经网络的权值更新算法。

5. 简述 LeNet-5 网络的结构。

6. 简述深度卷积神经网络为防止过拟合，提高泛化能力，所使用的
措施。

7. 强化学习包含哪些要素？

参考文献

[1] 林大贵. TensorFlow+Keras 深度学习人工智能实践应用[M]. 北京：清华大学出版社，2018.

[2] 中井悦司. 深度学习入门与实战：基于 TensorFlow[M]. 郭海娇，译. 北京：人民邮电出版社，2019.

[3] 张玉宏. 深度学习之美：AI 时代的数据处理与最佳实践[M]. 北京：电子工业出版社，2018.

[4] 陈屹. 神经网络与深度学习实战：Python+Keras+TensorFlow[M]. 北京：机械工业出版社，2019.

[5] 涌井良幸，涌井贞美. 深度学习的数学[M]. 杨瑞龙，译. 北京：人民邮电出版社，2018.

[6] 马丁·T. 哈根，等. 神经网络设计[M]. 章毅，等译. 北京：机械工业出版社，2018.

[7] 安东尼奥·古利，苏伊特·帕尔. Keras 深度学习实战[M]. 王海玲，李昉，译. 北京：人民邮电出版社，2018.

[8] 高志强，等. 深度学习：从入门到实战[M]. 北京：中国铁道出版社，2018.

[9] 黄安埠. 深入浅出深度学习：原理剖析与 Python 实践[M]. 北京：电子工业出版社，2017.

[10] 郭宪. 深入浅出强化学习原理入门[M]. 北京：电子工业出版社，2018.

[11] 苏达桑·拉维尚迪兰. Python 强化学习实战[M]. 连晓峰，译. 北京：机械工业出版社，2019.

[12] 彭博. 深度卷积网络原理与实践[M]. 北京：机械工业出版社，2018.

[13] 高扬，叶振斌. 白话强化学习与 pytorch[M]. 北京：电子工业出版社，2019.

[14] 彭伟. 揭秘深度强化学习[M]. 北京：中国水利水电出版社，2018.

[15] 杉山将. 统计强化学习：现代机器学习方法[M]. 高阳，等译. 北京：机械工业出版社，2019.

[16] 柯良军，王小强. 强化学习[M]. 北京：清华大学出版社，2019.

[17] https://cs231n.github.io/convolutional-networks/#overview.

第 7 章

自然语言处理

自然语言处理（Natural Language Processing，NLP），是计算机科学领域与人工智能领域的一个重要方向。它研究用计算机来处理、理解、运用人类语言，实现人与计算机之间，用自然语言进行有效通信。

用自然语言与计算机进行通信，是人们长期以来所追求的。它既有明显的实际意义，同时也有重要的理论意义：人们可以用自己最习惯的语言来使用计算机，而无须再花大量的时间和精力去学习各种计算机语言。人们也可进一步了解人类的语言能力和智能的机制。实现人机间自然语言的通信，意味着要使计算机既能理解它所接收到的自然语言信息的意义，也能以自然语言表达给定的意图等。

目前，通过利用 NLP，我们可以组织和构建知识，来执行自动摘要、翻译、命名实体识别、关系提取、情感分析、语音识别和话题分割等任务。NLP 用于分析文本，使机器了解人的说话方式。NLP 通常用于文本挖掘、机器翻译和自动问答等。

7.1 词法分析

词是自然语言中能够独立运用的最小单位，是自然语言处理的基本单位。因此，词法分析是其他一切自然语言处理问题（句法分析、语义分析、文本分类、信息检索、机器翻译、机器问答等）的基础。

7.1.1 词法分析概述

词法分析的任务：将输入的句子字串转换成词序列，并标记出各词的词性。这里所说的"字"并不仅限于汉字，也可以指标点符号、外文字母、注音符号和阿拉伯数字等任何可能出现在文本中的文字符号，所有这些字符都是构成词的基本单元。

不同的语言对词法分析有不同的要求，例如英语和汉语就有较大的差别。

例如，"我们研究所有东西"，可以是"我们——研究所——有——东西"，也可以是"我们——研究——所有——东西"。

英语等语言的单词之间是用空格自然分开的，很容易切分，因而找出句子的每个词汇很方便。

例如，"We study everything"，其分词结果为"We——study——everything"。

7.1.2　基本分词方法

目前，主流的分词方法主要有基于字符串匹配的方法（正向最大匹配法、逆向最大匹配法和双向匹配分词法等）和基于统计的分词方法（HMM、CRF和深度学习）。主流的分词工具库包括中科院计算所的NLPIR、哈尔滨工业大学的LTP、清华大学的THULAC、Hanlp分词器、Python jieba工具库等。

1. 基于字符串匹配的方法

基于字符串匹配的方法又称为机械分词方法或字典匹配方法，它主要依据词典的信息，按照一定的策略将待切分的汉字串与词典中的词条逐一匹配，若在词典中找到了该词条，则匹配成功，否则做其他相应的处理。

（1）正向最大匹配分词算法

所谓词典的正向最大匹配就是将一段字符串进行分隔，对分隔的长度有限制，然后将分隔的子字符串与字典中的词进行匹配，如果匹配成功，则进行下一轮匹配，直到所有字符串处理完毕，否则将子字符串从末尾去除一个字，再进行匹配，如此反复下去。

因此正向最大匹配采用减字匹配法较为常见，其基本思想是：假设已知机器词典中最长词条的长度为 N，则以 N 作为减字开始的长度标准，首先将待扫描的文本串 S 从左向右截取长度为 N 的字符串 W1，然后在词典中查找是否存在该字符串 W1 的词条。如果匹配成功，则将 W1 标记为切分出的词，再从待扫描文本串的 N+1 位置处开始扫描；如果匹配失败，则将截取长度减 1 后，再从 S 中截取此长度的字符串 W1′，重复上述匹配过程，直至截取长度为 1 为止。以扫描完句子作为整个匹配过程的结束。

【例 7.1】要进行分词的字符串："研究生命的起源"。

假定字典中的相关内容如下：

研究

研究生

生命

命

的

起源

首先需要确定最大匹配长度。因为字典里最长的词为"研究生"，长度是 3，所以我们将最大匹配长度设置为 3。

正向最大匹配过程：

研究生 #第一个词匹配成功

命的起

命的

命 #第二个词匹配成功，一个单字

的起源

的起

的 #第三个词匹配成功

起源 #第四个词匹配成功

那么，正向最大匹配的结果就是："研究生 命 的 起源"。

（2）逆向最大匹配分词

逆向最大匹配分词法，其基本思想与正向最大匹配分词法大体一致，只是扫描方向换成了从右至左。换句话说，当扫描汉语句子时，根据词典中最长词条的长度，从句末开始向左截取出汉语字符串与词典中的词条匹配，匹配流程与减字法相同，直至扫描到句首为止。

据统计结果表明，单纯使用正向最大匹配法的错误率为 1/169，单纯使用逆向最大匹配法的错误率为 1/245，显然逆向最大匹配分词法较正向最大匹配分词法在切分准确率上有了较大提高，这一结果与汉语中心语偏后有一定的关系。为了节省处理待匹配字符串的时间，逆向最大匹配通常将词典中的词条也组织成逆序，例如"逆向"这一词条，在逆向最大匹配的分词词典中以"向逆"形式存储。

现在我们来看看逆向最大匹配的过程：

的起源

起源 #第一个词匹配成功

生命的

命的

的 #第二个词匹配成功

究生命

生命 #第三个词匹配成功

研究 #第四个词匹配成功

所以逆向最大匹配后的结果为"研究 生命 的 起源"。

（3）双向最大匹配分词算法

这种分词算法侧重于分词过程中检错和纠错的应用，其基本原理是对待切分字符串采用正向最大匹配和逆向最大匹配，分别进行正向和逆向扫描并初步切分，将正向最大匹配初步切分的结果和逆向最大匹配初步切分的结果进行比较。如果两组结果一致，则判定分词结果正确；如果存在不一致，则判定存在切分歧义，需要进一步采取技术手段，消解歧义。

2．基于统计的方法

基于统计的分词算法本质上是一个序列标注的问题。这类算法基于机器学习或者深度学习，主要有隐马尔可夫模型（HMM）、条件随机场（CRF）及支持向量机（SVM）等。

（1）隐马尔可夫模型

假设你手里有 3 个不同的骰子。第一个骰子是我们常见的骰子（称这个骰子为 D6），共有 6 个面，每个面（1，2，3，4，5，6）出现的概率是 1/6。第二个骰子是四面体（称这个骰子为 D4），每个面（1，2，3，4）出现的概率是 1/4。第三个骰子有 8 个面（称这个骰子为 D8），每个面（1，2，3，4，5，6，7，8）出现的概率是 1/8。

3 种骰子和掷骰子可能产生的结果如图 7-1 所示。

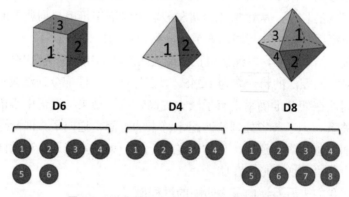

图 7-1　3 种骰子和掷骰子可能产生的结果

假设我们开始掷骰子，先从 3 个骰子里挑一个，挑到每一个骰子的概率都是 1/3。然后我们投掷骰子，得到一个数字，是 1，2，3，4，5，6，7，8 中的一个。不停地重复上述过程，我们会得到一串数字，每个数字都是 1，2，3，4，5，6，7，8 中的一个。例如我们可能得到这么一串数字（掷骰子10 次）：1，6，3，5，2，7，3，5，2，4。这串数字叫作可见状态链。但是在隐马尔可夫模型中，我们不仅有这么一串可见状态链，还有一串隐含状态链。在这个例子里，隐含状态链就是你用的骰子的序列。比如，隐含状态链有可能是：D6 D8 D8 D6 D4 D8 D6 D6 D4 D8。

一般来说，HMM 中说到的马尔可夫链其实是指隐含状态链，因为隐含状态（骰子）之间存在转换概率（transition probability）。在这个例子里，D6 的下一个状态是 D4、D6、D8 的概率都是 1/3。D4，D8 的下一个状态也是 D4、D6、D8 的转换概率都是 1/3。这样设定是为了容易理解，其实是可以随意设定转换概率的。比如，我们可以定义 D6 后面不能接 D4，D6 后面 D6 的概率是 0.9，D6 后面 D8 的概率是 0.1。这样就是一个新的 HMM。

尽管可见状态之间没有转换概率，但隐含状态和可见状态之间有一个概率，叫作输出概率（emission probability）。就前述例子来说，六面骰（D6）掷出 1 的输出概率是 1/6。掷出 2，3，4，5，6 的概率也都是 1/6。我们同样可以对输出概率进行其他定义。比如，我有一个被赌场动过手脚的六面骰子，掷出来是 1 的概率更大，为 1/2，掷出来是 2，3，4，5，6 的概率为 1/10。

隐马尔可夫模型示意图，如图 7-2 所示。

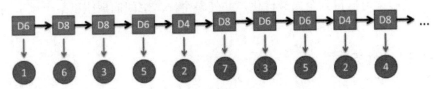

图 7-2　隐马尔可夫模型示意图

图例说明：▨ D6 一个隐含状态；● 1 一个可见状态；➡ 从一个隐含状态到下一个隐含状态的转换；⬇ 从一个隐含状态到一个可见状态的输出。

（2）条件随机场

CRF 和 HMM 看起来很像，如图 7-3 和图 7-4 所示。

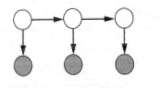

图 7-3　HMM 模型

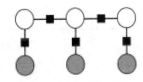

图 7-4　CRF 模型

它们的区别如下：

❑　HMM 是有向图，CRF 是无向图。

❑　HMM 计算的是状态和观测的联合概率，而 CRF 计算的是状态基于观测的条件概率。

❑　HMM 多用于那种状态"原生"，观测是状态"生成"出来的场景。如用 HMM 来生成一段语音，则状态对应的是音节（声韵母）或文字，而观测则是这个音节所对应的声学特征。

- CRF 多用于那种观测"原生"。状态"后天"产生，用来标记观测的情况。如用 CRF 来做文本实体标记。输入一句话"我有一个苹果"，CRF 处理后将"苹果"标记成了"水果"。这个时候，"苹果"是观测，而"水果"则是对应的状态。

（3）支持向量机

支持向量机（Support Vector Machine，SVM）是常见的一种判别方法。在机器学习领域，它是一个有监督的学习模型，通常用来进行模式识别、分类以及回归分析。

SVM 的主要思想可以概括为以下两点：

- 它是针对线性可分情况进行分析的。对于线性不可分的情况，通过使用非线性映射算法将低维输入空间线性不可分的样本转化为高维特征空间，使其线性可分，从而使得高维特征空间采用线性算法，将样本的非线性特征进行线性分析变为可能。
- 它基于结构风险最小化理论，在特征空间中构建最优超平面，使学习器得到全局最优化，并使整个样本空间的期望以某个概率满足一定上界。

7.1.3　词性标注

词性（part-of-speech）是词汇基本的语法属性。

词性标注（part-of-speech tagging），又称词类标注或者简称标注，是指为分词结果中的每个单词标注一个正确的词性的程序，也即确定每个词是名词、动词、形容词还是其他词性的过程。

词性标注是很多 NLP 任务的预处理步骤，如句法分析，经过词性标注后的文本会带来很大的便利性，但也不是不可或缺的步骤。表 7-1 为词性说明。

表 7-1　词性说明

代　码	名　称	说　明	举　例
a	形容词	取英语形容词 adjective 的第 1 个字母	最/d 大/a 的/u
ad	副形词	直接作状语的形容词。形容词代码 a 和副词代码 d 并在一起	一定/d 能够/v 顺利/ad 实现/v 。/w
ag	形语素	形容词性语素。形容词代码为 a，语素代码 g 前面置以 a	喜/v 煞/ag 人/n
an	名形词	具有名词功能的形容词。形容词代码 a 和名词代码 n 并在一起	人民/n 的/u 根本/a 利益/n 和/c 国家/n 的/u 安稳/an 。/w
b	区别词	取汉字"别"的声母	副/b 书记/n 王/nr 思齐/nr

续表

代码	名　称	说　明	举　例
p	介词	取英语介词 prepositional 的第 1 个字母	往/p 基层/n 跑/v 。/w
q	量词	取英语 quantity 的第 1 个字母	不止/v 一/m 次/q 地/u 听到/v ，/w
r	代词	取英语代词 pronoun 的第 2 个字母，因 p 已用于介词	有些/r 部门/n
s	处所词	取英语 space 的第 1 个字母	移居/v 海外/s 。/w
t	时间词	取英语 time 的第 1 个字母	当前/t 经济/n 社会/n 情况/n
tg	时语素	时间词性语素。时间词代码为 t，在语素的代码 g 前面置以 t	秋/tg 冬/tg 连/d 旱/a
u	助词	取英语助词 auxiliary 的第 2 个字母，因 a 已用于形容词	工作/vn 的/u 政策/n
ud	结构助词	表示附加成分和中心语之间的结构关系	有/v 心/n 栽/v 得/ud 梧桐树/n
ug	时态助词	是表示行为、动作、状态在各种时间条件下的动词状态	你/r 想/v 过/ug 没有/v
uj	结构助词"的"	定语后面使用"的"	迈向/v 充满/v 希望/n 的/uj 新/a 世纪/n
ul	时态助词"了"	常常附在动词后面，表示动作、变化已完成	完成/v 了/ul
uv	结构助词"地"	状语后面使用"地"	满怀信心/l 地/uv 开创/v 新/a 的/u 业绩/n
uz	时态助词"着"	表示动作持续	眼看/v 着/uz
v	动词	取英语动词 verb 的第一个字母	举行/v 老/a 干部/n 迎春/vn 团拜会/n
vd	副动词	直接作状语的动词。动词和副词的代码并在一起	强调/vd 指出/v
vg	动语素	动词性语素。动词代码为 v。在语素的代码 g 前面置以 v	做好/v 尊/vg 干/j 爱/v 兵/n 工作/vn
vn	名动词	指具有名词功能的动词。动词和名词的代码并在一起	股份制/n 这种/r 企业/n 组织/vn 形式/n ，/w
w	标点符号	语句中的标点符号。如"，"、"、""。"等	生产/v 的/u 5G/nx 、/w 8G/nx 型/k 燃气/n 热水器/n
x	非语素字	非语素字只是一个符号，字母 x 通常用于代表未知数、符号	
y	语气词	取汉字"语"的声母	已经/d 30/m 多/m 年/q 了/y 。/w
z	状态词	取汉字"状"的声母的前一个字母	势头/n 依然/z 强劲/a ；/w

【例 7.2】使用 Python jieba 工具库，对字符串"研究生命的起源"进

续表

代 码	名 称	说 明	举 例
p	介词	取英语介词 prepositional 的第 1 个字母	往/p 基层/n 跑/v 。/w
q	量词	取英语 quantity 的第 1 个字母	不止/v 一/m 次/q 地/u 听到/v ，/w
r	代词	取英语代词 pronoun 的第 2 个字母，因 p 已用于介词	有些/r 部门/n
s	处所词	取英语 space 的第 1 个字母	移居/v 海外/s 。/w
t	时间词	取英语 time 的第 1 个字母	当前/t 经济/n 社会/n 情况/n
tg	时语素	时间词性语素。时间词代码为 t，在语素的代码 g 前面置以 t	秋/tg 冬/tg 连/d 旱/a
u	助词	取英语助词 auxiliary 的第 2 个字母，因 a 已用于形容词	工作/vn 的/u 政策/n
ud	结构助词	表示附加成分和中心语之间的结构关系	有/v 心/n 栽/v 得/ud 梧桐树/n
ug	时态助词	是表示行为、动作、状态在各种时间条件下的动词状态	你/r 想/v 过/ug 没有/v
uj	结构助词"的"	定语后面使用"的"	迈向/v 充满/v 希望/n 的/uj 新/a 世纪/n
ul	时态助词"了"	常常附在动词后面，表示动作、变化已完成	完成/v 了/ul
uv	结构助词"地"	状语后面使用"地"	满怀信心/l 地/uv 开创/v 新/a 的/u 业绩/n
uz	时态助词"着"	表示动作持续	眼看/v 着/uz
v	动词	取英语动词 verb 的第一个字母	举行/v 老/a 干部/n 迎春/vn 团拜会/n
vd	副动词	直接作状语的动词。动词和副词的代码并在一起	强调/vd 指出/v
vg	动语素	动词性语素。动词代码为 v。在语素的代码 g 前面置以 v	做好/v 尊/vg 干/j 爱/v 兵/n 工作/vn
vn	名动词	指具有名词功能的动词。动词和名词的代码并在一起	股份制/n 这种/r 企业/n 组织/vn 形式/n ，/w
w	标点符号	语句中的标点符号。如"，""、""。"等	生产/v 的/u 5G/nx 、/w 8G/nx 型/k 燃气/n 热水器/n
x	非语素字	非语素字只是一个符号，字母 x 通常用于代表未知数、符号	
y	语气词	取汉字"语"的声母	已经/d 30/m 多/m 年/q 了/y 。/w
z	状态词	取汉字"状"的声母的前一个字母	势头/n 依然/z 强劲/a ；/w

【例 7.2】使用 Python jieba 工具库，对字符串"研究生命的起源"进

行词性标注。

代码：

```
import jieba.posseg as pseg
words = pseg.cut("研究生命的起源")
for word, flag in words:
print('%s %s' % (word, flag))
```

输出结果：

```
研究  vn
生命  vn
的  uj
起源  v
```

7.1.4 实体识别

命名实体识别（Named Entity Recognition，NER），又称"专名识别"，是指识别文本中具有特定意义的实体，主要包括人名、地名、机构名、专有名词等。一般来说，命名实体识别任务就是识别出待处理文本中三大类（实体类、时间类和数字类）、七小类（人名、机构名、地名、时间、日期、货币和百分比）实体名。

表 7-2 列出了一些类别的实体。

表 7-2　实体类别

时间	time
地点	location
人名	person_name
组织名	org_name
公司名	company_name
产品名	product_name
职位	job_title

命名实体识别是信息提取、问答系统、句法分析、机器翻译等应用领域的重要基础工具，作为结构化信息提取的重要步骤。

代码：

```
doc = nlp("Next week I'll be in Shanghai.")
for ent in doc.ents:
print(ent.text, ent.label_)
```

输出结果：

```
Next week DATE
Shanghai GPE
DATE 表示时间，GPE 表示地点。
```

▲7.2　句法分析

句法分析也是自然语言处理中的基础性工作,它分析句子的句法结构(主谓宾结构)和词汇间的依存关系(并列,从属等)。通过句法分析,可以为语义分析、情感倾向、观点抽取等 NLP 应用场景,打下坚实的基础。

7.2.1　句法分析概述

句法分析是对用户输入的自然语言进行词汇短语的分析,目的是识别句子的句法结构,实现自动句法分析过程。

分析的目的就是找出词、短语等的相互关系以及各自在句子中的作用,并以一种层次结构加以表达。这种层次结构可以是从属关系、直接成分关系,也可以是语法功能关系。

句法分析是由专门设计的分析器进行的,其分析过程就是构造句法树的过程,将每个输入的合法语句转换为一棵句法分析树。

一个句子是由各种不同的句子成分组成的。这些成分可以是单词、词组或从句。句子成分还可以按其作用分为主语、谓语、宾语、宾语补语、定语、状语、表语等,这些关系可用一棵树来表示。

如对句子"妖精抓走了唐僧",可用图 7-5 所示的树形结构来表示。

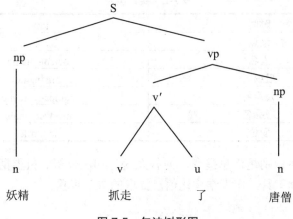

图 7-5　句法树形图

假设语法 G——语言 L。句法分析(parsing)研究如何通过计算机算法得到句子的句法结构,包括:

(1)给定一个字符串 S,判定 S 是否属于 L。

(2)给定一个字符串 S,如果 S 属于 L,则给出 S 对应的树结构。

完成句法分析任务的计算机程序或软件称为句法分析器(parser)。

那么,如何使用计算机自动得到句子的句法结构呢?

第一个问题：计算机要计算出句子的句法结构，需要预先具备什么样的知识？

（1）需要知道在语言中什么样的结构是合法的。

（2）需要将这些句法结构知识进行形式化。

通常的形式化方法是上下文无关语法，通过产生式描述句子或者短语的构造规则。如 S→np vp。即句法分析器首先应该有一部关于自然语言的上下文无关语法。

第二个问题：有了一部语法后，如何根据这部语法分析出句子的结构？

那就要应用自然语言句法分析方法。

（1）自顶向下：根节点 → 叶节点。

（2）自底向上：叶节点 → 根节点。

设上下文无关语法 G1=(V_N,V_T, S,P)。

（1）V_N={S,np,vp,n,v,v′,u}

（2）V_T={唐僧，妖精，抓走，了}

（3）P 中产生式为：

    [1] S→np vp

    [2] np→n

    [3] vp→v′

    [4] vp→v′np

    [5] v′→v u

    [6] n→ 唐僧

    [7] v→ 抓走

    [8] u→ 了

    [9] n→ 妖精

7.2.2　自顶向下的句法分析

从分析树的顶部向底部方向构造分析树，是一个从根节点到叶节点的过程。由语法开始符 s 出发，选择合适的产生式规则进行推导，直到推导出句子为止。

【例 7.3】自顶向下分析"妖精抓走了唐僧"，如下所示：

```
[1] S → np vp
[2] np → n
[3] vp → v′
[4] vp → v′np
[5] v′ → v u
```

[6] n → 唐僧

[7] v → 抓走

[8] u → 了

[9] n → 妖精

具体过程为"S→np vp [1] → n vp [2] → 妖精 vp [9] → 妖精 v′ np [4] → 妖精 v u np [5] → 妖精 抓走 u np [7] → 妖精 抓走 了 np [8] → 妖精 抓 走 了 n [2] → 妖精 抓走 了 唐僧 [9]"（见图 7-6）。

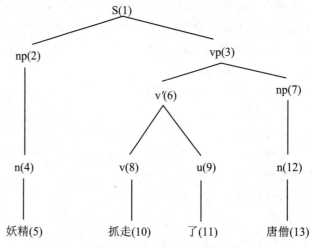

图 7-6 自顶向下句法分析树形图

7.2.3 自底向上的句法分析

从分析树的底部向顶部方向构造分析树，是一个从叶节点到根节点的过程。从给定的句子出发，逆向使用产生式规则进行规约，直到把句子规约成语法开始符 S 为止。如下所示：

[1] S → np vp

[2] np → n

[3] vp → v′

[4] vp → v′np

[5] v′ → v u

[6] n → 唐僧

[7] v → 抓走

[8] u → 了

[9] n → 妖精

具体过程为"妖精抓走了唐僧 ← n 抓走了唐僧 [9] ← np 抓走了唐僧 [2] ← np v 了唐僧 [7] ← np v u 唐僧 [8] ← np v' 唐僧 [5] ← vp v'n [6] ← np v'np [2] ← np vp [4] ← S [1]"（见图 7-7）。

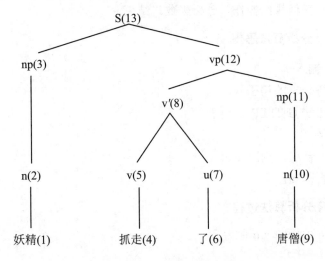

图 7-7　自底向上句法分析树形图

自底向上进行分析，在分析的过程中可能会出现回溯；为了避免出现回溯，发现对某些上下文无关的文法，在不确定的状态有确定性的分析方法，即标准 LR 分析算法。

1．如何构造标准 LR 分析器

构造出所有的分析状态和这些分析状态之间的转移关系，可以用有限状态自动机来描述。LR 分析算法把分析状态和分析动作的对应关系组织在一张分析表中，通过查表即可得到分析动作（见图 7-8）。

图 7-8　LR 分析器

2．自底向上的 LR 分析器的分析

（1）移入：将下一个输入符号移到栈的顶端。

（2）规约：根据规则，将栈顶的若干个符号替换成同一个符号。

（3）接受：句子中的所有词语都已移进栈中，且栈中只剩下一个符号 S，语法分析成功，完成。

（4）拒绝：句子中所有词语都已移进栈中，栈中并非只有一个符号 S，也无法进行任何规约操作，分析失败，结束。

3．LR 分析算法思想

（1）输入

❑   待分析的句子 w。

❑   语法 G 的 LR 分析表。

（2）输出

❑   w 合法，输出 acc。

❑   否则 err。

4．LR 分析算法过程

算法过程如图 7-9 所示。

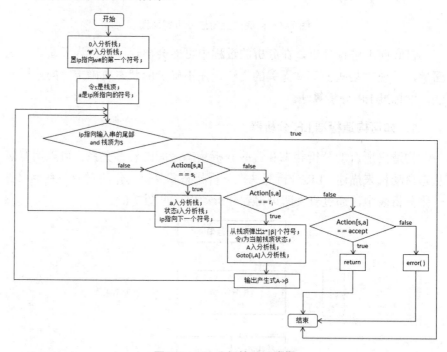

图 7-9　LR 分析算法流程图

7.2.4　概率上下文无关文法

由于语法的解析存在二义性，我们就需要找到一种方法，能从多种可能的语法树中找出最可能的一棵树。一种常见的方法即是 PCFG（Probabilistic Context-Free Grammar）。除常规的语法规则外，我们还对每一条规则赋予了一个概率。对于每一棵生成的语法树，我们将其中所规则的概率的乘积，作为语法树的出现概率。

基于 PCFG 的句法分析：

（1）设句子 $w_{1m}=w_1\,w_2\,\dots\,w_m$，给定 PCFG。

（2）句法分析的任务为，在众多可能的分析树 t 中寻找具有最大概率值的分析树 $t' = \mathrm{argmax}_t\,P(t|w_{1m},G)$。

（3）例如问题，如何计算一棵分析树的概率？

在 PCFG 中，将一棵分析树 t 的概率定义为得到该分析树所用到的所有产生式 $N_k^i \to \zeta j$（$k = 1,2,\cdots,n$）的概率的乘积，即 $P(t) = \Pi_{k=1,\cdots,n}\,P(N_k^i \to \zeta j)$，如图 7-10 和图 7-11 所示。

```
S   → np vp       1.0
np  → np pp       0.4
pp  → p np        1.0
np  → John        0.1
vp  → v np        0.7
np  → bone        0.18
vp  → vp pp       0.3
np  → star        0.04
p   → with        1.0
np  → fish        0.18
v   → ate         1.0
np  → telescope   0.1
```

t1:

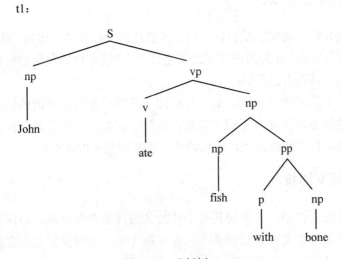

图 7-10 分析树 t1

t2:

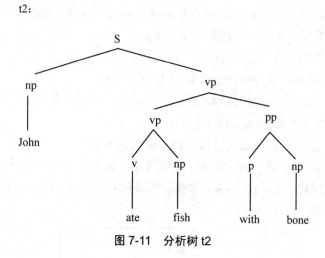

图 7-11　分析树 t2

P(t1) = 1.0*0.1*0.7*1.0*0.4*0.18*1.0*1.0*0.18 = 0.0009072

P(t2) = 1.0*0.1*0.3*0.7*1.0*0.18*1.0*1.0*0.18 = 0.0006804

→　取 t1。

7.3　语义分析

语义分析是基于自然语言语义信息的一种分析方法，其不仅仅是词法分析和句法分析这些语法水平上的分析，还涉及单词、词组、句子、段落所包含的意义。其目的是根据句子的语义结构，表示言语的结构。中文语义分析方法是基于语义网络的一种分析方法。语义网络则是一种结构化、灵活、明确、简洁的表达方式。

7.3.1　语义分析概述

语义分析，其实就是识别一句话所表达的实际意义。比如"干什么了""谁干的""这个行为的原因和结果是什么""这个行为发生的时间、地点及所用的工具或方法"等。

对于不同的语言单位，语言分析的任务各不相同：在词的层面上，语义分析的基本任务是进行词义消歧；在句子层面上，语义角色标注是所关心的问题；在文章层面上，指代消解、篇章语义分析是重点。

7.3.2　词义消歧

在自然语言中，一个词具有多种含义的现象非常普遍。如何自动获悉某个词的多种含义或者已知某个词有多种含义，如何根据上下文确认其含义，是词义消歧研究的内容。

在英语中，bank 这个词可能表示银行，也可能表示河岸；而在汉语中，这样的例子就更多了，比如：

（1）他很喜欢 打 鼓。

（2）妈妈让我去 打 酱油。

（3）他每天都 打 车上下班。

（4）妈妈很会 打 毛衣。

（5）他很会与人 打 交道。

（6）他不喜欢被人 打 扰。

（7）打 西边来了个哑巴。

……

基于这样的现状，词义消歧的任务就是给定输入，根据词语的上下文对词语的意思进行判断，例如：

给定输入"他善于和外界打交道"

我们期望的输出是这句话中的"打"和上面的第（5）项相同。

词义消歧，根据所使用的资源的类型不同，可将词义消歧方法分为以下 3 类。

1．基于词典的词义消歧

基于词典的词义消歧方法研究的早期代表工作是 M.Lesk 于 1986 提出的。首先给定某个待消解词及其上下文，该工作的思想是计算语义词典中各个词义的定义与上下文之间的覆盖度，选择覆盖度最大的作为待消解词在其上下文下的正确词义。

如果一个词没有语义范畴信息，我们就可以求助于它的一般语义描述。基于词典的消歧方法一般有 3 种。

（1）基于语义定义的消歧

认为词典中词条本身的定义可以作为判断其语义的一个很好的依据条件。

【例 7.4】假设词典中 bank 的两个定义如下：

（语义 1）financial institution（金融机构）.

（语义 2）border of the river/lake/canal（河岸、湖边）.

如果要对下面句子中的"bank"进行词义消歧：

（句子 1）　He walked along the river bank.

（句子 2）　Which bank offers you the service that best suits your financial needs?

那么，句子 1 最终选择语义 2，因为有上下文词 river 和语义 2 的定义含有相同的词；句子 2 最终选择语义 1，因为有上下文词 financial 和语义 1 的定义含有相同的词。

（2）基于类义词典的消歧

上下文词汇的语义范畴大体上确定了该上下文的语义范畴，并且上下文的语义范畴可以反过来确定词汇的哪一个语义被使用。

【例7.5】假设词典中"打"的两个定义如下：

（语义1）击、敲、攻击。

（语义2）进行某种活动，从事或担任某种工作。

如果要对下面句子中的"打"进行词义消歧：

（句子1）他很会和人打交道。

（句子2）他很喜欢打鼓。

那么，句子1选择语义2，因为有上下文词"交道"；句子2选择语义1，因为有上下文词"鼓"。

（3）基于双语词典的消歧

利用双语对照词典帮助消歧。指的是第二语言语料库翻译基础上的消歧。

【例7.6】双语词典中bear的两个定义如下：

（语义1）n 熊。

（语义2）vt 承受、忍受；经得起。

假设bear所在的短语为"bear examination"，根据双语词典，examination的译文为"考验"，通过汉语语料库我们发现，"考验"常常和"经得起、承受"等词一起出现。因此，这里我们可以判定这个短语中bear的词义为"vt 承受、忍受；经得起"。

这种方法把需要消歧的语言称为第一语言，把双语词典中的目标语言称为第二语言。

2. 有监督词义消歧

在语义消歧的问题上，每个词所有可能的义项都是已知的。有监督的消歧方法使用词义标注语料建立消歧模型，研究的重点在于特征的表示。

常用的方法如下。

（1）基于朴素贝叶斯分类器的词义消歧方法

朴素贝叶斯的思想基础是这样的：对于给出的待分类项，求解在此项出现的条件下各个类别出现的概率，哪个最大，就认为此待分类项属于哪个类别。

【例7.7】某医院早上收治6个门诊病人，如表7-3所示。

表7-3 医院数据

症 状	职 业	疾 病
打喷嚏	护士	感冒
打喷嚏	农夫	过敏

症　　状	职　　业	疾　　病
头痛	建筑工人	脑震荡
头痛	建筑工人	感冒
打喷嚏	教师	感冒
头痛	教师	脑震荡

现在又来了第 7 个病人，是一个打喷嚏的建筑工人。请问他患上感冒的概率有多大？

根据贝叶斯定理：

$$P(A|B) = P(B|A) P(A) / P(B) \qquad (7\text{-}1)$$

可得：

$$P(感冒|打喷嚏×建筑工人)$$
$$= P(打喷嚏×建筑工人|感冒) × P(感冒) \qquad (7\text{-}2)$$
$$/ P(打喷嚏×建筑工人)$$

假定"打喷嚏"和"建筑工人"这两个特征是独立的，上面的等式就变成了：

$$P(感冒|打喷嚏×建筑工人)$$
$$= P(打喷嚏|感冒) × P(建筑工人|感冒) × P(感冒)$$
$$/ P(打喷嚏) × P(建筑工人)$$

这是可以计算的。

$$P(感冒|打喷嚏×建筑工人)$$
$$= 0.66 × 0.33 × 0.5 / 0.5 × 0.33$$
$$= 0.66$$

因此，这个打喷嚏的建筑工人有 66%的概率是得了感冒。同理，可以计算这个病人患上过敏或脑震荡的概率。比较这几个概率，就可以知道他最有可能得了什么病。

这就是贝叶斯分类器的基本方法：在统计资料的基础上，依据某些特征，计算各个类别的概率，从而实现分类。

【例 7.8】用朴素贝叶斯分类器进行词义消歧

假设语境（context）记作 c，语义（semantic）记作 s，多义词（word）记作 w，那么我要计算的就是多义词 w 在语境 c 下具有语义 s 的概率，即 $p(s|c)$。

那么根据贝叶斯公式：

$$p(s|c) = p(c|s)p(s)/p(c) \qquad (7\text{-}3)$$

我要计算的就是 $p(s|c)$ 中 s 取某一个语义的较大概率，因为 $p(c)$ 是既定的，所以只考虑分子的较大值：

$$s \text{ 的估计} = \max(p(c|s)p(s)) \qquad (7\text{-}4)$$

因为语境 c 在自然语言处理中必须通过词来表达，也就是由多个 v（词）组成，就是计算：

$$\max(p(s)\prod p(v|s)) \tag{7-5}$$

下面就是训练的过程了。

p(s)表达的是多义词 w 的某个语义 s 的概率，可以统计大量语料，通过较大似然估计求得：

$$p(s) = N(s)/N(w) \tag{7-6}$$

p(v|s)表达的是多义词 w 的某个语义 s 的条件下，出现词 v 的概率，可以统计大量语料，通过较大似然估计求得：

$$p(v|s) = N(v, s)/N(s) \tag{7-7}$$

训练出 p(s)和 p(v|s)之后，我们对一个多义词 w 消歧的过程就是计算(p(c|s)p(s))的较大概率的过程。

（2）基于最大熵的词义消歧方法

基于最大熵的词义消歧方法的基本思路是：每个词表达不同含意时其上下文（语境）往往不同，即不同的词义对应不同的上下文。因此，可以将词的上下文作为特征信息，利用最大熵模型对词的语义进行分类。

在词义消歧中，最大熵模型的建模与训练如图 7-12 所示。

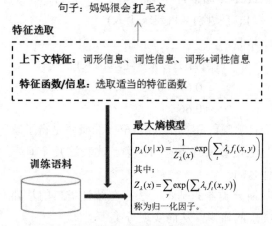

图 7-12　最大熵模型的建模与训练

训练过后，我们将新的句子输入模型中，模型会给出一个概率分布（最大熵模型的输出就是一个概率分布），我们选取其中概率最大的结果作为模型输出，整个过程如图 7-13 所示。

3. 无监督和半监督词义消歧

虽然有监督的消歧方法能够取得较好的消歧性能，但需要大量的人工标注语料，费时费力。为了避免对大规模语料的需要，采用半监督或无监督的方法，仅需要少量或不需要人工标注语料。

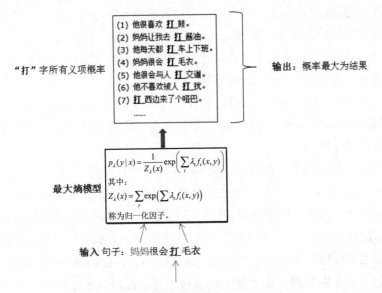

图 7-13　概率最大的结果作为模型输出

一般来说，虽然半监督或无监督方法不需要大量的人工标注数据，但依赖于一个大规模的未标注语料，以及在该语料上的句法分析结果。另一方面，待消解词的覆盖度可能会受影响。

7.3.3　语义角色标注

语义角色标注（Semantic Role Labeling，SRL）以句子的谓词为中心，不对句子所包含的语义信息进行深入分析，只分析句子中各成分与谓词之间的关系，即句子的谓词（Predicate）- 论元（Argument）结构，并用语义角色描述这些结构关系，是许多自然语言理解任务（如信息抽取、篇章分析、深度问答等）的一个重要的中间步骤。在研究中一般都假定谓词是给定的，所要做的就是找出给定谓词的各个论元和它们的语义角色。

传统的 SRL 系统大多建立在句法分析的基础之上，通常包括 5 个流程。

（1）构建一棵句法分析树，例如，图 7-14 是对句子"小明昨天晚上在公园遇到了小红。"进行依存句法分析，得到的一棵句法树。

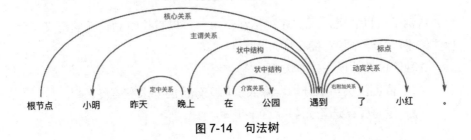

图 7-14　句法树

（2）从句法树上识别出给定谓词的候选论元。

（3）候选论元剪除：一个句子中的候选论元可能很多，候选论元剪除就是从大量的候选项中，剪除那些最不可能成为论元的候选项。

（4）论元识别：此过程是从上一步剪除之后的候选中，判断哪些是真正的论元，通常当作一个二分类问题来解决。

（5）对第4步的结果，通过多分类得到论元的语义角色标签。可以看出，句法分析是基础，后续步骤常常会构造一些人工特征，这些特征往往也来自句法分析。

然而，完成句法分析需要确定句子所包含的全部句法信息，并确定句子各成分之间的关系，是一个非常困难的任务，目前技术下的句法分析准确率并不高，句法分析的细微错误会导致 SRL 的错误。为了降低问题的复杂度，同时获得一定的句法结构信息，"浅层句法分析"的思想应运而生。浅层句法分析也称为部分句法分析（partial parsing）或语块划分（chunking）。和完全句法分析得到一棵完整的句法树不同，浅层句法分析只需要识别句子中某些结构相对简单的独立成分。例如动词短语，被识别出来的结构称为语块。为了规避"无法获得准确率较高的句法树"所带来的困难，一些研究也提出了基于语块（chunk）的 SRL 方法。基于语块的 SRL 方法将 SRL 作为一个序列标注的问题来解决。序列标注任务一般都会采用 BIO 表示方式，定义序列标注的标签集。在 BIO 表示法中，B 代表语块的开始，I 代表语块的中间，O 代表语块结束。通过 B、I、O 这 3 种标记将不同的语块赋予不同的标签。例如：对于一个由角色 A 拓展得到的语块组，将它所包含的第一个语块赋予标签 B-A，将它所包含的其他语块赋予标签 I-A，不属于任何论元的语块则赋予标签 O。

继续以上述的这句话为例，图 7-15 展示了 BIO 表示方法。

输入序列	小明	昨天	晚上	在	公园	遇到	了	小红	。
语块	B-NP	B-NP	I-NP	B-PP	B-NP	B-VP		B-NP	
标注序列	B-Agent	B-Time	I-Time	O	B-Location	B-Predicate	O	B-Patient	O
角色	Agent	Time	Time		Location	Predicate	O	Patient	

图 7-15　BIO 标注方法示例

从例子可以看出，根据序列标注结果，可以直接得到论元的语义角色标注结果，是一个相对简单的过程。

这种简单性体现在以下方面：

（1）依赖浅层句法分析，降低了句法分析的要求和难度。

（2）没有了候选论元剪除这一步骤。

（3）论元识别和论元标注是同时实现的。这种一体化处理论元识别和论元标注的方法，简化了流程，降低了错误累积的风险，往往能够取得更好的结果。

▲ 7.4　实验：Python 中文文本分析与可视化

🔲 实验目标

本节内容主要向读者简单介绍使用 Jupyter Notebook 软件，实现 Python 中文文本分析与可视化。

🔲 实验内容

（1）安装 Anaconda3。
（2）安装 jieba 工具库。
（3）对所给定的 entertainment_news.csv 数据，进行中文文本分析与可视化。

🔲 实验步骤

（1）初始化

```
import warnings
warnings.filterwarnings("ignore")
import jieba                                        #分词包
import numpy                                        #numpy 计算包
import codecs   #codecs 提供的 open 方法来指定打开的文件的语言编码，它会在
读取时自动转换为内部 unicode
import pandas as pd
import matplotlib.pyplot as plt
%matplotlib inline
import matplotlib
matplotlib.rcParams['figure.figsize'] = (10.0, 5.0)
from wordcloud import WordCloud                     #词云包
```

（2）读取数据

```
#pandas 读取数据
df = pd.read_csv("./data/entertainment_news.csv", encoding= 'utf-8').dropna()
#转成 list
content=df["content"].values.tolist()
#分词与统计词频
```

```
segment=[]
for line in content:
    try:
        segs=jieba.lcut(line)
        for seg in segs:
            if len(seg)>1 and seg!='\r\n':
                segment.append(seg)
    except:
        print(line)
        continue
```

（3）去停用词

```
words_df=pd.DataFrame({'segment':segment})
stopwords=pd.read_csv("data/stopwords.txt",index_col=False,quoting=3,sep="\t",
names=['stopword'], encoding='utf-8')#quoting=3 全不引用
words_df=words_df[~words_df.segment.isin(stopwords.stopword)]
```

（4）统计排序

```
words_stat=words_df.groupby(by=['segment'])['segment'].agg({"计数":numpy. size})
words_stat=words_stat.reset_index().sort_values(by=["计数"],ascending=False)
words_stat.head()
```

输出结果：

	segment	计数
60810	电影	10230
73264	观众	5574
8615	中国	5476
70480	节目	4398
33622	导演	4197

（5）构建词云

```
matplotlib.rcParams['figure.figsize'] = (10.0, 6.0)
wordcloud=WordCloud(font_path="data/simhei.ttf",background_color="black",
max_font_size=80)
word_frequence = {x[0]:x[1] for x in words_stat.head(1000). values}
wordcloud=wordcloud.fit_words(word_frequence)
plt.imshow(wordcloud)
```

输出结果：

`<matplotlib.image.AxesImage at 0x7f0bf05dae80>`

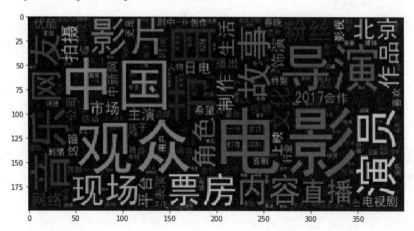

习题

一、名词解释

1. 自然语言处理

2. 基于字符串匹配的方法

3. 词性标注

4. 命名实体识别

5. 句法分析

6. 语义分析

7. 语义角色标注

二、单选题

1. 分词方法主要有基于字符串匹配的方法和基于（　　）的分词方法。

　　A．统计　　　　B．概率　　　　C．计算　　　　D．字符

2. CRF 是（　　）的简称。

　　A．自然语言处理　　　　　　　B．词性标注

　　C．条件随机场　　　　　　　　D．支持向量机

3. 词性标注"r"代表（　　）。

　　A．量词　　　　B．代词　　　　C．介词　　　　D．叹词

4. 语义角色标注是以句子的（　　）为中心。

　　A．主语　　　　B．谓语　　　　C．宾语　　　　D．状语

5. 主流的分词工具库包括中科院计算所 NLPIR、哈尔滨工业大学 LTP、清华大学 THULAC、Hanlp 分词器、Python（　　）工具库等。

　　A．numpy　　　B．codecs　　　C．pandas　　　D．jieba

三、判断题

1．词是自然语言中能够独立运用的最小单位。 （　　）

2．词法分析是其他一切自然语言处理问题（如句法分析、语义分析、文本分类、信息检索、机器翻译、机器问答等）的基础。 （　　）

3．基于字符串匹配的分词方法包含正向最小匹配法、逆向最小匹配法。 （　　）

4．基于字符串匹配的分词算法，本质上是一个序列标注问题。（　　）

5．命名实体识别（Named Entity Recognition，NER），又称"专名识别"。 （　　）

四、简答题

1．常用的基于字符串匹配的方法有哪几种？

2．SVM 的主要思想是什么？

3．以下代码的输出结果是什么？

```
import jieba.posseg as pseg
words = pseg.cut("研究生命的起源")
for word, flag in words:
print('%s %s' % (word, flag))
```

4．如何构造标准 LR 分析器？

参考文献

[1] 冯志伟．自然语言的计算机处理[M]．上海：上海外语教育出版社，1997．

[2] https://blog.csdn.net/cuixianpeng/article/details/43234235

[3] https://blog.csdn.net/baidu_18891025/article/details/90293940

[4] https://blog.csdn.net/wallimn/article/details/84289586

[5] https://blog.csdn.net/wang2008start/article/details/80159815

[6] https://blog.csdn.net/echoKangYL/article/details/101034566

[7] 比凯尔，兹图尼编．多语自然语言处理：从原理到实践[M]．史晓东，等译．北京：机械工业出版社，2015．

[8] 陈鄞．自然语言处理基本理论和方法[M]．2 版．哈尔滨：哈尔滨工业大学出版社，2017．

[9] 史蒂芬·卢奇，丹尼·科佩克．人工智能[M]．林赐，译．北京：人民邮电出版社，2018．

[10] https://blog.csdn.net/qq_27009517/article/details/84766672

[11] 网易云课堂．数据分析师（python），2018．

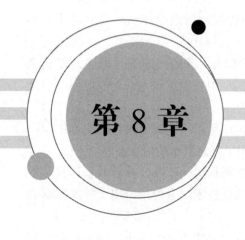

第 8 章

智能控制技术

智能控制技术在逐步发展。随着信息技术的进步，许多新方法和新技术进入工程化、产品化阶段。这对自动控制理论技术提出了新的挑战，促进了智能理论在控制技术中的应用。本章将详细论述模糊控制、神经网络控制、专家控制三大智能控制技术的发展历史和研究热点。

8.1 自动控制系统

8.1.1 概述

自动控制的思想出现于 20 世纪 60 年代。当时，学习控制的研究十分活跃，并获得了较好的应用。如自学习和自适应方法被开发出来，用于解决控制系统的随机特性问题和模型未知问题；1965 年，美国普渡大学的傅京孙教授首先把 AI 的启发式推理规则用于学习控制系统；1966 年，美国的门德尔首先主张将 AI 用于飞船控制系统的设计。

自动控制是具有智能信息处理、智能信息反馈和自动控制决策的控制方式，是控制理论发展的高级阶段，主要用来解决那些用传统方法难以解决的复杂系统的控制问题。自动控制的研究对象的主要特点是具有不确定性的数学模型、高度的非线性和复杂的任务要求。

8.1.2 组成与工作原理

控制系统以控制理论、计算机科学、人工智能、运筹学等学科为基础，扩展了相关的理论和技术，其中应用较多的有模糊逻辑、神经网络、专家系统、遗传算法等理论，以及自适应控制、自组织控制和自学习控制等技术。

专家系统是利用专家知识对专门的或困难的问题进行描述的控制系统。尽管专家系统在解决复杂的高级推理中获得了较为成功的应用，但是专家系统的实际应用相对还是比较少的。

模糊逻辑用于模糊语言描述系统，既可以描述应用系统的定量模型，也可以描述其定性模型。模糊逻辑适用于任意复杂的对象控制。

遗传算法作为一种非确定的拟自然随机优化工具，具有并行计算、快速寻找全局最优解等特点，它可以和其他技术混合使用，用于智能控制的参数、结构或环境的最优控制。

神经网络是利用大量的神经元，按一定的拓扑结构进行学习和调整的自适应控制方法。它能表示出丰富的特性，具体包括并行计算、分布存储、可变结构、高度容错、非线性运算、自我组织、学习和自学习。这些特性是人们长期追求和期望的系统特性。神经网络在智能控制的参数、结构或环境的自适应、自组织、自学习等方面具有独特的能力。

智能控制的相关技术与控制方式结合或综合交叉结合，构成风格和功能各异的智能控制系统和智能控制器，这也是智能控制技术方法的一个主要特点。

自动控制系统主要由控制器、被控对象、执行机构和变送器 4 个环节组成。

控制器：可按照预定顺序改变主电路或控制电路的接线，也可改变电路中电阻值来控制电动机的起动、调速、制动和反向的主令装置。

被控对象：一般指被控制的设备或过程，如反应器、精馏设备的控制，传热过程、燃烧过程的控制等。从定量分析和设计的角度去看，控制对象只是被控设备或过程中影响对象输入、输出参数的部分因素，并不是设备的全部。

执行机构：使用液体、气体、电力或其他能源并通过电机、气缸或其他装置将其转换成驱动作用的机构。

变送器：作用是检测工艺参数并将测量值以特定的信号形式传送出去，以便进行显示、调节。在自动检测和调节系统中的作用是将各种工艺参数如温度、压力、流量、液位、成分等物理量变换成统一的标准信号，再传送到调节器和指示记录仪中，进行调节、指示和记录。

8.1.3　分类

研究的主要目标不再是被控对象，而是控制器本身。控制器不再是单一的解析型数学模型，而是数学解析和知识系统相结合的广义模型，是多种学科知识相结合的控制系统。自动控制理论是建立在被控动态过程的特征模式识别，基于知识、经验的推理及智能决策基础上的控制。一个好的自动控制器本身应具有多模式、变结构、变参数等特点，可根据被控动态过程特征识别、学习并组织自身的控制模式，改变控制器结构和调整参数。

自动控制的研究对象具备以下特点。

1．不确定性的模型

自动控制的研究对象通常存在严重的不确定性。这里所说的模型不确定性包含两层意思：一是模型未知或知之甚少；二是模型的结构和参数可能在很大范围内变化。

2．高度的非线性

对于具有高度非线性的控制对象，采用智能控制的方法往往可以较好地解决非线性系统的控制问题。

3．复杂的任务要求

对于自动控制系统，任务的要求往往比较复杂。

目前自动控制在伺服系统中有较多的应用，主要包括专家控制、模糊控制、学习控制、神经网络控制、预测控制等。

8.2　模糊控制

8.2.1　模糊推理方法

模糊控制方法是一种在模糊集合论、模糊语言变量及模糊逻辑推理基础上形成的计算机数字控制方法。模糊控制是一种智能的、非线性的控制方法。与传统的控制方式相比，模糊控制有着很多优势，它更加适用于复杂的、动态的系统，模糊控制逐渐成为一种重要且有效的控制方法。

8.2.2　模糊控制原理

模糊控制的核心是模糊控制器，它的控制规律是由计算机程序来实现的。首先需要将所有监测出的精确量转换成适应模糊计算的模糊量，将得到的模糊量通过模糊控制器进行计算，然后再将这些经模糊控制器计算得到的模糊量再次转换为精确量，这样就完成了一级模糊控制。然后等待下一次采样，再进行上述过程，如此循环，实现对被控对象的模糊控制，如图 8-1 所示。

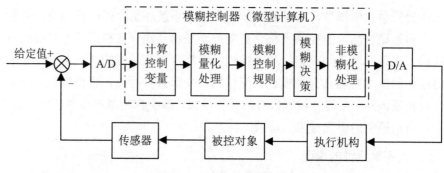

图 8-1　模糊控制原理框图

8.2.3　模糊控制系统的设计

1. 模糊控制系统分类

（1）按信号的时变特性分类

① 恒值模糊控制系统

系统的指令信号为恒定值，通过模糊控制器消除外界对系统的扰动，使系统的输出跟踪输入的恒定值。也称为"自镇定模糊控制系统"，如温度模糊控制系统。

② 随动模糊控制系统

系统的指令信号为时间函数，要求系统的输出能高精度、快速地跟踪系统输入。也称为"模糊控制跟踪系统"或"模糊控制伺服系统"。

（2）按静态误差是否存在分类

① 有差模糊控制系统

将偏差的大小及偏差变化率作为系统的输入，为有差模糊控制系统。

② 无差模糊控制系统

引入积分作用，使系统的静差降至最小。

（3）按系统控制输入变量的多少分类

控制输入个数为 1 的系统为单变量模糊控制系统，控制输入个数大于 1 的系统为多变量模糊控制系统。

2. 模糊控制器

模糊控制器，也称为模糊逻辑控制器，由于所采用的模糊控制规则是由模糊理论中的模糊条件语句来描述的，因此模糊控制器是一种语言型控制器，故也称为模糊语言控制器，如图 8-2 所示。

（1）模糊化接口

模糊控制器的输入必须通过模糊化才能用于控制输出的求解，因此它实际上是模糊控制器的输入接口。它的主要作用是将真实的确定量输入转换为一个模糊矢量。

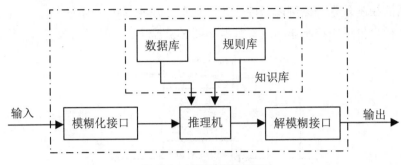

图 8-2 模糊控制器框图

（2）知识库

知识库由数据库和规则库两部分构成。

① 数据库（Data Base，DB）。数据库所存放的是所有输入、输出变量的全部模糊子集的隶属度矢量值（即经过论域等级离散化以后对应值的集合），若论域为连续域则为隶属度函数。在规则推理的模糊关系方程求解的过程中，向推理机提供数据。

② 规则库（Rule Base，RB）。模糊控制器的规则是基于专家知识或手动操作人员长期积累的经验，它是按人的直觉推理的一种语言表示形式。模糊规则通常由一系列的关系词连接而成，如 if-then、else、also、end、or 等，关系词必须经过"翻译"才能将模糊规则数值化。最常用的关系词为 if-then、also，对于多变量模糊控制系统，还有 and 等。

（3）推理与解模糊接口

推理是模糊控制器中，根据输入的模糊量，由模糊控制规则完成模糊推理以求解模糊关系方程，并获得模糊控制量的功能部分。在模糊控制中，考虑到推理时间，通常采用运算较简单的推理方法。最基本的有 Zadeh 近似推理，它包含正向推理和逆向推理两类。正向推理常被用于模糊控制，而逆向推理一般用于知识工程学领域的专家系统。推理结果的获得，表示模糊控制的规则推理功能已经完成。但是，至此所获得的结果仍是一个模糊矢量，不能直接用来作为控制量，还必须做一次转换，求得清晰的控制量输出，即为解模糊。通常把输出端具有转换功能的部分称为解模糊接口。

8.2.4 自适应模糊控制

模糊自适应控制器同时结合自适应控制和模糊控制，形成具有自适应功能的控制系统。模糊自适应控制不要求控制对象具有精确的数学模型，还巧妙地引入了自适应律，以方便实时地学习被控对象所具有的各种动态特性，然后再根据动态特性的实时变化来自动更新和修改，在线实时调整对应的模糊控制器。这样就使得系统在出现各种各样的不确定因素时，控制器的控制效果仍然可以保持一致，具有良好的健壮性。

模糊自适应控制器的基本框架如图 8-3 所示。

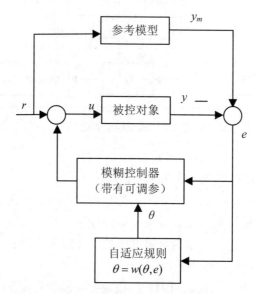

图 8-3　模糊自适应控制器框图

从图 8-3 中可以看出，在自适应模糊控制的过程中，自适应规则的设计是依据控制性能指标来设计的，随着环境的变化自适应律不断用来修正模糊控制器中的参数。而在非自适应模糊控制系统，模糊控制器是事先已经设计好的，控制器的参数不依控制性能而改变，这就可能导致控制失效。因此，自适应模糊控制具有较好的控制性能。

由于自适应律在实时控制的过程中能够不断地学习被控对象的动态特性，所以自适应模糊控制对被控对象的信息要求不高。即当专家给出的经验有限，或者规则总结得粗糙时，都可以通过自适应模糊控制来改善。

8.3　专家控制

8.3.1　原理

专家系统是一个具有大量的专门知识与经验的程序系统，它应用人工智能技术和计算机技术，根据某领域一个或多个专家提供的知识和经验，进行推理和判断，模拟人类专家的决策过程，以便解决那些需要人类专家才能处理好的复杂问题。简而言之，专家系统是一种模拟人类专家解决领域问题的计算机程序系统。专家式控制系统，或叫作专家控制系统。它已广泛应用于故障诊断、工业设计和过程控制，为解决工业控制难题提供一种新的方法，是实现工业过程控制的重要技术。

8.3.2 典型结构

在智能控制领域中，专家系统控制、神经网络控制、模糊逻辑控制等方法各自有着不同的优势及适用领域。因而将几种方法相融合，成为设计更高智能控制系统的可取方案。而通过引进其他智能方法来实现更有效的专家控制系统，也已成为近年来研究的热点。根据它们结合的方式，专家控制系统可以分为以下 3 种。

1. 一般控制理论知识和经验知识相结合

基于一般控制理论知识（解析算法）和经验知识（专家系统）的结合，扩展了传统控制算法的范围。这种控制方法是以应用专家知识、知识模型、知识库、知识推理、控制决策和控制策略等技术为基础的，如知识模型与常规数学模型相结合，知识信息处理技术与控制技术相结合，模拟人的智能行为。此方法能够解决变大规模系统、复杂系统以及非线性和多扰动实时控制过程的控制问题。

Astrom 等把有关自调整和自适应的启发知识编入知识基系统，以克服现有自适应控制系统的不足。这类研究典型地体现了专家控制原理的本质，也是研究最多的一种策略。这类研究首次提出了分工况智能 PID 专家控制系统，克服了传统液压挖掘机控制中的转速控制和压力控制的不足，近似地实现了无级调速，并达到了节能的效果。提出了将专家控制理论和方法，与传统的 PID 控制方式结合起来，分析计算并判断各种运行状态，给出适当的晶闸管触发角相位信号，使得直流调速装置能快速、无超调地起动和制动，并在进入稳态后保持规定的静态精度，满足了调速系统快速、实时的要求。

2. 模糊逻辑与专家控制相结合

将模糊集和模糊推理引入专家控制系统中，就产生了基于模糊规则的专家控制系统，也称模糊专家控制系统。它运用模糊逻辑和人的经验知识，根据求解控制问题时的启发式规则来构造控制策略。对于难以用准确的数字模型描述、也难以完全依靠确定性数据进行控制的情况，可使用模糊语言变量表示规则，并进行模糊推理，使其能模拟操作人员凭经验和直觉对受控过程进行的手动控制，从而具有更高的智能。

模糊专家控制全部或部分地采用模糊技术进行知识获取、知识表示和运用。其核心是模糊推理机，它根据模糊知识库中的不确定性知识，按不确定性推理、策略，解决系统问题域中的问题，给出较为合理的控制命令。

这种控制方法适用于模型不充分、不精确，甚至不存在的复杂过程（对象）。

与模糊控制相比，模糊专家控制系统有更高的智能：它拥有关于过程控制的更复杂的知识，能以更复杂的方式利用这些知识。模糊集仍被用于模拟不确定性，但模糊专家控制系统在范围上更具一般性，能广泛处理不同种类的问题。

利用模糊数学的基本思想和理论的控制方法：在传统的控制领域里，控制系统动态模式的精确与否是影响控制优劣的最主要因素，系统动态的信息越详细，则越能达到精确控制的目的。然而，对于复杂的系统，由于变量太多，往往难以正确地描述系统的动态，于是工程师便利用各种方法来简化系统动态，以达到控制的目的，但却不尽理想。换言之，传统的控制理论对于明确系统有强而有力的控制能力，但对过于复杂或难以精确描述的系统，则显得无能为力。因此便尝试着以模糊数学来处理这些控制问题。

3．神经网络与专家控制相结合

将神经网络和专家系统技术结合起来，即神经网络专家系统的研究已经起步。神经网络基于数值和算法，而专家系统则基于符号和启发式推理。神经网络具有联想、容错、记忆、自适应、自学习和并行处理等优点。其不足之处是不能对自身的推理方法进行解释，对未在训练样本中出现过的故障不能给出正确的诊断结论。专家系统具有显式的知识表达形式，容易维护知识，能对推理行为进行解释，并可利用深层知识来诊断新故障。其缺点是不能从经验中学习，当知识库庞大时难以维护，在进行深层诊断时需要过多的计算时间。因此，将神经网络和专家系统结合起来，充分发挥专家系统"高层"推理的优势和神经网络"低层"处理的长处，可以得到更好的控制效果。

目前，由于对神经网络本身的研究还有很多未解的难题，因而应用神经网络的专家控制系统还不是很多：这类研究提出一种神经网络专家控制策略，使用基于 BP 网络和规则模型的专家控制器及单回控制器，实现了高质量和低成本的控制目标，成功地对电解过程进行最优控制。提出了一种基于神经网络的 SMT 焊点质量专家控制系统，其能够对焊点质量进行实时评价和控制，提高了生产率和产品的可靠性。

4．专家控制系统所面临的主要问题

对于各类专家控制系统，它们要共同面对下列发展中的难点和挑战。

（1）专家经验知识的获取问题。如何获取专家知识，并将知识构造成可用的形式（即知识表示），成为研究专家系统的主要"瓶颈"之一。

（2）知识库的自动更新与规则的自动生成。受知识获取方法的限制，专家控制系统不可能具有控制专家的全部知识。专家控制系统应能通过在线获取的信息以及人机接口不断学习新的知识，更新知识库的内容，根据出现的新情况，自动产生出新规则。否则，当系统出现超出专家系统知识范围的异常情况时，系统就可能出现失控。

（3）专家控制系统需要建立实时操作知识库，以解决结构的复杂性、功能的完备性与控制的实时性之间的矛盾。

实时性涉及的难题有非单调推理、异步事件、按时间推理、推理时间约束等。

（4）专家控制系统的稳定性分析是另一个研究难题。由于涉及的对象具有不确定性或非线性，它实现的控制基于知识模型，采用启发式逻辑和模糊逻辑，而专家控制系统的本质也是非线性的，因此目前的稳定性分析方法很难直接用于专家控制系统。

（5）如何实现数据和信息的并行处理、如何设计系统的解释机构、如何建立良好的用户接口等，都是专家系统有待解决的问题。

对于前述的采用不同技术的专家控制系统，它们也分别面临着各自不同的问题。对于模糊专家控制系统，需要进一步深入研究的课题有：模糊控制规则设计方法的研究；模糊控制参数的最优调整理论及修正推理规则的学习方式；模糊控制动态模型的辨识；模糊预测系统的设计方法和提高计算速度的算法等。

将神经网络和专家系统技术结合起来用于控制的技术还很不成熟，尤其是 ES 和 NN 之间的相互通信问题、定性知识和定量知识的处理技术与整个智能控制系统有机集成的问题等，都是需要重点突破的关键性问题。

8.3.3　实现方法

1．知识库

知识库用适当的方式储存从专家那里获取的领域知识、经验，也包括必要的书本知识和常识，它是领域知识的存储器。

2．数据库

数据库是在专家系统中划出的一部分储存单元，用于存放当前处理对象的用户提供的数据和推理得到的中间结果，这部分内容是随时变化的。

3．推理机

推理机用于控制和协调整个专家系统的工作，它根据当前的输入数据，再利用知识库的知识，按一定推理策略去处理、解决当前的问题。推理策略有正向推理、反向推理和正反向混合推理 3 种方式。

4．解释

解释也是一组计算机程序，其为用户解释推理结果，以便用户了解推理过程，并回答用户提出的问题，为用户学习和维护系统提供方便。

5．知识获取

知识获取是通过设计一组程序，为修改知识库中原有的知识、扩充新知识提供手段，包括删除原有知识，将从专家获取的新知识加入知识库。知识获取被称为专家系统的瓶颈。

8.4 神经网络控制

8.4.1 类型

神经网络最早由心理学家和神经生物学家提出，由于神经网络在解决复杂问题时能够提供一种相对简单的方法，因此近年来越来越受到人们的关注。各式各样的模型从不同的角度对生物神经系统进行了不同层次的描述和模拟。具有代表性的网络模型有 BP 网络、RBF 网络、Hopfield 网络、自组织特征映射网络等。运用这些网络模型可实现函数逼近、数据聚类、模式分类、优化计算等功能。因此，神经网络广泛应用于人工智能、自动控制、机器人、统计学等领域的信息处理中。

8.4.2 结构

一个经典的神经网络包含 3 个层次，分别为输入层、输出层、中间层（也叫隐藏层）。输入层有 3 个单元，隐藏层有 4 个单元，输出层有 2 个单元，如图 8-4 所示。

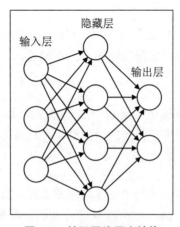

图 8-4   神经网络层次结构

8.4.3　模型

1．BP 神经网络

BP 神经网络是一种神经网络学习算法。其是由输入层、中间层、输出层组成的阶层型神经网络,中间层可扩展为多层。相邻层之间的各神经元全连接,而每层中各神经元之间无连接。网络按有教师示教的方式进行学习,当将一对学习模式提供给网络后,各神经元获得网络的输入响应,产生连接权值。然后按减小希望输出与实际输出误差的方向,从输出层经各中间层逐层修正各连接权值,回到输入层。此过程反复交替进行,直至网络的全局误差趋向给定的极小值,即完成学习的过程。

2．RBF（径向基）神经网络

径向基神经网络是由 J.Moody 和 C.Darken 在 20 世纪 80 年代末提出的一种神经网络,它是具有单隐层的三层前馈网络。它模拟了人脑中局部调整、相互覆盖接收域的神经网络结构,因此 RBF 网络是一种局部逼近网络,它能够以任意精度逼近任意连续函数,特别适合于解决分类问题。

3．感知器神经网络

感知器神经网络是一个具有单层计算神经元的神经网络,网络的传递函数是线性阈值单元。原始的感知器神经网络只有一个神经元,主要用来模拟人脑的感知特征,由于采取的阈值单元是传递函数,所以只能输出两个值,适合简单的模式分类问题。当感知器用于两类模式分类时,相当于在高维样本空间用一个超平面将两类样本分开,而单层感知器只能处理线性问题,对于非线性或者线性不可分问题无能为力。假设 p 是输入向量,w 是权值矩阵向量,b 为阈值向量,其传递函数是阈值单元,也就是所谓的硬限幅函数。因此感知器的决策边界就是 $wp+b$,当 $wp+b \geq 0$ 时,判定为类别 1,否则判定为类别 2。

4．自组织神经网络

在生物神经细胞中存在一种特征敏感细胞,这种细胞只对外界信号刺激的某一特征敏感,并且这种特征是通过自学习形成的。在人脑的脑皮层中,对于外界信号刺激的感知和处理是分区进行的。有学者认为,脑皮层通过邻近神经细胞的相互竞争学习,自适应地发展成为对不同性质的信号敏感的区域。根据这一特征现象,芬兰学者 Kohonen 提出了自组织特征映射神经网络模型。他认为一个神经网络在接受外界输入模式时,会自适应地对输入信号的特征进行学习,进而自组织成不同的区域,并且在各个区域，对输入模式具有不同的响应特征。在输出空间中，这些神经元将形成一张映射图，映射图中功能相同的神经元靠得比较近，功能不同的神经元分得比较开，自组织特征映射网络也是因此得名的。

自组织映射过程是通过竞争学习完成的。所谓竞争学习是指同一层神经元之间相互竞争，竞争胜利的神经元修改与其连接的连接权值的过程。竞争学习是一种无监督学习方法，在学习过程中，只需要向网络提供一些学习样本，而无须提供理想的目标输出。网络根据输入样本的特性进行自组织映射，从而对样本进行自动排序和分类。

自组织神经网络包括自组织竞争网络、自组织特征映射网络、学习向量量化等网络结构形式。

5. 反馈神经网络

前面介绍的网络都是前向网络，实际应用中还有另外一种网络——反馈网络。在反馈网络中，信息在前向传递的同时还要进行反向传递，这种信息的反馈可以发生在不同网络层的神经元之间，也可以只局限于某一层的神经元上。由于反馈网络属于动态网络，只有满足了稳定条件，网络才能在工作了一段时间之后达到稳定状态。反馈网络的典型代表是 Elman 网络和 Hopfield 网络。

8.4.4 应用

经过几十年的发展，神经网络理论在模式识别、自动控制、信号处理、辅助决策、人工智能等众多研究领域取得了广泛的成功。下面介绍神经网络在一些领域中的应用现状。

1. 人工神经网络在信息领域中的应用

在处理许多问题时，信息来源既不完整，又包含假象，决策规则有时相互矛盾，有时无章可循，这给传统的信息处理方式带来了很大困难，而神经网络却能很好地处理这些问题，并给出合理的识别与判断。

（1）信息处理

现代信息处理要解决的问题是很复杂的，人工神经网络可模仿或代替与人的思维有关的功能，从而实现自动诊断、问题求解，解决传统方法难以解决的问题。人工神经网络系统具有很高的容错性、健壮性及自组织性，即使连接线遭到很高程度的破坏，它仍能处在优化工作状态，这点在军事系统的电子设备中得到了广泛的应用。现有的智能信息系统有智能仪器、自动跟踪监测仪器系统、自动控制制导系统、自动故障诊断和报警系统等。

（2）模式识别

模式识别是对表征事物或现象的各种形式的信息进行处理和分析，从而对事物或现象进行描述、辨认、分类和解释的过程。该技术以贝叶斯概率论和香农的信息论为理论基础，对信息的处理过程更接近人类大脑的逻辑思维过程。现在有两种基本的模式识别方法，即统计模式识别方法和结构模式识别方法。人工神经网络是模式识别中的常用方法，近年发展起来的人工神经网络模式的识别方法逐渐取代了传统的模式识别方法。经过多年的研究和发展，模式识别已成为当前比较先进的技术，被广泛应用到了文字识别、语音识别、指纹识别、遥感图像识别、人脸识别、手写体字符识别、工业故障检测、精确制导等方面。

2. 人工神经网络在医学中的应用

由于人体和疾病的复杂性、不可预测性，在生物信号与信息的表现形式、变化规律（自身变化与医学干预后变化）上，对其进行检测与信号表达。获取的数据及信息在分析、决策等诸多方面都存在着非常复杂的非线性联系，适合人工神经网络的应用。目前的研究几乎涉及从基础医学到临床医学的各个方面，主要应用在生物信号的检测与自动分析、医学专家系统等领域。

（1）生物信号的检测与分析

大部分医学检测设备都是以连续波形的方式输出数据的，这些波形是诊断的依据。人工神经网络是由大量的简单处理单元连接而成的自适应动力学系统，具有巨量并行性及分布式存储、自适应学习的自组织等功能，因此可以用它来解决生物医学信号分析处理中常规法难以解决或无法解决的问题。神经网络在生物医学信号检测与处理中的应用主要集中在对脑电信号的分析上，包括听觉诱发电位信号的提取、肌电和胃肠电等信号的识别、心电信号的压缩、医学图像的识别和处理等。

（2）医学专家系统

传统的专家系统，是把专家的经验和知识以规则的形式存储在计算机中，建立知识库，用逻辑推理的方式进行医疗诊断。但是在实际应用中，随着数据库规模的增大，将导致知识"爆炸"，在知识获取的途径中也存在"瓶颈"问题，导致工作效率很低。以非线性并行处理为基础的神经网络为专家系统的研究指明了新的发展方向，解决了专家系统的上述问题，并提高了知识的推理、自组织、自学习能力，从而使神经网络在医学专家系统中得到了广泛的应用和发展。

在麻醉与危重医学等相关领域的研究中，涉及多生理变量的分析与预测，在临床数据中存在着一些尚未发现或无确切证据的关系与现象。信号的处理、干扰信号的自动区分检测、各种临床状况的预测等都可以应用人工神经网络技术实现。

3. 人工神经网络在经济领域的应用

（1）市场价格预测

对商品价格变动的分析，可归结为对影响市场供求关系的诸多因素的综合分析。传统的统计经济学方法因其固有的局限性，难以对价格变动做出科学的预测，而人工神经网络容易处理不完整、模糊不确定或规律性不明显的数据，所以用人工神经网络进行价格预测，有着传统方法无法相比的优势。从市场价格的确定机制出发，依据影响商品价格的家庭户数、人均可支配收入、贷款利率、城市化水平等复杂多变的因素，建立较为准确可靠的模型。该模型可以对商品价格的变动趋势进行科学预测，并得到准确、客观的评价结果。

（2）风险评估

风险是指在从事某项特定活动的过程中，因其存在的不确定性而产生的经济或财务损失、自然破坏或损伤的可能性。防范风险的最佳办法就是事先对风险做出科学的预测和评估。应用人工神经网络预测的思想是根据具体现实的风险来源，构造出符合实际情况的信用风险模型的结构和算法，得到风险评价系数，然后确定实际问题的解决方案。利用该模型进行实证分析，能够弥补主观评估的不足，可以取得满意效果。

4. 人工神经网络在控制领域中的应用

人工神经网络由于其独特的模型结构和固有的非线性模拟能力，以及高度的自适应和容错特性等突出特征，在控制系统中获得了广泛的应用。其在各类控制器框架结构的基础上，加入了非线性自适应学习机制，从而使控制器具有更好的性能。基本的控制结构有监督控制、直接逆模控制、模型参考控制、内模控制、预测控制、最优决策控制等。

5. 人工神经网络在交通领域的应用

近年来人们对神经网络在交通运输系统中的应用开始了深入的研究。交通运输问题是高度非线性的，可获得的数据通常是大量的、复杂的。用神经网络处理相关问题，有巨大的优越性。其应用范围涉及汽车驾驶员行为模拟、参数估计、路面维护、车辆检测与分类、交通模式分析、货物运营管理、交通流量预测、运输策略与经济、交通环保、空中运输、船舶的自动导航、船只的辨认、地铁运营及交通控制等领域，并已经取得了很好的效果。

6. 人工神经网络在心理学领域的应用

从神经网络模型的形成开始，它就与心理学有着密不可分的联系。神经网络抽象于神经元的信息处理功能，神经网络的训练则反映了感觉、记忆、学习等认知过程。人们通过不断地研究，变化着人工神经网络的结构模型和学习规则，从不同角度探讨着神经网络的认知功能，为其在心理学的研究奠定了坚实的基础。近年来，人工神经网络模型已经成为探讨社会认知、记忆、学习等高级心理过程机制的不可或缺的工具。人工神经网络模型还可以对脑损伤病人的认知缺陷进行研究，对传统的认知定位机制提出了挑战。

虽然人工神经网络已经取得了一定的进步，但是还存在许多缺陷，例如：应用的面不够宽阔、结果不够精确；现有模型算法的训练速度不够高；算法的集成度不够高；同时人们希望在理论上寻找新的突破点，建立新的通用模型和算法。未来，需进一步对生物神经元系统进行研究，不断丰富人们对人脑神经的认识。

8.4.5 发展趋势

1. MP 模型的提出和人工神经网络的兴起

1943 年，美国神经生理学家 Warren Mcculloch 和数学家 Walter Pitts 合写了一篇关于神经元如何工作的开拓性文章 *A Logical Calculus of Ideas Immanent in Nervous Activity*。该文指出，脑细胞的活动像断/通开关，这些细胞可以按各种方式相互结合，进行各种逻辑运算。按此想法，他们用电路构成了简单的神经网络模型，并预言大脑的所有活动最终将被解释清楚。虽然问题并非如此简单，但它给人们一个信念，即大脑的活动是靠脑细胞的组合连接实现的。此模型沿用至今，并且直接影响着这一领域研究的进展。他们可称为人工神经网络研究的先驱。

2. 感知器模型和人工神经网络

1957 年，计算机专家 Frank Rosenblatt 开始从事感知器的研究，它是一种多层的神经网络。之后他将此制成硬件，通常被认为是最早的神经网络模型。这项工作首次把人工神经网络的研究从理论探讨付诸工程实践。当时世界上许多实验室仿效，制作感知机，应用于文字识别、声音识别、声纳信号识别及学习记忆问题的研究。

1959 年，两位电机工程师 Bernard Widrow 和 Marcian Haff 开发出一种叫作自适应线性单元（ADALINE）的网络模型，并在他们的论文 *Adaptive Switching Circuits* 中描述了该模型和它的学习算法（Widrow-Haff 算法）。该网络通过训练，可以成功用于抵消通信中的回波和噪声，也可用于天气预报，成为第一个用于实际问题的神经网络。

3. 反思期 ——神经网络的低潮

1969 年，Marvin Minsky 和 Seymour Papert 合著了一本书 *Perception*。

书中分析了当时的简单感知器，指出它有非常严重的局限性，甚至不能解决简单的"异或"问题，Rosenblatt 的感知器被判了"死刑"。此时批评的声音高涨，导致政府停止了对人工神经网络研究的大量投资。不少研究人员把注意力转向了人工智能，导致对人工神经网络的研究陷入了低潮。

4．人工神经网络的复苏

随着人们对感知机兴趣的衰退，神经网络的研究沉寂了相当长的时间。直到 1984 年，Hopfield 设计研制了后来被人们称为 Hopfield 网的电路，较好地解决了 TCP 问题，找到了最佳解的近似解，引起了较大轰动。1985 年，Hinton、Sejnowsky、Rumelhart 等研究者在 Hopfield 网络中引入随机机制，提出了所谓的 Bolziman 机。1986 年，Rumelhart 等研究者独立地提出了多层网络的学习算法——BP 算法，较好地解决了多层网络的学习问题。

人们重新认识到神经网络的威力以及付诸应用的可行性。随即，一大批学者和研究人员围绕着 Hopfield、Hinton 等提出的方法展开了进一步的工作，形成了 20 世纪 80 年代中期以来人工神经网络的研究热潮。1990 年 12 月，国内首届神经网络大会在北京成功举行。

5．深度学习的出现

Hinton 等人于 2006 年提出了深度学习的概念，2009 年 Hinton 把深层神经网络介绍给做语音的学者们，然后在 2010 年，语音识别有了巨大突破。接下来 2011 年，CNN 被应用在图像识别领域，取得的成绩令人瞩目。2015 年，LeCun、Bengio 和 Hinton 三位重量级人物在 *Nature* 上刊发了一篇综述，题为 *Deep Learning*，这标志着深度神经网络不仅在工业上获得成功，还真正被学术界所接受了。

2016 年和 2017 年应该是深度学习全面爆发的两年，Google 推出的 AlphaGo 和 AlphaZero，经过短暂的学习就完全战胜了当今世界排名前三的围棋选手；科大讯飞推出的智能语音系统，识别正确率高达 97%以上，由此成为 AI 的领跑者；百度推出的无人驾驶系统 Apollo 也顺利上路完成了公测，使得无人驾驶汽车离我们越来越近。种种成就，让人类再次认识到神经网络的价值和魅力。

8.5　实验：利用智能音箱语音控制计算机的开关机

实验目标

本节内容主要是向读者简单介绍使用 Python、树莓派及智能音箱来实现基于语音控制的计算机的开关机程序。树莓派是只有信用卡大小的一台微型计算机，其系统可基于 Linux 自行定制。可选择 Google Home 或小米小爱等智能音箱采集语音。本实验主要介绍使用 Python 代码实现基本的智能控制的过程。

实验内容

实验前准备：
（1）路由器（能够形成局域网，且计算机已用网线连接）。
（2）一个智能音箱（使用的是亚马逊 Echo Dot 2）。
（3）主板支持 wake on lan。
（4）一个树莓派。

实验原理（见图 8-5）

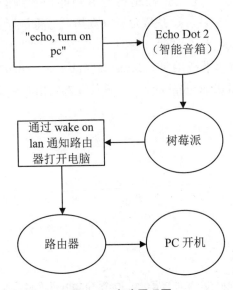

图 8-5　实验原理图

接下来按照以上流程图进行讲解，首先是智能音箱和树莓派的连接，我们需要让树莓派发出信号，使智能音箱将其认作智能家居，并连接。

实验步骤

（1）在树莓派上安装 Fauxmo。
Fauxmo 的安装方法见于下方的操作或网址，注意这里的 Python 版本需要 3.6 以上。

① git clone https://github.com/n8henrie/fauxmo.git

② cd fauxmo

③ python3 -m venv .venv

④ source ./.venv/bin/activate

⑤ pip install -e .[dev]

⑥ cp config-sample.json config.json

⑦ 根据需求编辑（第一次可先忽略）config.json

⑧ fauxmo [-v]

成功后，请让智能音箱重新搜索设备，如 Echo dot 是向它说"find connected devices"，或同一局域网下，在网页端（http://alexa.amazon.com/spa/index.html）点击 Discover devices。如果其成功发现了新的设备，则安装成功。

（2）修改 Fauxmo 配置，让智能音箱能识别到新的"设备"。

Fauxmo 其实很简单，我们只需要关注两个地方，一个是源文件下的 config.json，这个文件是用来控制智能音箱能识别到的设备的。其次是 plugins 文件夹下的文件，这是树莓派收到指令后将执行的文件。由于我们只需要使用 Python 进行开关机控制，笔者在这里使用了 Fauxmo 的 commandlineplugin（下载地址：https://github.com/n8henrie/fauxmo-plugins/blob/master/commandlineplugin.py）。树莓派得到指令后就开启命令行，输入相应的操作。

PC 的 config.json 配置如下：

```
"PcControl": {
"path":
"/home/pi/Documents/fauxmo/src/fauxmo/plugins/commandlineplugin.py",
"DEVICES": [
 {
 "name": "PC",
 "port": 49915,
 "on_cmd":"python2 /home/pi/Documents/Automatic/turnOnPC.py",
 "off_cmd":"python   /home/pi/Documents/Automatic/ShutdownAndRebootPC.py
192.168.199.236(该电脑局域网 IP) 计算机账号 计算机密码 shutdown",
 "state_cmd": ""
 },
 {
 "name": "RebootPC",

 "port": 49920,
 "on_cmd": "python /home/pi/Documents/Automatic/
ShutdownAndRebootPC.py 192.168.199.236 ckend ckend reboot",
 "off_cmd": "python /home/pi/Documents/Automatic/
```

```
ShutdownAndRebootPC.py 192.168.199.236 ckend ckend reboot",
 "state_cmd": ""
 }]
},
```

如果向 echo 说："Turn on my PC"，它会通过 49915 端口访问 plugins 文件夹下的 commandlineplugin.py，on 指令的操作是让 CMD 用 Python2 访问/home/pi/Documents/Automatic/文件夹下的 turnOnPC.py 文件。

（3）增加 turnOnPC.py 文件和 ShutdownAndRebootPC.py 文件。

turnOnPC.py 文件的用处就是通过 wake on lan 唤醒计算机，需要提供计算机的 MAC 地址，不知道的话，可以在 CMD 中输入 ARP -a 查询。

```
def wake_on_lan(macaddress):
""" Switches on remote computers using WOL. """

# Check macaddress format and try to compensate.
if len(macaddress) == 12:
    pass
elif len(macaddress) == 12 + 5:
    sep = macaddress[2]
    macaddress = macaddress.replace(sep, ')
else:
    raise ValueError('Incorrect MAC address format')
# Pad the synchronization stream.
data = ''.join(['FFFFFFFFFFFF', macaddress * 20])
send_data = '
# Split up the hex values and pack.
for i in range(0, len(data), 2):
    send_data = ''.join([send_data,struct.pack('B', int(data [i: i + 2], 16))])
    # Broadcast it to the LAN.
    sock = socket.socket(socket.AF_INET, socket.SOCK_DGRAM)
    sock.setsockopt(socket.SOL_SOCKET, socket.SO_BROADCAST, 1)
    sock.sendto(send_data, (', 7))
```

ShutdownAndRebootPC.py 文件主要提供关机和重启的操作，其原理是通过 SSH 连接 Windows 系统，执行 DOS 关机和重启的命令。

```
def shutdown(ip=sys.argv[1], username=sys.argv[2], password=sys.argv[3]):
 # ssh login
    proc = pexpect.spawn("ssh %s@%s " % (str(username), str(ip)))
    index = proc.expect([".*assword.*", ".*yes.*"])
 if index > 0:
        proc.sendline("yes")
        proc.expect(".*assword.*")
    proc.sendline(password)
```

```
proc.expect(".*你的用户名>.*")
proc.send("shutdown.exe -s -t 00"+'\r\n')
#重启是  shutdown.exe -r -t 00
time.sleep(1)
```

将上述文件放到前述指定的/home/pi/Documents/Automatic/下，重启fauxmo，并让智能音箱重新搜索，找到新增的设备，分别是 PC 和 RebootPC。成功后只要说 "Turn off PC"，即可关闭计算机。

习题

一、单选题

1．若模糊集合 A 表示模糊概念"好"，则模糊概念"相当好"相当于 A 乘以模糊算子 H，其中 $\lambda=$（   ）。

    A．1/2   B．5/4   C．2   D．4

2．若模糊集合 A 表示模糊概念"小"，则模糊概念"较小"相当于 A 乘以模糊算子 H，其中 $\lambda=$（   ）。

    A．2   B．4   C．3   D．3/4

3．在模糊语言变量中，"大约""近似"之类的词汇属于（   ）。

    A．集中化算子   B．散漫化算子

    C．模糊化算子   D．判断化算子

4．总结手动控制策略，得出一组由模糊条件语句构成的控制规则，据此可建立（   ）。

    A．输入变量赋值表   B．输出变量赋值表

    C．模糊控制器查询表   D．模糊控制规则表

5．由于各神经元之间突触的连接强度和极性有所不同，并可进行调整，因此人脑才具有（   ）的功能。

    A．学习和存储信息   B．输入输出

    C．联想   D．信息整合

6．生物神经元的突触连接相当于神经元之间的（   ）。

    A．输入连接   B．输入输出接口

    C．绝缘   D．输出连接

7．神经元模型 M-P，表示（   ）。

    A．某一输入信号   B．输入信号加权求和

    C．权重值   D．输出信号

8．神经网络直接逆控制是一种（   ）控制。

    A．反馈   B．前馈

　　C．串级　　　　　　　　　D．混合

9．神经网络 PID 控制系统的结构有（　　　）内含神经网络的环节。

　　A．1 个　　　　　　　　　B．2 个

　　C．3 个　　　　　　　　　D．4 个

10．直接式专家控制通常由（　　　）组成。

　　A．知识库和推理机构

　　B．控制规则集和信息的获取与处理

　　C．知识库、推理机构和控制规则集

　　D．知识库、推理机构、控制规则集和信息的获取与处理

二、简答题

1．智能控制与传统控制的主要区别是什么？

2．试写出 3 种常用的模糊条件语句及对应的模糊关系 R 的表达式。

3．简述量化因子和比例因子的作用，试举例说明。

参考文献

[1] 李犇．机器人领域中智能控制的应用方法方案分析[J]．中国标准化，2019（04）．

[2] 余毕超．智能控制及其在机器人领域的应用[J]．内燃机与配件，2018（13）．

[3] 刘丰年．智能控制在机器人领域中的应用[J]．信息与电脑（理论版），2018（10）．

[4] 卢昊．车辆工程中智能控制技术的研究[J]．山东工业技术，2018（24）．

[5] 郑洋，孙婷婷，徐晓帆．智能控制技术在车辆工程的应用[J]．南方农机，2017（03）．

[6] 何金勇．人工智能技术在电气自动化控制中的应用思路探索[J]．内燃机与配件，2019（09）．

第 9 章

工业机器人技术

自 20 世纪 60 年代初机器人问世以来，在工业经济及制造领域，工业机器人经过诞生、成长、成熟期后，已成为不可或缺的核心自动化装备；在非制造领域，上至太空舱、宇宙飞船，下至极限环境作业、日常生活服务，机器人技术的应用已拓展渗透到社会生活的各个领域。

机器人技术集中了机械工程、电子技术、计算机技术、自动控制理论、人工智能等多学科的最新成果，代表着人类文明从机械化、机电一体化（电气化）、自动化、迭代发展到现在的工业 4.0（智能化）时代。

目前在全球制造业领域，工业机器人使用密度已达 85 台/万人。我国从零基础工业门类发展到现在，成为全球工业门类体系最齐全、工业规模世界第一的国家。新技术大量涌现，全球供应过剩，竞争激烈，市场疲软，中美已成战略竞争对手。

9.1 人工智能与工业 4.0

以人工智能为核心的工业革命 4.0 是人类发展的必然，智能化、无人化势不可挡。2020 年是我国 5G 应用的元年，中、美、德、日等国家你追我赶，人工智能机器人大量应用于各行各业：无人驾驶、数字金融、数字货币、智慧财务、智能制造、智能建筑、智慧农业、智慧物流、智慧交通、智慧教育、智慧政务等；简单体力劳动几乎消失，大量"低素质劳动力"被淘汰。未来已来，看清趋势，才能看清未来。

9.1.1 智能制造生态系统

伴随着工业互联网、大数据、人工智能、5G、量子通信等越来越多新技术的发展与应用，人类生产力在全球范围内掀起了制造业的革命浪潮。2011 年世界制造大国中、美、德推出各自的"工业 4.0"版本，其核心就是智能制造。如何整合"产、教、学、研、政"资源，发展具本国特色的智能制造生态系统，中、美、德等国都提出了各自的国家战略。我国从 2015 年提出到 2025 年，升级迭代了中国智能制造解决方案。

智能制造生态架构由实体层、虚拟层两大部分组成，实体层主要有 AI 人工智能（机器人 Robot）、3D 打印等，虚拟层主要有 5G、工业互联网络及其平台（云）、软件应用 App 等。图 9-1 所示为智能制造生态系统架构。

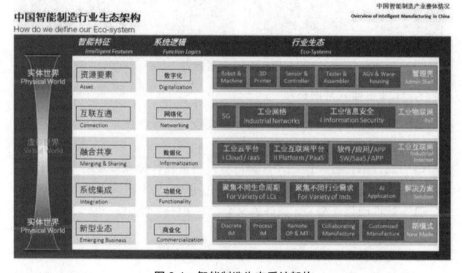

图 9-1　智能制造生态系统架构

当前，掌握制造产业核心技术和关键材料的产业链上游企业，在全世界有三千多家，德国占 1307 家，数量最多。中国作为世界第二大经济体和世界制造大国，需要专注解决产业关键技术（激光光刻技术）、核心部件（芯片）、特殊材料（光刻胶）的难题，以提供专业化、高质量的产品和服务。

9.1.2 工业机器人

工业机器人是面向工业领域的多关节机械手或多自由度的机器装置，其能自动执行指令工作，是靠自身动力和控制能力实现各种功能的一种机器。工业机器人可以受人类指挥，按预先编好的程序运行，也可以根据人工智能技术制定的规则和纲领行动。

国际标准化组织（ISO）将工业机器人定义为：一种能自动控制、可重复编程、多功能、多自由度的，搬运材料、工件或操持工具以完成各种作业的操作机器。

机器人于 20 世纪 60 年代诞生，在 20 世纪 80 年代得到巨大发展。1980 年称为"机器人元年"。工业机器人是机器人家族中技术发展成熟、应用最多的一类机器人；六轴以下通常称为机械臂，六轴及以上称为机器人。图 9-2 为人形机器人。

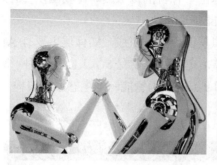

图 9-2　人形机器人

1. 工业机器人常用材料

❑ 碳素结构钢、合金结构钢。强度较高，弹性模量大，抗变形能力强，应用广泛。

❑ 铝、铝合金、锂铝轻合金材料。质量轻、弹性模量适当、材料密度小，E/ρ 堪比钢材（E 为弹性模量，ρ 为电阻率系数）。

❑ 纤维增强合金，如硼纤维合金、石墨纤维增强镁合金。E/ρ 高，价格较昂贵。

❑ 陶瓷材料。品质品相好，易碎，不易加工。

❑ 纤维增强复合材料。具有极好的 E/ρ，阻尼大，大量应用于高速机器人。

❑ 黏弹性大阻尼材料。增大机器人连杆的阻尼是改善机器人构件约束动态特性的最佳方法。

2. 目前全球九大工业机器人巨头

发那科（FANUC）机器人、ABB Robotics 机器人、库卡（KUKA Roboter Gmbh）、安川电机（Yaskawa Electric Co.）、川崎机器人、爱普生机器人（机械手）、柯马（COMAU）机器人、那智（NACHI）不二越机器人、史陶比尔（Staubli）机器人。

（1）发那科（FANUC）机器人—日本

发那科（FANUC）机器人是日本一家专门研究数控系统的公司，成立于 1956 年，是世界上专业的数控系统生产厂家，目前占据了全球 70%的市场份额；其产品系列多达 240 种，负重为 0.5 kg～1.35 t，广泛应用在装配、搬运、焊接、铸造、喷涂、码垛等不同生产环节，满足不同客户的需求。图 9-3 为发那科（FANUC）机器人。

图 9-3 发那科（FANUC）机器人

（2）ABB Robotics 机器人—瑞典

目前，ABB Robotics 机器人的产品和解决方案已广泛应用于汽车制造、食品饮料、计算机和消费电子等众多行业中的焊接、装配、搬运、喷涂、精加工、包装和码垛等不同作业环节，大大提高了生产效率；如 2020 年安装到雷柏公司深圳厂区生产线上的 70 台 ABB 最小的机器人 IRB120，不仅将工人从繁重枯燥的机械化工作中解放出来，还实现了生产效率成倍提高，产品成本也降低了一半。图 9-4 为 ABB 机器人。

图 9-4 ABB 机器人

（3）库卡（KUKA Roboter Gmbh）—中国

库卡及其德国母公司是世界工业机器人和自动控制系统领域的顶尖制造商，其用户包括通用汽车、克莱斯勒、福特汽车、保时捷、宝马、奥迪、奔驰、大众、哈雷·戴维森、波音、西门子、宜家、沃尔玛、雀巢、百威啤酒、可口可乐等众多知名企业。图 9-5 为库卡机器人。

图 9-5　库卡机器人

（4）安川电机（Yaskawa Electric Co.）—日本

安川电机 1977 年研制出第一台全电动工业机器人；现在其核心的工业机器人产品包括点焊和弧焊机器人、油漆和处理机器人、LCD 玻璃板传输机器人、半导体晶片传输机器人等，安川电机是将工业机器人应用到半导体生产领域的最早的厂家之一。图 9-6 为安川机器人。

图 9-6　安川机器人

（5）川崎机器人—日本

川崎机器人（天津）有限公司主要负责川崎重工生产的工业机器人在中国大区的销售、售后服务（机器人保养、维护、维修）等相关技术支持。图 9-7 为川崎机器人。

图 9-7　川崎机器人

（6）爱普生机器人（机械手）—日本

爱普生机器人（机械手）源于 1982 年的精工手表组装线，2009 年 10 月其在中国成立服务中心及营销总部，全面负责中国地区爱普生机器人（机械手）产品的市场推广、销售技术支持和售后服务；目前中国区的产品主要以 4 轴工业机器人（机械手）、6 轴工业机器人（机械手）为主，同时提供业内通用的工业机器人（机械手）附件。图 9-8 为爱普生机器人。

图 9-8　爱普生机器人

（7）柯马（COMAU）机器人—意大利

柯马机器人隶属菲亚特集团，1976 年成立于意大利都灵，为众多行业提供工业自动化软硬件系统和全面维护服务，从产品研发到工业自动化系统的实现，业务范围主要包括车身焊装、动力总成、工程设计、机器人和维修服务，全系列机器人产品负载 6 kg～800 kg，成为自动化集成解决方案的佼佼者。图 9-9 为柯马（COMAU）机器人。

（8）那智（NACHI）不二越机器人—日本

那智不二越机器人总厂在日本富山，成立于 1928 年。除了做精密机械、刀具、轴承、油压机等，机器人也是其重点业务。那智不二越机器人为日本丰田汽车生产线机器人的专供厂家，专业制作大型的搬运机器人、点焊和弧焊机器人、涂胶机器人、无尘室用 LCD 玻璃板传输机器人、半导体晶片传输机器人、高温等恶劣环境专用机器人、精密机器配套机器人、机械手等；那智不二越是从材料到综合制造的企业。其工业机器人、功能零部件等应用于航天、轨道交通、汽车制造、机加工等领域。图 9-10 为那智不二越机器人。

（9）史陶比尔（Staubli）机器人—瑞士

目前，史陶比尔机器人开发出系列齐全的机器人，包括 SCARA4 轴机器人、6 轴机器人、应用于注塑、喷涂、净室、机床等环境的特种机器人、控制器、工业软件等。其生产的机器人具有更快的速度、更高的精度、更好的灵活性、更友好的用户环境。针对塑料工业，史陶比尔机器人专门开发了应用于 Plastics 的系列机器人，包括 TXplastics40、TXplastics60、

TXplastics160 等系列机械手臂，配备了相应的塑料工业应用软件，完全实现了注塑机的辅助操作（打浇口、检测、粘合）等。史陶比尔集团主要生产精密机械及电子产品：纺织机械、工业接头、工业机器人等。图 9-11 为史陶比尔机器人。

图 9-9 柯马（COMAU）机器人   图 9-10 那智不二越机器人

图 9-11 史陶比尔（Staubli）机器人

9.1.3 智慧工厂

智慧工厂是现代工厂信息化发展的新阶段，是在数字化工厂的基础上，利用物联网的技术和设备监控技术，加强信息管理和服务的工厂。其能清楚地掌握产销流程、提高生产过程的可控性、减少生产线上的人工干预、正确地采集生产线数据，及时进行生产计划编排与生产进度监控，并集绿色智能和智能系统等新兴技术于一体，构建一个高效节能、绿色环保、环境舒适的人性化工厂。

在《中国制造 2025 及工业 4.0》信息物理融合系统 CPS 的支持下，离散制造业需要实现生产设备网络化、生产数据可视化、生产文档无纸化、生产过程透明化、生产现场无人化等先进技术应用，建立基于工业大数据和"互联网"的智能工厂。

智慧工厂的特征:生产设备网络化,实现车间"物联网";生产数据可视化,利用大数据分析进行生产决策;生产文档无纸化,实现高效、绿色制造;生产过程透明化,智能工厂的"神经"系统;生产现场无人化,真正做到"无人"工厂。

中国首个智慧工厂——四川明德亨电子科技有限公司的石英晶体谐振器智慧工厂于 2018 年 7 月 18 日在四川泸州云溪数字经济产业园建成并投产(见图 9-12)。

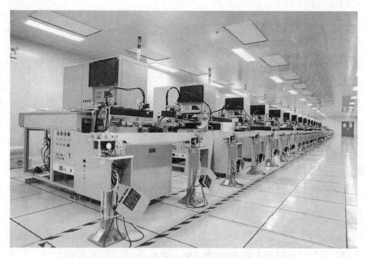

图 9-12 中国首个智慧工厂

石英晶体谐振器智能生产线由激光封焊机器人、传感器、数据中心、无人传输轨道、工业物联网平台、智能制造系统等组成,自动采集生产数据,上传到指挥中心显示屏,实时呈现,通过大数据交互实现产品自我诊断、自我优化、自我适应。颠覆了全球晶体行业 60 年来的传统生产方式,产品广泛应用于消费电子、穿戴设备、通信与网络、物联网、汽车电子、工业电子等市场,远销欧美、日韩等国家。

9.1.4 工业智能化趋势

随着我国各个领域的迭代升级,"5G+医疗""视频 2 个 G,下载 5 秒钟""万物互联""8K 蓝光直播""移动云服务"、2019 年年底我国"加快 5G 商用步伐"、2020 年疫情期间我国大量机器人应用于抗疫等事件呼唤更快的网速,更流畅的通信体验,更宽的互联网场景。5G 在智能建筑运维领域的应用正在普及和丰富起来,要提高工程性能,加快工业产业变革,优化交通,智能规划。"数字化、网络化、智能化"的智慧城市、智慧工厂正在大力推进建设。

1．人机协作将成为智慧工厂未来发展的重要趋势

工业 4.0+5G，人机完美融合，智慧工厂"机智"过人。AGV（移动机器人）通过扫二维码沿既定轨道跑动，物联网总控台也是扫二维码指挥 AGV，让 AGV 把物料送到指定位置上。

智慧工厂建设的主要目的是在追求合理成本的前提下，满足市场个性化定制的需求，而人机协作的最大特点是可以充分利用人的灵活性，完成复杂多变的工作任务，实现利益最大化。因此，人机协作将成为智慧工厂未来发展的主要趋势。

2．智慧工厂将应用更多新兴技术

随着智慧工厂的进一步发展，自动化、机器人、系统集成、工业互联网、5G、边缘计算、雾计算、云计算、工业安全，还包括大数据分析、增材制造、仿真技术、虚拟现实 VR、增强现实 AR、可见光通信等，都在智慧工厂得到了实际应用。其中可见光通信是以利用室内光源作为信息通信的传输介质，目前的研究主要集中在将 LED 灯作为可见光通信的收发源。可见光通信可以在光源能够到达的区域内进行信息传输，台式电脑、笔记本电脑、手机等台式、手持式信息设备将新增一种无线通信联网方式（无线局域网、可见光通信）。一旦电力线通信解决了网段和信息分区隔的问题，该技术成熟运用，将使电气领域的 POE 供电、照明电路、工业制造、智能建筑等人类各个生活领域、生产领域，发生划时代的革命。

3．智慧工厂主要企业及行业趋势

当前国内主要智慧工厂企业有永创智能、软控股份、诺力股份、黄河旋风、山东威达、劲胜智能、中国石化九江石化智慧工厂、国安贝格西门子智慧工厂、博世汽车无锡智慧工厂、海尔互联工厂。图 9-13 为智慧工厂市场规模。

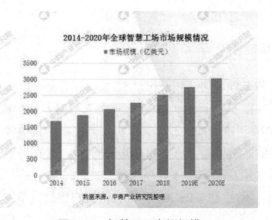

图 9-13 智慧工厂市场规模

9.2　工业机器人核心技术

工业机器人基本构成：减速器、伺服系统、控制系统、本体、辅助元件、6 个子系统"感知系统、机器人—环境交互系统、人机交互系统、控制系统、驱动系统、机械结构系统"。这些组成部分决定了工业机器人的"精度、稳定性、负荷能力"等核心技术指标，而其核心零部件减速器、伺服系统、控制器中，精密减速器的技术壁垒最高。图 9-14 为工业机器人的分类及系统组成。

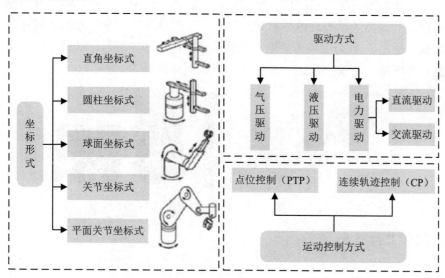

图 9-14　工业机器人的分类及系统组成

工业机器人工作原理：伺服（电动、液动、气动）系统利用各种电机产生力矩和力，直接或间接驱动工业机器人本体和工业机器人各种运动的执行机构，控制转矩和速度，快速、精确、稳定地进行位置控制；伺服（电动、液动、气动）是一种补充电动机间接变速的装置，是伺服系统中控制机械元件运转的动力源，其将电压信号转化为转矩和转速，以驱动控制对象，确保控制速度和位置精度，是工业机器人的"心脏"。伺服电机一般安装在工业机器人的"关节"处，伺服电动机越多，"关节"越多，柔性和精准度越高。伺服电动机插接件可靠性越高，伺服电动机性能越好。集成设计伺服电动机及其插接件越小、密度越高，越方便安装、调试、维修及更换。

9.2.1　传感技术

机器人生产线的自动化、智能化、智慧化，离不开工业机器人的传感器技术。其集成了力矩传感器和摄像机，一般分为（二维、三维）视觉传感器、触觉（力/力矩）传感器、激光（碰撞检测）传感器、红外（零件检测）传感器、追踪传感器。图 9-15 为机器人传感器。

图 9-15　机器人传感器

9.2.2　芯片技术

现在是"AI 芯片、AI 终端、无不 AI"的时代，每个芯片的 AI 计算能力非常重要。小到一个耳机、一台音箱，大到一台工业机器人、一辆无人驾驶汽车，将这些 AI 终端深入到各行各业中，世界将迭代到 AI 时代，人类进入 AI 智慧的文明社会。

1. 芯片分类

芯片是一种微型半导体电子器件，采用一定工艺把电路中所需的晶体管、电阻、电容、电感等电子元器件及布线互连在一起，制作在一小块或几小块半导体晶片或介质基片上，并封装在一个管壳内，其为具有电路功能的微型结构。芯片中所有原件在结构上已组成一个整体，使电子元件在小型化、低功耗、智能化、高可靠性等方面得到保障。

半导体芯片主要分为：集成电路、分立器件、光电子器件、微型传感器。IC 芯片是工业整机设备的核心，总体分三大类：计算类芯片、储存类芯片、模拟类芯片。按应用分为：计算机芯片、消费类电子芯片、网络通信类芯片、汽车电子芯片。按功能分为：微处理芯片、逻辑 IC 芯片、存储器芯片、模拟电路芯片。按 IC 逻辑电路分为：CPU、GPU、ASIC、FPGA、NPU。图 9-16 为机器人的芯片类型。

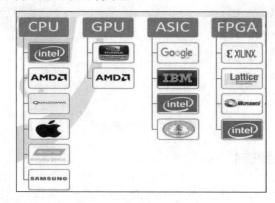

图 9-16　机器人芯片类型

2．芯片材料与制作工艺

芯片材料以纯度 99.99999% 的单晶硅、镓为基体，制作成 PN、NP、PNP、NPN 结的半导体材料，通过设计、制造、光刻、封测，最后成为适用的 IC 芯片。图 9-17 为 IC 芯片制作流程。

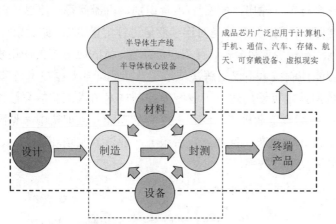

图 9-17　IC 芯片制作流程

3．芯片迭代

自 1958 年美国得克萨斯州仪器制成第一块集成电路 IC 芯片以来，经历了 3 次产业变迁转移：美国发明—日本加速发展，韩国及中国台湾地区分化发展—中国。图 9-18 为芯片的迭代。

半导体 IC 芯片产业迭代的时间轴，可以分为七大时间节点：20 世纪 50 年代晶体管 IC 芯片诞生、60 年代大规模生产的商用阶段、70 年代 IC 芯片民用阶段、80 年代 PC 普及、90 年代 PC 成熟阶段、21 世纪 10 年代的互联网大规模使用、网络泡沫、移动 4G 时代，2012 年以来的大数据、5G、人工智能时代。

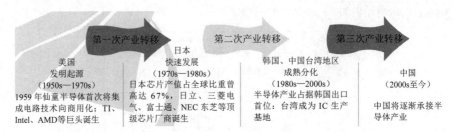

图 9-18　芯片的迭代

9.2.3　智能控制技术

当前，以智能化为核心的产业革命正在进行，各国推出以产业智能化为核心的新型制造业战略。人工智能与社会各领域不断融合，正在改变现有产业形态、商业模式、生活方式。而工业智能技术——智慧工厂的核心是人工智能算法。

人工智能算法包括数据科学（传统机器学习、前沿机器学习）、知识工程（专家系统、知识图谱）两大方向，解决分类、回归两大问题。分类是对离散变量进行定性输出，如图片/语音识别、机器问答、信息检索、虹膜/指纹等生物特征识别；回归即是对连续变量进行定量输出，如股票波动预测、用户需求预测、房价走势分析、无人自动驾驶、AlphaGo 等的应用规则。

工业智能控制技术不仅要解决传统工业问题（非数据技术可解问题），更要解决数据技术可解问题。工业智能控制技术将人工智能算法作用在结构/非结构化数据或工业机理、知识、经验的功能要素架构中（见图 9-19），从而映射至设计、生产、管理、售后服务产业链或工场环境中，达到智能化控制，以提高生产效率。

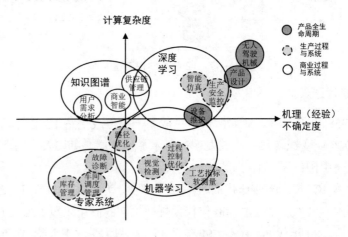

图 9-19　人工智能算法要素

9.2.4　多智能体调控技术

1.　多智能体系统概念

多智能体：是一个具有自适应、自治能力的硬件、软件或其他实体的系统，以认识模拟人类的智能行为；由能够感知、自运行、作用、反作用环境的多个机器人、无人机或可计算系统组成的多智能体集合系统。

2.　多智能体系统组成

多智能体系统（协同控制平台）主要由定位系统、通信系统、控制决策系统组成。采用 NOKOV（度量）光学三维动作捕捉系统，以解决定位系统的精度、实时性。精度可达亚毫米、延时在 $2\sim 3$ ms 内，以满足实时定位，将位置信息通过 WiFi 通信或 5G 通信传输给各个智能体，从而实现多智能体定位。通过每个智能体的智能控制决策系统，实现对多智能体的行动控制，进而实现整套系统的协同控制。

3.　多智能体系统分类

同构多智能体系统：多智能系统中多个智能体的模型结构、功能完全相同；异构多智能体系统：由性质、功能完全不同的智能体构成，每个智能体可以有不同的子目标。系统整体目标在各子目标的实现过程中被实现。

9.3　工业软件编程

9.3.1　工业互联网架构

1.　工业互联网

"4G 改变生活，5G 改变社会"。2019 年 12 月 10 号，我国开放全球首个"5G+工业互联网"端到端开源平台。作为新一代信息通信技术，5G 成为社会信息流主动脉、产业转型升级加速器、构建智慧社会的新基石；5G 的应用场景 80%以上在工业互联网。作为推动数字经济与实体经济深度融合的关键路径，"5G+工业互联网"成为我国作为第二大经济体，以"一带一路"引领经济全球化、促进经济高质量发展的关键生产力支撑。图 9-20 为 5G+工业互联网。

2.　"5G+云+AI"工业互联网架构

2016 年 8 月，工业互联网产业联盟发布了中国《工业互联网体系架构（版本 1.0）》；2019 年 8 月 28 日，工业互联网产业联盟发布了中国《工业互联网体系架构（版本 2.0）》，2.0 版本融合了"5G+云+AI"新技术、新功能、新架构、新流程，与时俱进地形成了一套新的综合体系框架及架构。图 9-21 为工业互联网 2.0 的四大核心板块。

图 9-20　5G+工业互联网

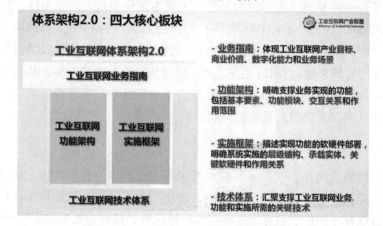

图 9-21　工业互联网 2.0 的四大核心板块

3．工业互联网 2.0 实施框架、架构 —— 总体视图

核心功能的原理化体现。图 9-22 为工业互联网 2.0 实施框架、架构——总体视图。

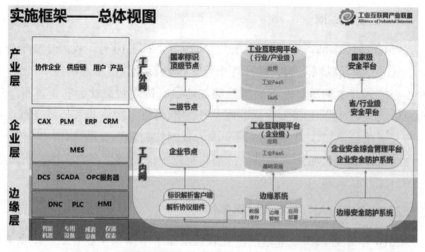

图 9-22　工业互联网 2.0 实施框架、架构——总体视图

9.3.2　神经网络

　　神经网络就如同机器人的脑袋，随着科技迭代进步，各类信息数据积累，机器人脑神经处理系统要求越来越精准。数据集训练对深度神经模型及测试模型效果、AI 阅读理解的要求越来越高；图 9-23 为人工智能神经网络线路。

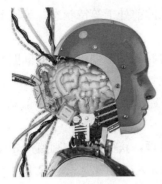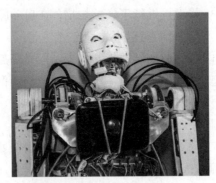

图 9-23　人工智能神经网络线路

　　利用路网的结构信息设计两个网络来建模，用神经网络来学习 AI 搜索费用函数。典型的 AI 机器阅读理解系统一般包括嵌入编码、特征抽取、文章—问题交互、答案预测，如机器翻译使用神经网络的 AI 翻译模型，在翻译质量和翻译流畅性等方面明显优于传统统计机器翻译。其主要依赖 3 种外部因素：海量数据集；高质量 GPU 设备；大规模分布式训练。以网络剪枝、知识蒸馏、张量分解、迁移学习、低精度神经网络、底层数字计算等方法，从构建难易程度（Construction）、自然语言理解测试（Understanding）、答案灵活程度（Flexibility）、评价难易程度（Evaluation）、实际应用贴合程度（Application）等 5 个维度来进行优化整合。

9.3.3　可视化学习

　　人类劳动、生活、工作、学习都依靠自身器官，除大脑外，最重要的就是眼睛。现代生产常采用（工业）机器人在生产线上代替人类工作，因为由人来检测和判断会因疲劳、个体之间的差异产生误差和错误，但是机器却可以不知疲倦、稳定地工作。

　　机器视觉系统由"目标图像采集、图像处理、指令发出"3 个相互独立又相互联系的模块组成。它是利用机器代替人眼来做各种测量判断，是计算科学的重要分支，它综合了光学、机械、电子、计算机软硬件等技术，涉及 5G、网络通信、计算机、图像处理、模式识别、人工智能 AI、信号处理等多个领域。而图像处理（渲染）、模式识别是机器人可视化的关键技术。

1. 机器视觉系统的工作过程

一个完整的机器视觉系统的工作过程如下。

① 工件定位检测：工件接近摄像系统视野中心，向图像采集系统发送触发脉冲。

② 图像采集系统按预设定的程序和延时，分别向摄像机、照明系统发出启动脉冲。

③ 摄像机继续下一帧扫描，在启动脉冲前处于等待状态，等待下一帧扫描，曝光时间可以事先设定。

④ 另一启动脉冲打开灯光，灯光开启时间与摄像机曝光时间匹配。

⑤ 摄像机曝光后，正式开始一帧图像扫描和输出。

⑥ 图像采集系统接收模拟视频信号，通过 A/D 转换为数字信息，存放在处理器或计算机内存中。

⑦ 通过处理器对图像进行分析识别处理，获得逻辑控制值，处理结果控制流水线的动作、进行定位、纠偏等。图 9-24 为视觉系统的工作过程。

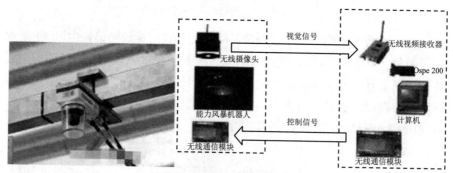

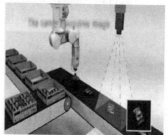

图 9-24　视觉系统的工作过程

2. 工业机器人可视化学习基本原理

工业机器人可视化是研究视觉感知的通用理论，主要侧重于应用场景研究、视觉过程分层信息表示、视觉处理功能模块的计算方法，只提供对执行某一特定任务的相关景物描述，该原理的软件处理流程如图 9-25 所示。

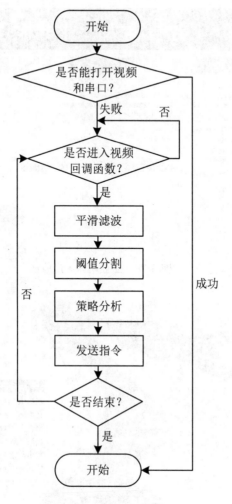

图 9-25 软件处理流程

9.4 工业机器人产业链

　　工业机器人产业一般分为上、中、下企业，上游企业一般生产关键零部件（减速器、控制系统、伺服系统），中游厂商一般生产机器人本体（基座、执行机构，如手臂腕部行走机构），下游厂商一般是做系统集成业务，根据应用场景、用途进行集成和软件的二次开发（国内企业大多集中在这个环节上），然后卖给终端客户，如制造业的汽车、电子、金属加工、现代农业、现代物流业、现代服务业等各行各业。图 9-26 为工业机器人产业链。

　　从工业机器人总成本看，核心零部件占 70%。其中，减速器占 32%、伺服电动机占 22%、控制器占 12%、本体占 25%、其他仅占 9%。图 9-27 为工业机器人零部件总成名称。

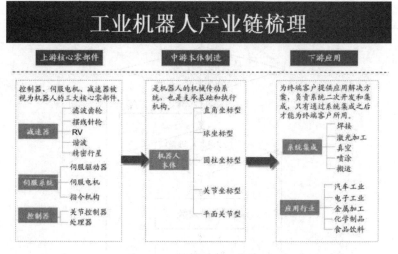

图 9-26   工业机器人产业链

图 9-27   工业机器人零部件总成名称

9.4.1   工业机器人研发设计

1. 硬件设计

　　首先要确定是机械手（6 轴以下）还是机器人（6 轴或 6 轴以上），确定控制方式、设计要求，然后确定机械传动简图、分析简图，确定动作流程表图、传动功率、控制流程方式，接下来确定设计内容、步骤、关节、设计任务书、草图绘制、材料、加工工艺、控制程序、电路图绘制，最后审核、确认生产。图 9-28 为工业机器人硬件设计基本参数举例。

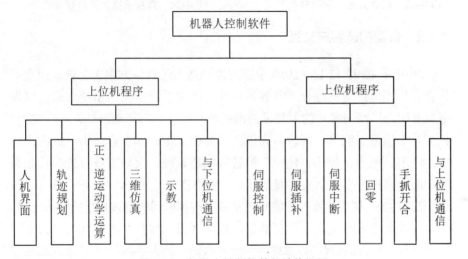

6轴动作顺序	动作范围	速度范围	定位精度	驱动功率	电器元件
1轴（回旋）	360°			0.75 kW	
2轴（大臂俯仰）	160°			1.5 kW×2 台	
3轴（前臂俯仰）	210°			0.5 kW	
4轴（小臂旋转）	270°			0.35 kW	
5轴（手腕俯仰）	150°			300 kW	
6轴（手腕旋转）	360°			200 W	

图 9-28　工业机器人硬件设计基本参数举例

2. 软件设计

机器人控制软件的结构，如图 9-29 所示。

图 9-29　机器人控制软件的结构框图

首先根据机器人流程图绘制程序流程图，其中包含主程序、子程序。主程序主要是调用子程序和返回原点（ht_home），下面以一个机器人的简单运动轨迹程序等边三角形（见图 9-30）为例，说明编写过程。

第一步，建模和例行程序。

```
PROCht_sanjiaoxing()
MoveJht_home,v200,fine,too10
MoveJht_p₁,v100,z0,fine,too10
MoveJht_p₂,v100,z0,fine,too10
MoveJht_p₃,v100,z0,fine,too10;
ENDPROC
```

第二步，机器人操作试运行。

把机器人控制面板的"手动/自动"钥匙旋钮旋到"自动模式"，单击"确定"按钮，允许机器人自动运行，再次单击"PP 移至 main 处"，然后单击"是"按钮。按下伺服开关键，伺服灯亮，最后按运行键，机器人自动运行。图 9-31 为焊接机器人运行轨迹。

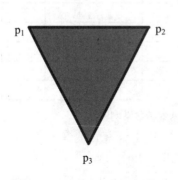

图 9-30 机器人三角运行轨迹　　　　图 9-31 焊接机器人运行轨迹

9.4.2 智能制造客户交互

2019 年 12 月 12 日 "2019 中国智能制造系统解决方案大会暨联盟会员代表会" 提出：有机融合 "装备、软件、网络、标准" 的系统集成，以保证智能制造厂商与客户的大数据的准确性、安全性、可追溯性。人（客户）机交互采用量子网络、区块链通信，以防信息泄露和黑客攻击；推出 "航空、汽车、电力、炼化、建材" 等智能制造领域，突破工业协议、控制系统，面向客户终端（个人、细分行业、中小企业）。融入 "金融、教育、市场" 资源生态，模块化推出智能制造系统大规模应用的高效安全的解决方案。

智能制造客户交互，广义地讲，包含 "云（客户）机交互"、"云" 互联网协议、"内部联网、外部联网、虚实联网" 的大数据、AI 机器人端与客户终端的点对点（OtoO）相互交流、信息对话，"云" 机界面体验更友好。狭义地讲，人机交互即生产工厂的设计开发、产品制造、产品操作、机器端的生产人员与 AI 机器人的相互交流、信息对话，人机界面体验更友好。图 9-32 为人机交互流程。

图 9-32 人机交互流程

人工智能的客户交互一般由 "前台、中台、后台、云台" 4 层组成。第一层前台是专业技术建设，如脑机芯片、服务器、IP_6 的全域化、网络化建设；第二层中台通过实行"标准化、模块化、数字化、平台化"系统集成，驱动优化前台，提升客户体验；第三层后台通过"法律审核、风险管控、稽核审计"，提升"专家团队、业务合作伙伴、共享服务"的客户体验；第四层云台即提供"前台、中台、后台"的大数据信息安全运维的技术支持，提升"端对端"的客户体验。图 9-33 为人机交互界面。

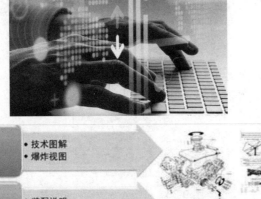

图 9-33　人机交互界面

9.4.3　工业机器人核心部件

（工业）机器人是先进制造——智能制造的"明珠"。工业机器人的构造由"本体、伺服系统、控制系统"组成，本体包括基座、执行机构，包括臂部、腕部、手部，有些机器人还有行走机构。

（1）机器人的三大核心部件"伺服电动机、减速器、控制器"。

工业机器人用伺服电动机驱动机器人的关节来完成运动，主要有"交流伺服电动机、直流伺服电动机、步进电动机"，日、欧、美占据绝大部分市场。图 9-34 为机器人三大核心部件。

减速器的功能主要是"减速、增力"，按精密等级分为 RV 减速器、谐波减速器、谐波齿轮减速器、摆线针轮行星减速器、精密行星减速器、滤波齿轮减速器。图 9-35 为机器人减速机内部结构。

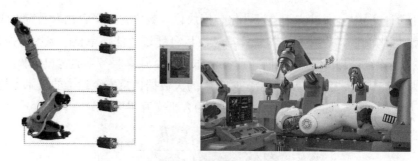

图 9-34 机器人三大核心部件

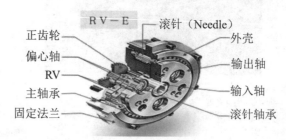

图 9-35 机器人减速机内部结构

控制器及其软件是工业机器人的"心脏",各品牌机器人由厂家在多轴运动控制器平台上自主开发,并与自家生产的机器人控制系统相匹配。

（2）机器人三大核心模块为人机交互及识别模块、环境感知模块、运动控制模块。交互模块包括语音识别、图像识别、深度学习等,相当于人脑。感知模块包括各类传感器、陀螺仪、激光雷达等,相当于人的眼、耳、口、鼻、舌、皮肤等。运控模块包括舵机、电动机、芯片等。

（3）机器人依托三大核心部件、三大核心模块,形成基础硬件电池模组、电源模组、主机等,加上软件操作系统 ROS、Linux 等,硬件软件合成整机,整合硬件系统、软件系统、控制元件,成为智能机器人。图 9-36 为智能机器人的硬件系统、软件系统、控制元件。

图 9-36 智能机器人的硬件系统、软件系统、控制元件

9.4.4　工业机器人供应链

"人工智能、空间技术、能源技术"称为 20 世纪三大尖端技术,"人工智能、基因工程、纳米技术"称为 21 世纪三大尖端科技。

进入 21 世纪,人工智能(工业机器人)开始从各方面挑战人类极限,它的产业链有基础技术、人工智能技术、人工智能应用 3 层结构。其供应链(商业机会)如图 9-37 所示,为工业机器人产业链。

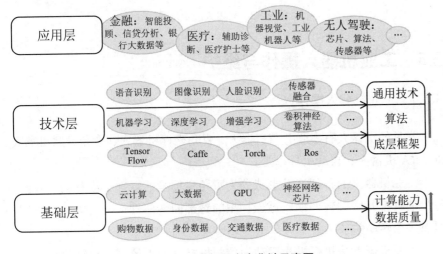

图 9-37　工业机器人产业链示意图

1. 基础层

基础层的核心是数据信息收集,主要包括智能芯片、大数据与云计算。智能芯片与云计算技术负责运算,智能传感器及大数据负责数据收集;大数据管理与云计算技术为人工智能应用落地提供后台保障。

2. 技术层

技术层分为平台层、认知层、感知层。平台层以技术应用为平台;认知层包含智能问答、虚拟助手、知识图谱、语义分析;感知层分为计算机视觉、语音识别、AR、VR。

3. 应用层

应用层的产品涉及面广、商机多,包括智慧城市、智慧建筑、智慧农业、智慧政务、智慧交通、无人机、无人驾驶、智能机器人、智慧教育、智慧医疗、智能安防、智能搜索、视界空间。终端产品更多,如教育机器人、智能穿戴、智能儿童玩具、智慧家居、智能音频、创意生活、健康保健、户外运动、航模飞行器。图 9-38 为机器人应用场景。

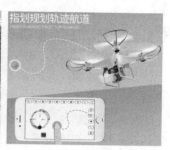

娱乐机器人　　　　　　喷涂机器人　　　　　　航拍机器人

图 9-38　机器人应用场景

9.5　工业机器人操作与维护

9.5.1　工业机器人操作

常见的机器人有串联关节机器人、直角坐标机器人、三角并联机器人、SCARA 机器人、自动引导车等。

工业机器人的臂部运动形式分为直角坐标型的臂部三维移动、圆柱坐标型的臂部升降回转伸缩、球坐标型的臂部回转俯仰伸缩。关节型的臂部具有多个转动关节。

工业机器人按执行机构运动的控制机能分为点位型、连续轨迹型。点位型控制执行机构的作用是一点到另一点的准确定位，用于上下料、点焊、搬运、装卸作业；连续轨迹型控制执行机构按给定轨迹运动，用于连续焊接、涂装作业。

工业机器人按程序输入方式分为编程输入型、示教输入型。编程输入型是将在计算机上的作业程序文件编号，通过 RS-232 串口或以太网等通信方式传送到机器人控制柜；示教输入型通过一种手动控制器将指令信号传给驱动系统，让执行机构按要求的动作顺序和运动轨迹操演一遍。另一种是操作员领动执行机构，按要求的动作顺序、运动轨迹操作一遍，同时将工作顺序的信息自动存入程序存储器。在机器人自动工作时，控制系统从程序存储器中检出相应信息，将指令信号传给驱动机构，使执行机构再现示教的各种动作。示教输入型的工业机器人又称为示教再现型工业机器人。

智能工业机器人，即有触觉、力觉、简单视觉的工业机器人，能在较为复杂的环境下工作。如具有识别功能或深度学习，即可成为 AI 智能工业机器人，其能按照人给的"宏指令"自选或自编程序，适应环境，自动完成更为复杂的工作。

9.5.2 工业机器人维护

在智能制造厂和智慧工厂，工业机器人运维技术员、运维工程师是新技术工种，要了解结构原理并掌握工业机器人的"安装、调试、系统编程、维修、维护使用、日常保养"等技能。要采取科学、合理的维护和保养措施，保证工业机器人安全、稳定、健康、经济地运行，提高产品的质量和生产效率，提升企业生产的整体效益。

1. 工业机器人日常检查

- ❑ 刹车检查。在正常运行前，须检查电动机制动。每个轴的电动机制动的检查方法：运行每个机械手的轴到它负载最大的位置；将机器人控制器上的电机模式选择开关打到关（MOTOR OFF）的位置，检查轴是否在其原来的位置。如果电动机关掉后，则机械手仍保持其原来的位置，说明制动良好。

- ❑ 减速运行（250mm/s）功能。不要在计算机或示教器上改变齿轮变速比或其他运动参数，这将影响减速运行（250mm/s）功能。

- ❑ 安全使用示教器。安装在示教器设备上的使能按钮（Enabling Device），当按下一半时，系统变为电模式（MOTOR ON）。当松开或全部按下该按钮时，系统变为电机关模式（MOTOR OFF）。

必须遵循的原则：当设备使能按钮（Enabling Device）处于功能编程或调试时，在机器人不需要移动时，立即松开设备使能按钮（Enabling Device）；当编程人员进入安全区域后，必须随时将示教器带在身上，避免其他人移动机器人。

- ❑ 在机械手的工作范围内工作。必须要注意几点：检查每个轴的电机刹车；控制器模式选择开关必须打到手动位置，以便操作使能设备以断开计算机或遥控操作；当模式选择开关在小于 250 mm/s 位置时，最大速度限制在 250 mm/s。人员进入工作区，开关一般都打到这一位置，只有对机器人十分了解的人才可以使用全速（100%full speed）；注意头发、衣服等别绞缠到工业机器人各臂的旋转轴上，也应特别注意机械手上的其他部件、设备。

- ❑ 工业机器人的运行"时数、温度、环境条件"决定了其日常维护频率：一般维护 1 次/天；轴制动测试 1 次/1 天；润滑中空手腕 1 次/500 小时；清洗/更换滤布 1 次/500 小时；润滑 3 周副齿轮和齿轮 1 次/1000 小时；测量系统的电池更换 1 次/3500 小时；检查冷却器 1 次/月；各齿轮箱内的润滑油，第一次 1 年内更换，以后每

5 年更换一次；计算机风扇单元、伺服风扇单元更换 1 次/50000小时。

☐ 工业机器人日常预防性"保养、维护、检查"。

备份控制器内存；定期监视机器人、检查机器人的导线和电缆、制动装置、结构紧凑程度、声音振动和噪声；查阅特定机器人的手册，查看机器人的润滑关节；目检示教器、控制器电缆、电缆连接、冷却风扇、电源、安全设备和其他运行设备；必要时测试、更换 RAM 和 APC 电池。

2. 工业机器人日常保养维护

（1）清洗机械手

应定期清洗机械手底座和手臂。使用溶剂时须谨慎操作。应避免使用丙酮等强溶剂。可使用高压清洗设备，但应避免直接向机械手喷射。如果机械手有油脂膜等保护，则应按要求去除。为防止产生静电，必须使用浸湿或潮湿的抹布擦拭非导电表面，如在擦拭喷涂设备、软管等时，请勿使用干布。

（2）中空手腕

中空手腕是需要经常清洗的，以避免灰尘和颗粒物堆积。要用纯棉布料进行清洁。手腕清洗后，可在手腕表面添加少量凡士林或类似物质，以后清洗时将更加方便。

（3）定期检查

检查要点：检查是否漏油；检查齿轮游隙是否过大；检查控制柜、吹扫单元、工艺柜和机械手间的电缆是否受损；应及时向运维员求助。

（4）检查基础

将机械手的固定螺钉固定于基础上，紧固螺钉和固定夹必须保持清洁，不可接触水、酸碱溶液等腐蚀性液体，避免紧固件腐蚀。如果镀锌层或涂料等防腐蚀保护层受损，需清洁相关零件并涂以防腐蚀涂料。

（5）轴制动测试

在机器人工作过程中，每个轴电机制动器都会正常磨损。为保证正常工作，必须进行测试。测试方法：运行机械手轴至相应位置，使该位置机械手臂总重及所有负载量达到最大值（最大静态负载）；马达断电；检查所有轴是否维持在原位。如马达断电时机械手仍没有改变位置，则制动力矩足够。还可手动移动机械手，检查是否还需要进一步的保护措施。

以雅马哈 RobotRX340 为例，安装设备编程控制软件时可选中文、英文或日文语言，可在控制器和计算机之间传送数据，支持 RCX340 控制器，可新建连接全部文件、程序文件、点位设置文件、位移文件、机械手及托盘文件。图 9-39 为雅马哈 RobotRX340 人机交互——运维界面。

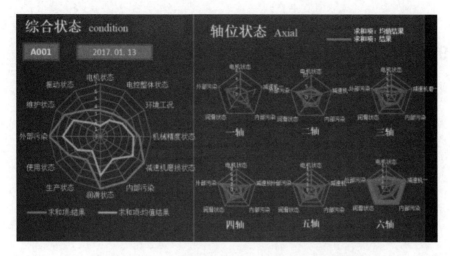

图 9-39 雅马哈 RobotRX340 人机交互——运维界面

以支持 RS-232C 及以太网连接的工业机器人的硬件维护为例，其一般技术要求和流程如下：

（1）软件卸载、安装、调试。

（2）数据清洗、安全防护。

（3）对工业机器人硬件"本体、末端执行器、周边装置"进行安装、调试、常规检查诊断、日常维护的主要内容如下：

① 对本体的"机械手、空心手腕、固定螺栓"进行清洁、清洗、打油，定期检查。

② 车轴制动试验：运行中，注意听音，判断是否有异响、震动、制动磨损、复位归零。

③ 系统润滑：齿间润滑、转动副润滑。

④ 检查齿轮箱油位，首次 1 年就应换油，此后每 5 年换一次。

⑤ 控制柜维护：检查散热器、检查清洁控制器内外部、清洁示教器、定期更换电池、检查冷却器。

（4）对工业机器人的电控系统、驱动系统、电源及线路进行常规加测诊断。

（5）根据维护保养手册，对机器人、工作站或系统进行复位校准、防尘、更换电池、更换润滑油等。

（6）监测采集机器人工作站或系统运行参数、工作状态参数。

（7）对机器人、工作站或系统的故障进行分析、诊断、维修等。

（8）编制机器人系统运行维护及维修报告。

（9）故障检测、维护、调试、复位归零。

9.6 实验：工业机器人软件技术运维

◈ 实验目标

一、机器人的运动类型（见图 9-40）

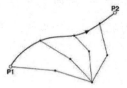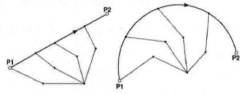

基于轴的运动	基于路径的运动

| PTP（点对点）：工具沿着最快的路径向结束点运动 | LIN（直线）：工具按照指定的速度沿着一条直线运动 | CIRC（圆弧）：工具按照指定的速度沿着一个圆弧运动 |

图 9-40 机器人的运动类型

◈ 实验内容与步骤

二、PTP（点对点）运动

1. PTP（点对点）运动简要介绍

同步运动 PTP（点对点），如图 9-41 所示。

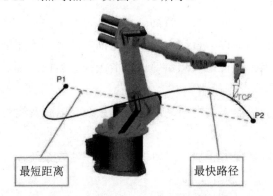

图 9-41 PTP（点对点）运动示意图

在 PTP（点对点）运动中，参与运动的轴中运动距离最长的被称为主轴。在运行指令中，它的速度无法被精确定义，如图 9-42 所示。

在图 9-43 中，显示的是高速模式下机器人的默认运动设定，在运动中的机器人的扭矩控制始终会被优化，并且它的速度会始终防止扭矩超差。

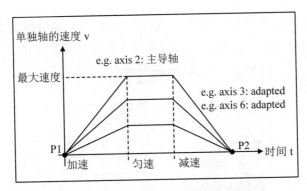

图 9-42　PTP（点对点）高速运动示意图

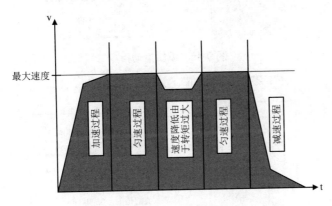

图 9-43　v-t 图

2. 编辑 PTP（点对点）运动指令

（1）编辑运动指令一，如图 9-44 所示。

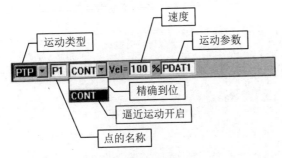

图 9-44　编辑运动指令一

（2）编辑运动指令二，如图 9-45 所示。

（3）编辑运动指令三，如图 9-46 所示。

只有当选择逼近运动（CONT）后，该参数 Approximation distance 才会显示。

3. BCO run（见图 9-47）

（1）为了确保机器人处于程序设定的目标路径上，需要执行 BCO 功能，这个功能会在一个低速状态下执行，机器人会移动到相应块指针所对应的运动指令点。

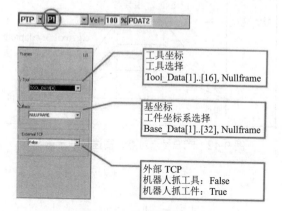

图 9-45　编辑运动指令二

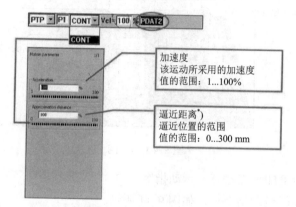

图 9-46　编辑运动指令三

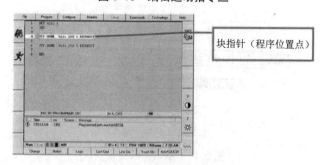

图 9-47　机器人运动指令点

（2）只有当选择逼近运动（CONT）后，该参数 Approximation distance 才会显示。

以下情况会执行 BCO 功能：

① 程序复位后通过 BCO 功能回到 HOME 点。

② 移动机器人到块指针选择运动点。

③ 外部自动模式选择 CELL 程序。

④ 选择新程序。

⑤ 指令修改。

⑥ 编程模式手动移动了机器人。

注意：由于 HOME 位置是系统设定的初始位置，通常会推荐用户将它作为程序的第一以及最后一个运动指令。

（3）BCO 功能总是直接从当前点向目标点运动，因此需要确保此路径上没有障碍物，以防损坏工件、工具或者机器人。

机器人练习运行方式：

① 选择程序后，一直按下启动键。

② 机器人自动低速运行。

③ 机器人到达目标后，再按下启动键，程序继续运行。

（4）姿态参数。

① 姿态参数一，如图 9-48 所示。

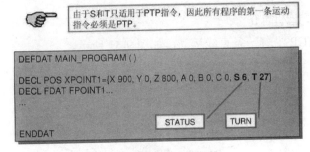

图 9-48　机器人姿态参数一

当机器人可以通过不同的姿态到达一个空间点时，参数 S 和 T 可以帮助机器人确定一个精确的、唯一的姿态。

② 姿态参数二，如图 9-49 所示。

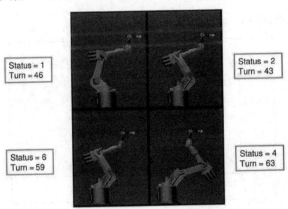

图 9-49　机器人姿态参数二

③ 姿态参数三，如图 9-50 所示。

图 9-50　机器人姿态参数三

三、LIN 运动

1. LIN 运动简介

（1）TCP 沿着一条直线运动，如图 9-51 所示。

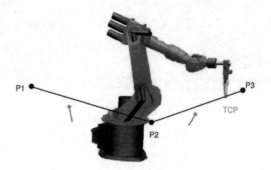

图 9-51　TCP 直线运动

（2）速度图像，如图 9-52 所示。

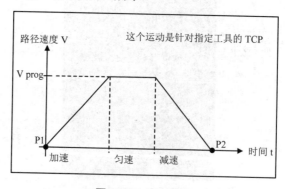

图 9-52　速度图像

2. 编辑 LIN 指令

（1）编辑指令一，如图 9-53 所示。

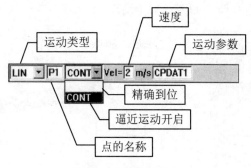

图 9-53 编辑指令一

（2）编辑指令二，如图 9-54 所示。

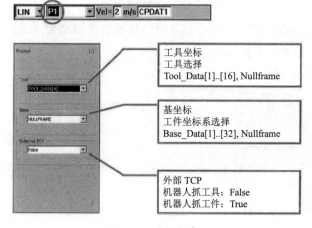

图 9-54 编辑指令二

（3）编辑指令三，如图 9-55 所示。

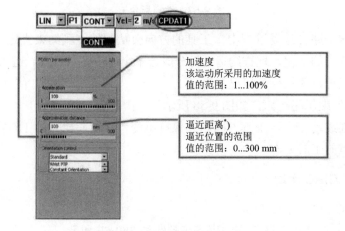

图 9-55 编辑指令三

只有当选择逼近运动（CONT）后，该参数 Approximation distance 才会显示。

（4）编辑指令四，如图 9-56 所示。

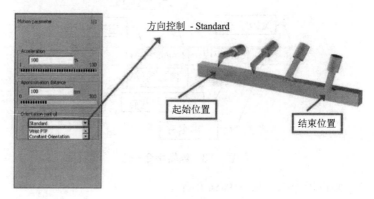

图 9-56　编辑指令四

在路径运动过程中，工具的方向会从起始点到结束点连续变化，这个动作的完成取决于工具的姿态。

（5）编辑指令五，如图 9-57 所示。

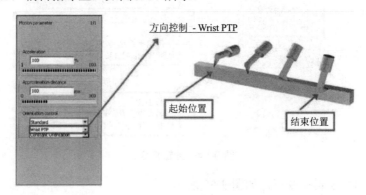

图 9-57　编辑指令五

在这个路径运动过程中，工具的方向会从起始点到结束点连续变化，通过腕部轴的变化，把直线运动拆分成若干个 PTP（点对点）运动来执行，这种方式可以避免死角情况发生。

（6）编辑指令六，如图 9-58 所示。

在连续动作中，工具方向始终保持不变，保留起始点的工具姿态，忽略结束点的工具姿态。

四、CIRC 运动

1. CIRC 运动简介

（1）TCP 沿着圆弧向结束点运动，如图 9-59 所示。

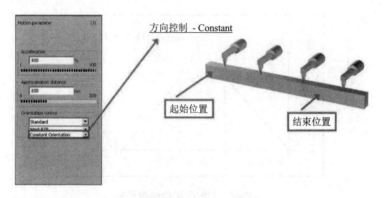

图 9-58　编辑指令六

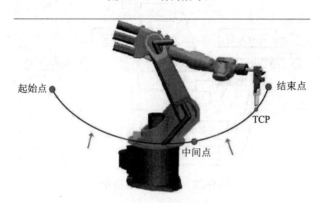

图 9-59　TCP 弧向运动

　　TCP 或者是工件的参考点会沿着圆弧向结束点运动，这条路径是由起始点、中间点、结束点确定的，本运动的结束点会是下一个运动的起始点；当一个点作为圆弧中间点时，它的工具姿态就会被忽略，如图 9-60 所示。

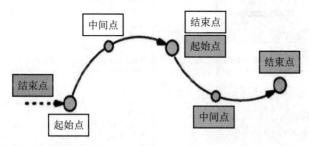

图 9-60　TCP 弧向运动参考点

　　（2）CIRC 运动速度图形，如图 9-61 所示。

2．编辑 CIRC 运动指令

　　（1）CIRC 运动指令一，如图 9-62 所示。

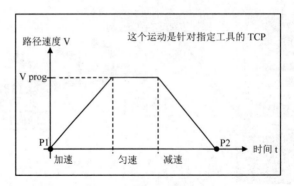

图 9-61 CIRC 运动速度图形

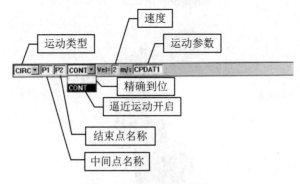

图 9-62 CIRC 运动指令一

（2）CIRC 运动指令二，如图 9-63 所示。

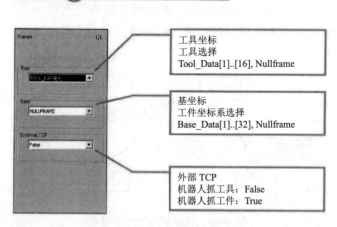

图 9-63 CIRC 运动指令二

（3）CIRC 运动指令三，如图 9-64 所示。

只有当选择逼近运动（CONT）后，该参数 Approximation distance 才会显示。

（4）CIRC 运动指令四，如图 9-65 所示。

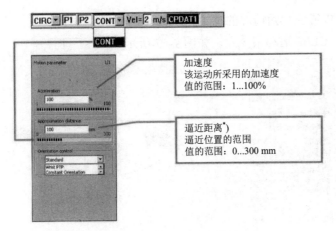

图 9-64　CIRC 运动指令三

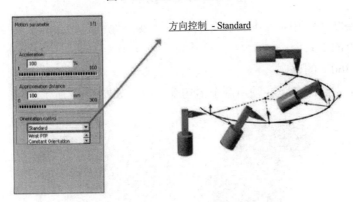

图 9-65　CIRC 运动指令四

在路径运动过程中，工具的方向会从起始点到结束点连续变化，这个动作的完成取决于工具的姿态。

（5）CIRC 运动指令五，如图 9-66 所示。

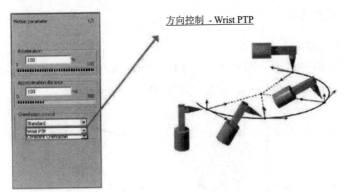

图 9-66　CIRC 运动指令 5

在路径运动过程中，工具的方向会从起始点到结束点连续变化，通过腕部轴的变化，把直线运动拆分成若干个 PTP（点对点）运动来执行，这种方式可以避免死角情况的发生。

（6）CIRC 运动指令六，如图 9-67 所示。

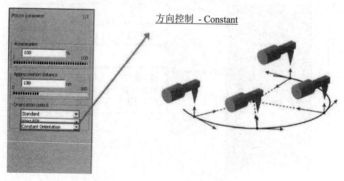

图 9-67　CIRC 运动指令六

在连续运动中，工具方向始终保持不变，保留起始点的工具姿态，忽略结束点的工具姿态。

3．360°的整圆

一个完整的圆弧必须用两个语句来完成，如图 9-68 所示。

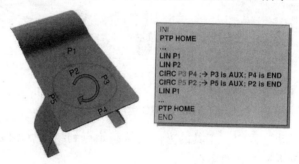

图 9-68　360°的整圆表示

五、逼近运动

1．逼近运动简介

在逼近的过程中，机器人不会精确地到达程序的每一个点，因此没有停顿，这样可以减少损耗，缩短生产节拍（见图 9-69）。

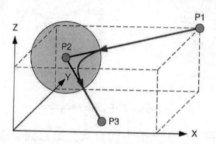

图 9-69　机器人逼近运动图

图 9-70 为逼近运动所节省的节拍时间。

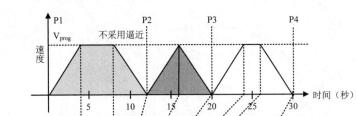

图 9-70 机器人逼近运动的时间节拍

2. PTP（点对点）逼近运动

图 9-71 为 PTP（点对点）逼近运动的示意图，P2 是逼近点。

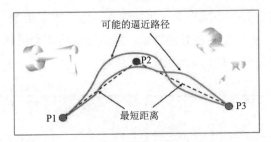

图 9-71 PTP（点对点）逼近运动示意图

3. LIN 逼近运动

在图 9-72 中，P2 是逼近点。

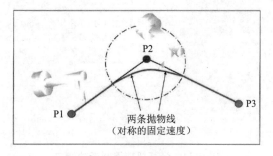

图 9-72 LIN 逼近运动示意图

4. CIRC 逼近运动

在图 9-73 中，P3 是逼近点。

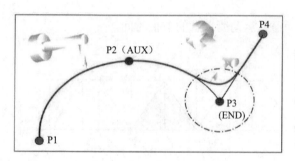

图 9-73　CIRC 逼近运动示意图

5．计算机前置判断功能

（1）前置判断功能一

① 什么是前置判断？当程序运行时，在用户图形界面中可以看到主运行指针（白色运行条）。一直可以只是程序当前执行的行，另一个不可见的前置判断指针会刷新到主运行指针的后上运动指令的地方（默认设置）。

② 前置判断的功能是什么？为了能计算路径，例如逼近运动，就必须用到前置判断指针来预先规划路径数据，不仅是运动指令会被执行，运算指令和外围控制指令也同样会被执行。

③ 影响前置云的外围设备（例如输入、输出错误指令）结构和数据会触发前置判断停止，如果前置被打断，逼近运动将不会被执行。

（2）前置判断功能二，如图 9-74 所示。

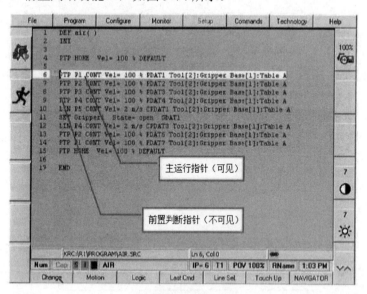

图 9-74　计算机前置判断功能二

（3）前置判断功能三，如图 9-75 所示。

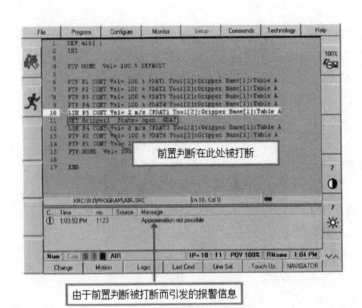

图 9-75 计算机前置判断功能三

习题

一、名词解释

1. 工业机器人
2. 智慧工厂
3. 多智能体
4. 芯片

二、填空题

1. 机器人技术集中＿＿＿＿、＿＿＿＿、＿＿＿＿、＿＿＿＿、
＿＿＿＿等多学科科技应用的最新成果。

2. IC 逻辑电路分为＿＿＿＿、＿＿＿＿、＿＿＿＿、＿＿＿＿、
＿＿＿＿。

3. 人工智能算法包括＿＿＿＿（传统机器学习、前沿机器学习）、
＿＿＿＿（专家系统、知识图谱）两大方向。

4. 多智能体系统（协同控制平台）主要由＿＿＿＿、＿＿＿＿、
＿＿＿＿系统组成。

5. 机器视觉系统由"＿＿＿＿、＿＿＿＿、＿＿＿＿"相互独立
又相互联系的模块组成。

6. 机器人的三大核心模块是＿＿＿＿模块、＿＿＿＿模块、＿＿＿＿
模块。

三、选择题

1. 工业机器人按程序输入方式分为（　　　）。
   A. 编程输入型　　　　　B. 示教输入型
   C. 知识存储　　　　　　D. 知识图谱

2. 工业机器人（　　　）是新技术工种。
   A. 运维技术员　　　　　B. 运维工程师
   C. 元知识　　　　　　　D. 表示主义

3. 工业机器人按执行机构运动的控制机能分为（　　　）。
   A. 点位型　　　　　　　B. 连续轨迹型
   C. 认知智能　　　　　　D. 表示主义

4. 机器人感知层分为（　　　）。
   A. 计算机视觉　　　　　B. 语音识别
   C. AR　　　　　　　　　D. VR

5. 工业机器人伺服电机驱动机器人关节来完成运动，主要有（　　　）。
   A. 交流伺服电机　　　　B. 直流伺服电机
   C. 步进电机　　　　　　D. 感知智能

四、判断题

1. 机器人于 20 世纪 60 年代诞生。　　　　　　　　　　　　（　　）

2. 六轴以下称为机械臂，六轴及以上称为机器人。　　　　　（　　）

3. 建设智慧工厂的主要目的是追求合理成本。　　　　　　　（　　）

4. 传感技术就是智能化技术。　　　　　　　　　　　　　　（　　）

5. 芯片材料以纯度 99.99%的单晶硅、镓为基体。　　　　　　（　　）

6. 智慧工厂的核心是人工智能算法。　　　　　　　　　　　（　　）

7. "4G 改变社会，5G 改变人类"。　　　　　　　　　　　　（　　）

8. 人工智能客户交互一般由"前台、雾台、后台、云台"四层组成。
   　　　　　　　　　　　　　　　　　　　　　　　　　　（　　）

9. "人工智能、空间技术、能源技术"称为 20 世纪三大尖端技术。
   　　　　　　　　　　　　　　　　　　　　　　　　　　（　　）

10. "人工智能、基因工程、纳米技术"称为 21 世纪三大尖端科技。
    　　　　　　　　　　　　　　　　　　　　　　　　　　（　　）

五、简答题

1. 人工智能机器人大量应用于哪些行业？

2. 工业机器人的常用材料有哪些？

3. 目前全球有哪几大工业机器人巨头？

4. 智慧工厂有哪些特征？

5. 智慧工厂应用到了哪些新兴技术？

6．工业机器人的基本构成是什么？

7．简述工业机器人的工作原理。

8．简述机器视觉系统的工作过程。

9．机器人的三大核心部件是什么？

10．成为智能机器人的条件是什么？

参考文献

[1] 王万良．人工智能导论[M]．北京：高等教育出版社，2017．

[2] 李德毅，于剑．人工智能导论[M]．北京：中国科学技术出版社，2018．

[3] 吴军．智能时代[M]．北京：中信出版社，2016．

[4] 杨茂．群体机器人系统分布式协同控制方法与协同行为分析[D]．长春：吉林大学，2010．

第 10 章

建筑智能化技术

根据《智能建筑设计标准》(GB 50314-2015)，智能建筑是"以建筑物为平台，基于对各类智能化信息的综合应用，集架构、系统、应用、管理及优化组合于一体，具有感知、传输、记忆、推理、判断和决策的综合智慧能力，形成以人、建筑、环境互为协调的整合体，并为人们提供安全、高效、便利及可持续发展功能环境的建筑"。

建筑智能化技术是将计算机技术、自动控制技术、通信技术、图形显示技术、集成技术综合应用于建筑体中，在建筑物内建立一个计算机综合网络，使建筑物智能化。

更快的网速，更流畅的通信体验，更宽的互联网场景，催生 5G 在智能建筑运维领域的应用普及和丰富起来。提高工程性能、建筑产业变革、优化交通、智能规划，使"数字化、网络化、智能化"智慧城市建设大力推进。

10.1 智能建筑集成系统

2020 年，我国城镇绿色建筑占新建建筑的比重将提升至 50%，随着现代信息技术集成应用到建筑工程领域，从通信技术+建筑，到工业控制系统+建筑，再到软件信息系统+建筑，然后到互联网（云）+建筑。传统建筑行业从相对于"强电系统"，约定俗成为"弱电系统"，从"建筑自动化"（Building Automation）系统 BAS 到综合建筑管理系统 IBMS，发展到"5A 智能化楼宇"，再迭代到当前的"智慧家居"，建筑工程领域迎来"智慧城市"建设的时代。

　　智能建筑集成系统，是运用系统工程将建筑物（建筑环境结构）、系统（智能化系统）、服务（住户和用户需求）和管理（物业运行管理）等要素优化组合设计，提供投资成本合理及高效、便捷、舒适、安全的环境空间的技术。智能建筑集成系统使住户、用户、财产拥有者、建筑管理者等在费用开支、商务活动、人身安全、舒适度等方面获得最佳利益回报。

　　智能建筑集成系统的建筑信息模型 BIM（Building Information Modeling）是建筑学、工程学及土木工程的新工具，它是一个基于 3D 建模的过程，为建筑、工程、施工专业人员提供洞察力，以有效地规划、设计、建造、管理建筑物和基础设施。为了规划和设计建筑物，3D 模型需要考虑建筑、工程、机械、电气、管道计划（MEP）以及各个团队的活动顺序。优化建筑智能集成系统，在传统的 5A 常规系统基础上融入现代的云计算、大数据、人工智能、虚拟现实、AR、BIM、物联网技术。在 5G 移动终端上进行操作，达到人本、物人和谐的建筑智能、管理智慧，如智慧城市、智慧商务中心、智慧楼宇、智慧安防、智慧门禁、智慧停车场等。

　　智能建筑集成系统"机器人技术+人工智能+物联网"技术将建筑成本降低多达 20%。人工智能用于：规划现代建筑中的电气和管道系统的布线、开发工作场所的安全系统；跟踪现场工人、机器、物体的实时交互，并向主管提醒潜在的安全问题、施工错误、生产进展等。图 10-1 为机器人技术+人工智能+物联网。

图 10-1　机器人技术+人工智能+物联网

10.1.1　智能建筑云架构

　　服务器虚拟化技术是大数据、云计算、资源架构设计的核心技术，决定了应用系统的承载能力、运行效率和可靠性。资源池设计包括计算资源池架构设计、存储资源池设计、资源池部署设计、设备选型等。云计算、大数据资源管理系统提供全面的运行管理功能，支持底层异构虚拟机架构，完善的 API 和参考文档可供二次开发，高效管理监控，解决了用户虚拟机过多导致的管理烦琐、多厂家无法管理、运维复杂、云平台架设费用昂贵等问题，支持 VMware、KVM、XEM 等虚拟软件系统。

智能建筑云架构系统包括：云储存资源管理系统（系统框架设计、系统功能设计等）；云平台运行监控系统；云平台运维管理系统；云平台管理支撑系统（资源设备管理、资源基本管理、资源综合管理、资源功耗管理等）；云平台运营管理系统；云应用服务平台（云路由、云负载、云代理节点等）。图 10-2 为云计算资源池架构。

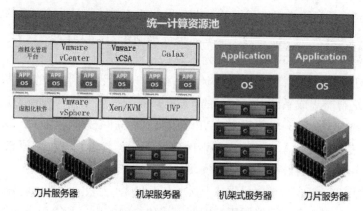

图 10-2　云计算资源池架构

5G 技术在 2020 年疫情期间发挥了巨大作用，2020 年为 5G 商用元年。5G+BIM 与大数据、云计算、物联网、GIS、移动互联等信息科技的跨界整合，使古老的建筑行业插上了科技创新的翅膀。资源可以重新调配，能源可以有效利用及计量。新时代的绿色建筑不仅需要从全生命周期角度考虑绿色建筑管理运维模式，还需要从低碳目标规划、低碳组织保障、低碳技术保障、低碳节能效果测评等方面开展低碳建设，全方位保障我国建筑全生命周期的低碳化顺利进行。建筑从交付开始就进入了长达数十年的运维阶段，智能建筑运维平台与 BIM 技术深度融合，再结合 5G 技术，相信一定能给我国建筑的绿色运维、低碳运维带来一轮质的飞跃。

10.1.2　智慧工地

智慧工地即"互联网+建筑工地"，将互联网+信息技术引入建筑工地，从施工现场源头抓起，最大限度地收集人员、安全、环境、材料等关键业务数据，依托物联网、互联网，建立云端大数据管理平台，形成"端+云+大数据"的业务体系和新的管理模式。打通一线操作与远程监管的数据链条，实现劳务、安全、环境、材料各业务环节的智能化、互联网化管理，提升建筑工地的精益生产管理水平。实现"互联网+建筑工地"的跨界融合，促进本行业转型升级。

建筑工程施工：环境复杂、生产周期长、形状结构不规则、流动性大、露天作业、工作量大、人员多、工种多、危险源多、危险难控等；施工人员缺乏必要的自我保护意识和安全知识、施工现场常缺乏安全措施、违章作业频繁等。应用"智慧工地、智慧城市、智慧社区、数字中国、数字经济、数字雄安"等集成生产建设技术，具有"远程监控、数据自动统计分析、办公效率高、优化施工现场管理、安全高效、高层决策即时"等优点，极大地提高了社会生产力，特别是建筑行业的变革和效益。图 10-3 为智慧工地解决方案——总体架构。

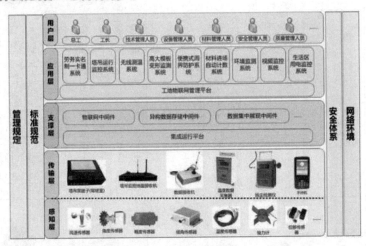

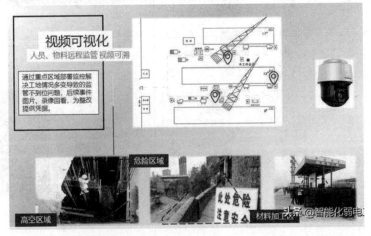

图 10-3　智慧工地解决方案——总体架构

智慧工地架构搭建与解决方案：组织结构、信息云平台、物联网系统、扬尘控制系统、（塔机、升降机、摄像头）安全监控系统、BIM+VR+5D 等系统。智慧工地：各子系统的功能、特点、应用场景，如表 10-1 所示。

表 10-1 智慧工地各子系统的功能、特点、应用场景

子系统	应用场景	功能	特点
劳务实名制一卡通		通过为施工现场工作人员发放非接触式智能卡，依托智能卡对现场人员进行精细化管理，精确掌握人员考勤、各工种上岗情况、安全专项教育落实、违规操作、工资发放、常备洗浴用水、食宿管理等情况。实现对现场人员全方位的管理。支持脱机使用：所有设备支持脱机使用，适应工地网络状况不稳定的实际情况	数据不易篡改：采用高安全性 CPU 卡，解决传统 M1 卡考勤、工资数据易篡改的缺点。支持手机 App：可查看多个工地进场人数与考勤报表。设备防护等级高：适应工地露天作业条件
高支模板变形监测：32 路采集通道		由传感器、智能数据采集仪、报警器及监控软件组成，用于实时监测高大模板支撑系统的模板沉降、支架变形和立杆轴力，实现高支模施工安全的实时监测、超限预警和危险报警。支持位移、倾角、轴压 3 种类型的传感器。数据曲线：实时数据全程记录，数据变化通过曲线图方式动态展现，历史记录可追溯。采集速率高：每通道采样频率可达 1 Hz～10 Hz；支持工业级总线采集，信号可靠传输距离可达 1 千米以上	自动监测：可实时监测模板沉降、立杆轴力、水平杆倾角等多种测量。可根据设计设定各参数的报警阈值。现场报警：配备报警器，当监测值超过阈值自动报警，支持现场声光报警、短信报警等多种报警方式。防护等级高：全防护采集链路，IP65 防护级别传感器以及防水型接插件

续表

子 系 统	应 用 场 景	功　能	特　点
塔吊运行监控系统		**实时参数**：可实时采集存储并存储塔吊运行参数 **风速超限防护**：通过风速传感器采集当前风速，当风速大于安全上限时，在塔吊驾驶室及监测中心进行声光报警。风速安全上限可进行手动设置 **禁行区域设置防护**：对塔吊吊装物在空中经过的楼宇、高压线、学校上空等禁行区进行设置，吊钩即将进入禁行区时，系统通过驾驶室的黑匣子和地面监测软件进行声光报警 **群塔碰撞防护**：系统可以自动计算并显示邻近塔吊之间的运行状态。当塔吊位于交叉作业区域，可能发生碰撞危险的间距小于设定间距时系统将进行声光报警	**运行轨迹**：大尺寸液晶屏显示塔吊运行轨迹 **智能预警**：可进行风速、倾斜、载重、群塔防碰撞报警控制 **无线通信**：通过无线传输方式实现塔吊与塔吊之间，塔吊与地面监控中心之间的数据通信 **制动控制**：在碰撞发生前先报警提示，若继续前行则根据算法对要碰撞的方向进行制动，停止前进
便携式周界防护系统		利用可移动的红外对射装置，在临建危险区域（破损护栏附近或洞口四周边）放置红外对射进行防护，当有人进入防区遮断对射之间的红外光束时，立即触发报警 **人工智能识别**：采用人工智能模糊判断识别穿过报警区域的物体，降低误报率 **智能功率发射**：自动感知周围环境变化，根据环境状况自动调节对射的发射功率，大大延长了发射管的使用寿命，降低电能消耗 **续航时间长**：采用锂电池设计，可以支持两天内间断防护 **设置探测灵敏度**：可调节红外光束最短遮断时间，改变红外对射探测灵敏度	**设置报警时间**：设置发出报警信号后，声光报警的工作时间 **便携度高**：整套设备重量为 10 kg 以内，配置三角形便携式可调支架，满足临边、洞口、悬空作业的空中防护 **探测距离远**：采用微型红外光束，最近探测距离可达 250 米，最近可达 5 米	**报警时长可调**：具备现场声光报警功能，高分贝报警有效提醒接近入危险信息。报警时长可调，最短可达 1 秒

续表

子系统	应用场景	功能	特点
区域安防监控系统	视频监控：本地录像、多路回放、云台控制；温湿度监控：温度监测、环境阈值温输入、异常报警；网络报警：多路防区、无线布撤防、语音对讲；烟雾监控：烟雾探测、火情报警；入侵探测：周界入侵探测、人员入室探测；语音对讲：语音广播、设备对讲、通道对讲	利用高度集成化的监控一体机，整合防区内视频监控、烟雾感应、温湿度监控、入侵探测、网络报警等多种功能，实现布防区域内的防火、防水、防盗等立体化的安全防护，系统支持视频录像、云台控制、语音对讲，联动报警，可大大简化布防区域的安全防管理工作，提高安全防护效率。 性能强大：服务器级的监控一体机，具备 2000 路接入能力，128 路 720P 存储能力，1000M 转发能力	平台化：集图像处理、流媒体播放、前端控制、存储于一体的硬件级平台处理，直接连接前端摄像设备后，即可实现整体视频监控功能，采用嵌入式 Linux，稳定可靠、防病毒、部署简单 高度集成化：监控一体机 = 硬件设备，监控一体机 = 存储设备，服务器 + 流媒体服务器 + 存储服务器，性价比高
大体积混凝土无线测温	GPRS-DTU 数传模块；混凝土测温传感器；无线温度采集器；监控界面	由温度传感器、无线温度采集器、无线中继器和管理软件组成，主要用于高层建筑的大体积混凝土浇筑过程中温度变化的自动监测，确保施工安全 连续测温：按照设定采样频率自动测量并记录差温度 自动报警：可对混凝土内部温度和内外温差设置阈值，超过阈值自动报警 曲线报表：提供单点多点日温度测量曲线、单点/多点日内外温差对比曲线，多点温度对比曲线等 U 盘转存校正：可使用 U 盘导出数据，并对内部时钟进行校正	续航能力强：采用一节锂电池供电，充电一次中，使用超过 28 天 工作能耗低：设备仅在数据传输时才工作，其他时间休眠，每次传输耗时 0.45 秒 自动定时测温：可充当 8 通道定时测温仪，内置电子盘，每隔半个小时自动测量并保存数据到电子硬盘内

续表

子系统	应用场景	功能	特点
生活区用电监控系统	智能交流电量测量模块 现场配电箱内安装效果图	由交流电量模块、报警器和监控软件组成，用于实时监控工地生活区内日常用电器的电量使用情况，实现生活区内宿舍、办公室等区域的实时用电参数监测、用电情况统计和超限报警等功能 报表和曲线展示：提供报表数据查看、打印功能。可按日查看电度记录，并且可以曲线形式展示测点电力参数的实时数据，或绘制选定时间内的用电参数的数据曲线 记录统计和违规查询：可查看实时用电数据和历史用电数据。支持实时显示、按日、按月查询每个测点的用电数据、功率等电力限的数据。同时可查询历史记录中的用电、功率超限的数据 测量参数全：可测量测点供电线相电压、电流、频率测量优于 0.2%，功率、电度计量精度优于 0.5% 远程遥测：采用 RS485 标准通信接口，具备 MODBUS 通信协议。可远程完成测量、校准设定等功能	实时监测用电情况：可通过用电参数采集模块实时监测生活区内供电线路间、办公室、食堂等区域内宿舍的电压、有效电流、功率、功率因数等参数 危险状态自动报警：可设置用电参数的报警阈值，当被测电力线路上的电流、功率等参数超过阈值或识别出违规用电负载时可自动报警，支持现场声光报警、手动报警等多种报警方式
噪声扬尘监测系统	依托自动化监测终端，可以在无人看管的情况下，针对不同环境扬尘重点监控区进行连续自动监测，并通过 GPRS/CDMA 移动公网、专线网络（中国电信、中国联通、中国移动）传输数据。主要用于城市功能区监测、工业企业厂界监测、施工场界监测。 气象参数扩展：提供风速、风向、温度、湿度、大气压等环境参数监测，为监测数据的后期分析提供气象参数保障 监测数据分析：对噪声、扬尘监测数据进行统计分析	扬尘噪声监控：可自动监测噪声、PM10 和 PM2.5 视频叠加功能：监测噪声、扬尘信号，可直接叠加到实时视频监控画面 超标录音采集：噪声超标可自动录音存档	超标报警控制：噪声、扬尘的超标信号可控制报警灯，降尘设备及雾炮等设备 户外 LED 显示：可接入 LED 屏，现场实时显示监测数据

续表

子系统	应用场景	功能	特点
污水排放监控系统	UV/COD传感器　数字化叶片传感器　悬浮物浓度计传感器	由 COD 在线分析仪、浊度分析仪、数字 PH 计、无线数据传输模块、PC 监控软件等系统组成，用于实现对企业废水和现场污水的自动采样、流量在线监测和主要污染因子在线监测 **远程管理：**支持通过 GPRS 传输设备进行远程参数设置、程序升级 **超限报警：**可设定污水 COD 上限值，COD 监测数据越限时系统可自动停阀、停止排污，并上报告警信息	**图形报表：**利用多样的图形展示手段进行实时、历史数据的展示，达到直观、清晰的效果 **数据查询：**具备实时数据、历史数据、报警数据的查询功能 **现场监测：**可实时监测水质、排污量等多项数据、监测电动阀门的开、关状态
棒材自动计数系统	自动计数系统示意图	依托于便携式棒材计数、通过拍摄钢筋等棒材的端面图像，实现进场棒材的自动点数与验收，可大大提高点数速度，管理人员可以通过系统保存现场照片和验收记录，可以有效监控棒材验收作业、防止材料虚报 **计数报告：**提供计数与验收报表的定制与导出 **携带使用方便：**配置手持手持带防止拍照抖动；配置电容笔更方便于点选图像 **收货记录：**登记棒材的型号、厂家、货车、送货人、收货人信息 **端面拍照：**对棒材端面进行拍照，光线较暗时，可加闪光灯 **手动调整：**为防止棒材漏计或多计，对计数结果进行手动调整	**高精度图像识别：**采用高精度图像识别算法、识别率可达 90% 以上 **工业级智能终端：**采用工业级野外专用智能终端，达到 IP67 以上防尘、防浸等级 **自动计数：**划定区域，可对指定区域内的棒材进行自动计数，计数结果在原始图像中以红圈标记 **适应夜间拍摄要求：**支持 800 万像素以上双高清摄式闪光灯，符合工地户外夜间的收发货要求

10.1.3　智能建筑

智能建筑（Intelligent Building）的主要驱动因素是物联网技术在建筑管理系统中的应用越来越广泛。"IoT、大数据、数据分析、深度学习、人工智能"等技术大量应用于智能建筑，包括建筑控制和建筑系统集成。中国、美国、加拿大正在通过立法使建筑物更节能、减少温室气体排放，推动智能建筑的发展，保护环境和资源。全球智能建筑市场将从 2019 年年底的 607 亿美元增长到 2024 年的 1058 亿美元。全球领先的智能建筑解决方案的供应商有华为（中国）、霍尼韦尔（美国）、江森自控（美国）、思科（美国）、日立（日本）、西门子（德国）、IBM（美国）、施耐德电气（美国）、ABB（瑞士）、L&T 技术服务（印度）、Spaceti（捷克）等。

智能建筑以"智能硬件+5G+大数据+云计算+WiFi"为基础，大幅提高建筑管理效率、能源利用效率，极大地提高了建筑的使用价值和维护增值，如小米互联网产业园、碧桂园潼湖小镇、福州数字小镇等智慧地产、智慧酒店、智慧办公楼宇、智慧楼宇、智慧公寓、智慧家居，更舒适、便捷、智能。

智能建筑具有楼宇智能化、通信网络智能化、办公智能化等基本功能，由系统集成中心、综合布线系统、楼宇自动系统、办公自动系统、通信自动系统五部分组成。智能建筑中的主要设备放在系统集成中心，与各终端设备相连，如通信终端、传感器、对讲机、电话机、传真机等，通过通信终端、控制终端（如开关、电子锁、阀门）等输入信息指令，做出业主或物业公司要求的动作，让建筑物达到智能控制和管理的放果。图 10-4 为智能建筑控制与管理系统。

图 10-4　智能建筑控制与管理系统

10.1.4　智慧城市

当前，世界处于百年未有之大变局，2019 年我国人均 GDP 达到 1 万美元，城市化率首次突破 60%，发达国家城市化率要达到 80%以上。我国已经具备构建"智慧城市"的"北斗量子通信、5G、人工智能、区块链"的硬核新技术，建设中华自古以来追求的"天、人、地"和谐友好的且以人为本的"智慧城市"得以真正实现，实现中华民族伟大复兴处于关键时刻。

　　"智慧城市"就是给城市安装更"聪慧"的大脑，利用北斗量子通信、区块链、物联网、5G、人工智能、云计算、大数据、BIM 等技术，把城市的物理基础设施、信息基础设施、社会基础设施、商业基础设施等连接起来，使城市中各个元素达到全联结、全感知（如脑神经系统般的协调控制和管理的"云+数据+AI"的城市巨系统）。图 10-5 为智慧城市系统。

图 10-5　智慧城市系统

10.2　建筑设备装置智能化

10.2.1　建筑装备智能化

　　中国作为"基建强国"早已名扬海内外，而支撑这一切的基础却是我国的建筑装备智能化技术，我国凭借自主研发的新技术、新设备、新材料，在人类发展的各个方面都展现出强大的实力。图 10-6 为中国建筑第三工程局独立设计研发的"空中造楼神器"——迴转塔机。

图 10-6　"空中造楼神器"——迴转塔机

该平台最多可安装 4 台塔吊，能根据吊装要求选择各式塔机的合理配置，实现多塔机整体、连续、快速、安全顶升；具有 360° 自由旋转功能，能承受上千吨载荷，抵抗上百吨竖向剪力，还能按照进度自行顶升，爬得高、爬得快，是目前世界上唯一的"迴转塔机"；使用"空中造楼机"能节省建设工期 20% 以上，大量应用于超高层建筑的施工。

10.2.2　工程机械智能化

工程机械技术的操作与施工正在从智能化到无人化迭代升级，工程机械智能化就是把云计算、大数据、5G、人工智能、机器人技术与传统工程机械结合起来，利用"互联网+"平台实现"云"智能下料及大型构件的成线化焊接、机加、涂装、模块化施工，形成工程机械施工管理智能化、无人化。工程机械的智能化、无人化施工，可以真正实现零失误，大大提高了施工安全、施工进度、施工效益。

工程机械主要分为起重机械、土方机械、路面机械、混凝土机械、桩工机械、港口机械、特种机械、盾构机等。图 10-7 为工程机械分类图谱。

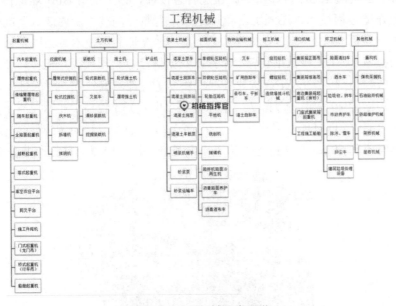

图 10-7　工程机械分类图谱

10.2.3　智能建筑 3D 打印

在工业 4.0 时代，建筑 3D 打印技术是基于人工智能控制，实现建筑构件免模板的施工工艺，在曲面建筑和穹顶式建筑建造上具有明显优势，为设计艺术化自由化开创了广阔的艺术想象空间。作为一种全新的建筑模式，建筑曲面造型、现场浇筑成型、预制构件、建筑模具工程及 3D 打印房屋不仅可节约建筑材料 30%～60%、缩短工期 50%～70%、减少人工 50%～80%，还可大幅度降低施工安全隐患及工程污染。

人工智能从工业智能化到建筑智能化渗透迭代，3D 打印建筑的特点有：原位打印，直接将建筑主体现场打印成型，无须二次拼装；采用轮廓工艺，打印出的墙体是中空的，方便添加隔热填充物，不仅方便地使建筑体具有隔热保温的效果，还可以节约能源，在高纬度地区更是有利的；结构难度系数大；用于建筑过程的主体施工阶段。

3D 打印建筑装备的基本组成及原理与一般打印机一样，具有打印机体、喷头、"油墨"材料、（施工）图纸等。3D 打印建筑装备有：打印机体，即在打印建筑体的四周搭建的金属框架；打印头，即喷涂混凝土的喷头，通过一圈一圈连续地喷涂宽 5 cm、厚 2.5 cm 的打印材料，层层堆叠成建造墙面；"油墨"材料，即不间断特殊配制的混凝土材料；（施工）图纸，即施工前，根据建筑设计图纸在地下预埋的钢筋笼。

中国于 2019 年 10 月 15 日在河北工业大学落成"装配式 3D 打印赵州桥"，单跨 18.04 m，总长 28.1 m，是目前世界上跨度最长、总长最长、规模最大的混凝土 3D 打印桥梁。通过智慧设计，该桥采用 BIM 虚拟仿真的装配建造过程技术，还采用了智慧施工、智慧监测技术及内嵌入智能传感技术。应用北斗卫星、无人机等空、天、地一体监测技术、物联网云平台集成技术、5G 无线数据传输 3D 打印数据信息，无须模板与支撑，节约了 1/3 建筑材料和 2/3 人工，快速精准地还原了古建筑的残损、遗失部分。

中国于 2019 年 11 月 17 日在深圳（龙川）产业转移工业园完成了世界首例"原位 3D 打印双层建筑"。一栋高 7.2 m、面积 230 ㎡ 的双层办公楼，净用时不到 60 h，住进打印的房子不再是梦。图 10-8 为 3D 打印办公楼。

图 10-8　3D 打印办公楼

我国的智能 3D 打印建筑技术全球领先，其必须具备设备开发、打印材料、架体结构、输料系统、控制软件、云计算、大数据、5G、人工智能等先进技术。

10.3　建筑智能化应用系统

根据我国《智能建筑设计标准》（GB 50314-2015）规定，智能建筑是以建筑物为平台，兼备信息设施、信息化应用系统、建筑设备管理系统、公共安全系统，集结构、系统、服务、管理及其优化组合为一体，向人们提供安全、高效、便捷、节能、环保、健康的建筑环境。由单系统到集成系统，由商务办公大楼到综合建筑、住宅小区等，注重安全、舒适、高效、环保、节能等。

根据我国《智能建筑设计标准》（GB 50314-2015）规定，建筑智能化平台系统由以下 6 个系统组成：

- ❑　智能化集成系统 IIS（Intelligent Integrated System）
- ❑　信息设施系统 ITSI（Information Technology System Infrastructure）
- ❑　信息化应用系统 ITAS（Information Technology Application System）
- ❑　建筑设备管理系统 BMS（Building Management System）
- ❑　公共安全系统 PSS（Public Security System）
- ❑　机房工程 EEEP（Engineering of Electronic Equipment Plant）

10.3.1　智能化集成系统

智能化集成系统是一个软件管理平台，包括智能化信息集成与共享（平台）系统和集成信息应用系统，以建筑体的建设规模、业务性质、物业管理模式为基础，满足使用功能，确保对各类信息资源的共享和优化管理，建立实用、可靠、高效的信息化应用系统，实施综合管理功能。图 10-9 为智能化集成平台系统。

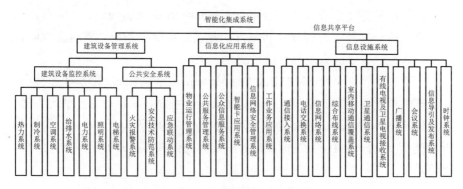

图 10-9　智能化集成平台系统

10.3.2　信息设施系统

信息设施系统 ITSI（Information Technology System Infrastructure），即

一个建筑体、一个社区、一个城市的通信系统，由能对语音、数据、图像等各类信息进行收集、交换、传输、存储、检索、显示等综合处理的多种类型的信息设备系统组成。

信息设施系统（ITSI）具备以下功能和作用：

- ❑ 支持建筑系统内语音、数据、图像信息的传输。
- ❑ 确保建筑系统与外部信息通信网的互联通畅。
- ❑ 为建筑群体本身及其系统的管理者和使用者提供信息服务。
- ❑ 支持建筑系统内用户所需的各类信息通信互联互通业务。

信息设施系统（ITSI）包括信息接入系统、综合布线系统、5G 信息通信系统、移动通信室内信号覆盖系统、卫星通信系统、用户电话交换系统、无线对讲系统、信息网络系统、有线电视及卫星电视接收系统、公共广播系统、会议系统、信号引导及分布系统、时钟系统等。其能根据需要对建筑系统内外的各类信息予以接收、交换、传输、存储、检索、显示等综合处理，提供符合信息化、智能化应用功能所需的各类信息设备系统组合的设施条件，为使用者和管理者创造良好的信息应用环境。

10.3.3　信息化应用系统

信息化应用系统 ITAS（Information Technology Application System），包括通用业务系统、物业营运管理系统、公共服务管理系统、智能卡应用系统、信息设施运行管理系统、信息网络安全系统等，具有完善的业务支持辅助功能、快捷有效的业务信息运行功能。

10.3.4　建筑设备管理系统

建筑设备管理系统 BMS（Building Management System），完成对建筑设备系统的合理控制与管理，其包含：建筑设备监控系统；建筑能效监管系统；其他业务设施系统等智能系统。

建筑设备管理系统 BMS（Building Management System）具备功能/特点：对建筑机电设备测量、监视、控制，使其安全可靠、稳定运行、节能环保；监测建筑物环境参数；满足物业管理需要、数据共享、优化数据、数据分析与统计报表；人机交互界面友好、中文界面；共享公共安全数据、信息、资源。

10.3.5　公共安全系统

公共安全系统 PSS（Public Security System），包括以下方面：

- ❑ 火灾自动报警系统。

❑ 安全技术防范系统，其包含入侵报警系统、视频安防监控系统、出入口控制系统、电子巡查系统、访客对讲系统、安全检查系统、停车库或停车场管理系统、安全防范综合管理平台系统。

❑ 应急响应系统。

具备应对火灾、非法入侵、自然灾害、重大事故、公共卫生事故等危害群众及公共财产安全的应急及长效防保体系，以人为本，平战结合，应急联动，安全可靠。

10.3.6　机房工程

机房工程 EEEP（Engineering Of Electronic Equipment Plant），由机房配电及照明、机房空调、机房电源、防静电地板、防雷接地、机房环境监控、机房气体灭火等系统构成，为机房内各种关键设备装置提供安全稳定的电源，也为机房中各系统设备提供适宜的工作环境（温/湿度）。机房可分为信息接入机房、有线电视前端机房、信息设施系统总配线机房、智能化总控室、信息网络机房、用户电话交换机房、消防控制室、安防监控中心、应急响应中心、智能化设备间（弱电间、电信间），并配置机房安全系统和机房综合管理系统。而数据中心并不在本标准考虑的范围中。

▲ 10.4　建筑智能化系统运维

随着具备海量数据的"5G+区块链"的应用场景在智能建筑运维领域的场景化大量推广，智能化运维系统的使用对象大多为行业内的运维人员及运维管理人员。通过使用智能运维系统进行系统日常运行查看、预报警查看、性能分析、关联分析等。在智能化核心功能查询的同时，能自由制定出符合运维人员自身运维习惯的运维场景视图，从而辅助问题的诊断。可定期通过运维数据的综合应用，对大系统内的容量、资源、事件、问题、变更等各类运维趋势进行预判，解决问题于"萌芽"。

10.4.1　智能建筑的运维技术要求

智能化运维系统分 3 个逻辑功能层：采集层、处理层和消费层。采集层通过各种采集方式和数据传输总线实现对运维数据横向到边、纵向到底的信息采集全覆盖，采集层对应智能化运维系统中采集模块和数据总线模块的建设，采集模块可实现第三方系统的快速接入，根据性能标准和预报警接入规范，可对接任何符合规范的运维子系统或自运维系统。处理层统一管理由各个运维子系统发送上来的事件以及性能数据，结合 CMDB 进行统一的处理与分析，及时发现故障并针对性地开展业务根源的分析与定位，实现对业务影响的感知与量化。预留接口负责将数据进行第三方传递。通过传输总线，实现事件源与事件处理功能模块间可靠的数据交换以及灵活的数据消费配置。处理层对应智能化运维系统中的智能监控总控中心、性能数据库、运维分析模块。消费层则通过各种方式快捷高效地进行人机交互，具备快速解决问题能力。变现各种运维场景，包括基线管理、关联分析等运维场景，还包括运维展现、实时报表、短信等，对接消费使用。

在集成方面，采集层采用的采集模块使用开放的对外接口，对告警和性能都有相应的接入规范，便于第三方系统的接入，采集模块使用 Dubbo 技术实现，支持微服务的扩展，数据总线主要通过可扩展的、分布式的 ActiveMQ 部署方式进行告警的统一收集。处理层使用分布式 ES 对性能数据进行汇聚，使用 HSQL 对实时告警进行汇聚收集，使用 MySQL 存储历史告警，通过核心数据分析模块对来自 ES 性能、HSQL 告警、CMDB 配置数据等多源头的数据进行综合分析。同样采用 Dubbo 微服务方式（支持扩展）为数据消费提供分析后的结果展示，如为性能基线、关联分析等场景的展示提供分析数据。消费层主要有数据可视化、分析数据使用、外部接口数据提供等功能。

为实现统一管理、智能运维，智能化运维项目的建设要遵循先进性、成熟性、平台可扩展性、开发性以及标准化原则，将各运维子系统互联互通，打破数据藩篱，并以流程平台为依托、CMDB 为运维数据基石，以运维整个生命周期活动为基础，从告警产生、工单生成、工单分派、工单关闭、告警关闭等环节形成运维闭环，达到运维的全生命周期管理。实现平台间的联动，实现监控系统、配置管理系统及周期自动化系统的数据共享，各类运行报表的开发为日常运维决策提供依据。在运维数据的场景化使用方面，支持不断丰富的运维场景扩展。智能建筑的运维安全需要满足以下五大项目目标：

- ❑ 建设全数据系统的运维数据中心，实现预报警事件与性能数据的整合，运维数据与运维流程的联动。
- ❑ 整合优化监控系统，包括基础监控、应用监控、环境动态监控及其他监控采集系统。
- ❑ 建设强大的预报警事件处理中心，实现事件的关联、压缩、抑制、升降级等功能。
- ❑ 实现各个运维系统之间的互联互通，通过流程系统，实现监控系统、配置管理系统及周期自动化系统的数据共享，以供日常运维决策。
- ❑ 建设完善运维数据分析模块，实现故障根源分析、基线管理等智能数据分析功能。

建筑智能化运维系统为监控系统运行维护的主体,负责对整体 IT 环境的监控和预报警,主要有运维查询展示分析类功能,通过代理或者采集接口,实现对整体 IT 环境的监控,影响范围较小(自身)。建筑智能化运维系统目前整体部署在虚拟机环境中,虚拟机环境中是弹性扩展,根据实际运行情况做扩容调整。一般情况下,上线运行服务器 CPU 平均使用率小于10%,内存使用率平均在 20%~25%。数据库服务器 CPU 平均使用率在 2%~10%,数据库存储空间状态、使用率、命中率等各项关键指标正常,数据分析平台存储每天增长 10GB 基础数据,系统占用网络带宽稳定,基本都在8MB 以下。

随着 5G 的商用,虚拟现实、移动视频直播、4K 超高清直播等技术在智能建筑运维领域的应用将会越发普遍和深入。基于上述技术,结合融入BIM(建筑信息模型)的智能运维平台,用户在移动管理终端上可随时随地巡检设备及设施,非常便捷。像 5G 的远程人体手术一样,远程实时诊断和维修设备也将极大地提高运维效率。虽然 5G 的网速快、零卡顿,但大体量、精细化的建筑模型承载着海量的数据和信息,要想带给用户更好的体验,还需要引入建筑模型轻量化的机制。建筑智能化运维系统功能的要求如下:

- ❏ 建设一体化智能运维门户,做到运维操作界面的统一。提供了开放的接入规范和机制,实现了 ITIL 运维服务流程管理系统、CMDB配置资源管理系统、专业级数据库监控系统、周期调度管理系统等运维系统的单点登录功能及其权限设置的统一管理。
- ❏ 统一汇聚运维数据,整合优化各运维平台的事件数据、性能配置等运维信息,实现自运维监控系统的数据采集及纳管。如专业级数据库监控系统、互联网金融自运维监控系统等,制定数据接口标准规范,为其他自运维系统快速接入提供通信标准。
- ❏ 整合优化运维数据,实现应用系统多维分析、展现和关联,横向打通运维通道,实现一体化的运维目标,同时用户可自主定制运维界面,实现场景化运维。
- ❏ 建设完善的预报警事件处理中心,实现事件的关联、压缩、抑制、升降级等功能。
- ❏ 建模运维数据分析模块,实现基线管理等智能数据分析功能,打通各运维子系统的数据综合应用,提供足用的报表功能,为运维数据关联分析提供可视化的使用场景。

10.4.2　Honeywell 楼宇智控系统简介

Honeywell 楼宇控制系统是美国 Honeywell 公司分别在 20 世纪 70 年代

和 90 年代先后开发并不断升级操作版本的 Excel 5000、EBI 的智能建筑控制系统，发展到现在，其特点主要是通过以太网或局域互联网，符合中国建筑标准，属于建筑智能化控制总线的一种集散控制系统。用于大型楼宇智能控制管理的 EBI 系统组件主要包括楼宇控制管理系统（Building Automatic Control System）、生命保障（火灾报警）管理系统（Life&Safety Management System）、安保管理系统（Security Management System），各组件独立或组合，支持对楼宇中的每一个细节实行"全息、全景"楼宇智能控制管理，实现了建筑智能化管理的集散控制的可靠性、安全性、系统性、即时性、环保性。

Excel 5000 采用共享总线型网络拓扑结构（以太网），把分布在建筑物不同部位的控制分站（现场控制器 DDC），以高达 1Mbps 的通信速度，用一条普通双绞线互相连接起来，形成集散式控制，信息在局域网（信息域）中的传输速度高达 10Mbps。

EBI 系统是把 Excel 5000 楼宇自控系统的 XFI 机电设备控制和 XSM 防火保安两套系统集成在一起的一套新系统，XFI 和 XSM 的控制网络（自动化层和现场层）在 EBI 系统中没有任何变化。因 EBI 是源于 Excel 5000 系统而又高于 Excel 5000 系统的新系统，既有 Excel 5000 系统控制技术成熟的特点，又有 EBI 系统集成的创新。所以 Excel 5000 系统的传感器、执行器、控制器以及控制总线，如 C-BUS、F&S-BUS、XSL1000-BUS、保安 BUS 等，继续在 EBI 系统中使用，控制系统的组态、连接方法及应用范围完全一样，

EBI 应用的广泛性在于极高的系统性能、模块化的监控方式及基于网络系统的灵活设计，决定了 EBI 能为各类局域环境（装备、设备、社区、校区、商务办公中心 CBD、现场施工、甚至整座城市）的智能化控制管理提供丰富、全面、精准的解决方案。

基于 C/S 架构的 EBI 系统是一个高开源、高性能、高实时的数据库，遵循现有工业标准，其由数据库服务器维护，提供实时信息给 LAN 或 WAN 客户，如工作站、Excel 5000、相关数据库等。EBI 的模块化设计具有应用成本低廉、高可扩展的特点；EBI 服务器运行在基于微软的 Windows NT 平台上，EBI 客户运行在 Windows NT 或 Windows 95/98/2000 的平台上，整个网络系统运行在快速以太网上，协议为标准的 TCP/IP。IBMS（智能楼宇管理系统）的数据接口方式有 ODBC、NETAPI、标准 SQL 接口，支持 BACNet、OPC、LonWorks 等工业标准协议。

10.4.3 建筑智能化的未来

2020 年 7 月 31 日，北斗卫星导航全球组网成功，我国各领域新基建一

智能化建设迭代升级，带来更快的网速，更流畅的通信体验，更宽的互联网场景。5G 在智能建筑运维领域的应用，提高了工程性能，加快了建筑产业变革，优化交通，智能规划。"数字化、网络化、智能化"智慧城市建设的推广，我国在建设工程领域，安全、高效、大力提升了生产效益。

（1）将工程师从繁重的运维工作中解脱出来，降低了运营成本，提高了服务质量。

（2）运用科学和客观的手段衡量业务系统的健康状况，给决策分析提供充分的数据支持。

（3）提供运维标准化接口和相关规范，推进和丰富了运维管理的标准化和规范化管理。

（4）有效加强了运维操作和管理的规范化与合规性。

（5）设计上考虑了扩展性与高可用等技术，支持系统业务能力的动态扩展以及应用使用场景的扩展，满足和丰富了个性化运维场景的需要。

2020 年为 5G 商用元年，5G+BIM 与大数据、云计算、物联网、GIS、移动互联等信息科技的跨界整合，使古老的建筑行业插上了科技创新的翅膀，资源可以重新调配，能源可以有效利用及计量。新时代的绿色建筑不仅需要从全生命周期的角度考虑绿色建筑管理运维模式，还需要从低碳目标规划、低碳组织保障、低碳技术保障、低碳节能效果测评等方面开展低碳建设，全方位保障我国建筑全生命周期的低碳化顺利进行。建筑从交付开始就进入了长达数十年的运维阶段，智能建筑运维平台与 BIM 技术的深度融合，再结合 5G 技术，相信能给我国建筑的绿色运维、低碳运维带来一轮质的飞跃。建筑智能化应用的最新技术如下。

① 可见光通信，用室内光源作为信息通信的传输介质，目前的研究主要集中在将 LED 灯作为可见光通信的收发源。可见光通信可在光源能够到达的区域内进行信息传输，台式电脑、笔记本电脑、手机等台式、手持式信息设备将多了一种无线的通信联网方式（无线局域网、可见光通信）。一旦电力线通信解决了网段和信息分区隔问题，使该技术成熟运用，将使电器领域的 POE 供电、照明电路、工业制造、智能建筑等各个生活领域、生产领域发生划时代的革命。可见光通信应用原理，如图 10-10 所示。

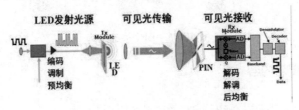

图 10-10　可见光通信应用原理

② 智能门窗，其利用智能化和互联网技术，产品具有以下功能：

❑ 远程遥控：可在建筑内或在数千米外进行开关门窗。

❑ 自动感知：风雨来临时能感应且自动关闭窗户。

❑ 电控阻光：可将明亮的透光窗瞬间变成磨砂状态窗，不再透光。

❑ 外窗内擦：清洁人员在室内原地擦窗，不再有爬高危险。

③ 智能板材：具有导电和通信功能，外观与普通板材相同，板内通过内置导体，建立板材智能化应用平台；板材内嵌入特低电压（直流或交流）作为供电平台及电源线（母线），向各智能化终端提供电源；同时嵌入控制电缆，提供信息传输信号的应用。智能板材具有的优点：智能系统已安装在板上，现场仅需进行测试即可；智能系统的连接缆线敷设在板材内，力保安全可靠；大幅度减少了现场安装时间，厂商保质，客户省心。

④ 区块链+建筑智能化，区块链技术具有公平公正、不可篡改的特性，可以自由流转和交互，实现万物交互、互联，在智能建筑产业将会有大量应用。

10.5 实验：楼宇智控系统 EBI 的安装配置调试

实验原理与目的

通过 EBI 实现楼宇智控运维，提高运维工程师的工作效率，减少人为失误，通过本身集成多模块，实现多管理任务。多模块、多功能、操作简单、轻松上手，在运维领域，几乎可实现所有功能。在服务器上可以准确快捷地完成配置和管理任务，如通信测试、控制器参考等。EBI 系统结构如图 10-11 所示。

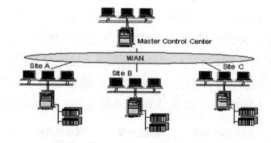

图 10-11   EBI 系统结构

实验步骤与内容

1. EBI 权限账户介绍

安装 HONEYWELL EBI 软件汉化版 V1.0，如图 10-12 所示。

图 10-12　EBI 软件汉化版 V1.0

EBI 汉化版 V1.0，适用于 EBI 系统软件版本 R110。本版本仅汉化了 STATION 软件的菜单和部分页面，并且汉化了部分提示信息，但并非全面汉化。先安装 EBI R110 软件，然后再安装汉化版。如果要保留原版的界面，则在安装汉化版前，请先自行备份 C:\Honeywell\client 下面的所有文件。鉴于 Honeywell 公司的授权，作为服务器或工作站，部分组件可能不能使用。

在安装时，系统会要求创建 3 个账户并确认 3 个账户的密码，分别是 MNGR、ENGR 和 OPER。MNGR 账户代表在 EBI 系统中的最高权限，可以运行所有的功能和访问所有的信息。ENGR 账户代表 EBI 系统中的运维工程师等级，其所获得的权限和访问等级可以由 MNGR 账户分配。OPER 账户是 EBI 中最低权限的账户，其不能访问大部分的信息，并且在一些特殊的场合里需要页面的支持，才能输入指定的数据。

2．EBI 的安装

（1）软硬件要求

可选硬件安装 EBI 服务器，客户端 PC 的最小配置系统能使用所有的功能。服务器端如果需要使用 Windows NT Server/Windows 2000 Server 的全部功能（如冗余阵列、DSA 等），则需要 512MB 或以上的内存。

（2）服务器端 PC 硬件需求

服务器的最小硬件需求包括：Pentium500MHz CPU；最少 256MB 的内存；最小 4GB 的硬盘空间，并且需要 NTFS 的文件系统格式；1.44MB 软盘驱动器；支持 1024 像素×768 像素分辨率和 65K 真彩色的监视器和视频适配器；CD-Rom；最少一个串行和并行口；12 个功能键的键盘；鼠标。

（3）客户端 PC 硬件需求

客户的最小硬件需求包括：Pentium500MHz CPU；最少 128MB 的内存；最小 2GB 的硬盘空间，并且需要 NTFS 的文件系统格式；1.44Mb 3½"软盘驱动器；支持 1024 像素×768 像素分辨率、65K 真彩色的监视器和视频适配器；CD-Rom；最少一个串行和并行口；12 个功能键的键盘；鼠标。

（4）可选硬件

如果 EBI 要连接网络，则需要一张网络适配器卡，一般 Honeywell 推荐使用 3COM Etherlink3 网络备置卡片（3COM Etherlink XL network 卡片）。如果需要多串口连接，则使用下列各项 multiport 之一的连续适配器 Stallion EasyConnection 多串口适配器或 DigiBoard PC/8e 多串口适配器。如果 EBI 要在操作员工作站支持实时视频显示，则需要 Integrated Technologies Flashpoint Lite 视频采集卡。

（5）组件介绍

Quick Builder 组件是一个依赖用户系统硬件项目工程点的图形工具，可以运行在服务器上或运行在系统中的其他计算机上，用 Quick Builder 定义一个硬件或点以后，从 Quick Builder 下载这样一个定义到服务器数据库。Quick Builder 是 HDWBLD、PNTBLD、BCKBLD 等系列工具的替代，在安全管理和设备集成上有更多的优胜之处。

（6）工作站软件配置

工作站软件 Display Builder 是一个用来定制显示界面的工具，运行在服务器或者操作站上，与 EBI 一起安装和配置，是操作员监控环境动态的工具。不同的公司通常会自行制作一些特殊的页面，所以 Display Builder 被独立配置和安装，运行在服务器和系统中的其他计算机上。

3．Quick Builder 软件配置与操作步骤

（1）Quick Builder 介绍

Quick Builder 是一个管理和修改 EBI 系统数据库里的数据点和控制器详细信息的工具，是以往系统里面的 HDWBL、PNTBLD、BCKBLD 等工具的集合，在智能建筑安全和设备集成上更能保证系统安全。用 Quick Builder 可以建立一个未来会下载到服务器里面的项目（Project）。在一个已经建立的数据库里面，信息也可以上传到 Quick Builder 的项目里面去修改，或者保证 Quick Builder 里面的项目始终真实反映服务器的当前配置。

使用 Quick Builder 一系列的 TAB 页面可以完成以下内容：

❑ 组织配置信息，用对话框显示默认属性及可选项。

❑ 快捷地配置大量的对象（如点、控制器、站等）。

❑ 查看被选项的通用属性。

❑ 剪切和粘贴对象。

❑ 使用过滤器选择你需要的对象。

❑ 从电子表格软件（如 MS Excel）中导入配置信息。

Quick Builder 的一般运行界面如图 10-13 所示。

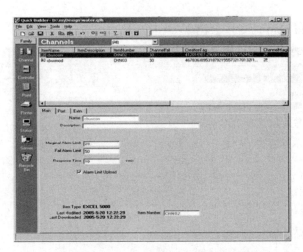

图 10-13　Quick Builder 的一般运行界面

（2）添加 Channel

C-Bus Configuration Tool 配置步骤如下：

① 停止系统 Com 的使用，记录当前端口的资源使用情况，配置如图 10-14 所示。在下面的情况中，记录 IRQ 为 04，I/O Range 为 0x3F8。

C-Bus configuration Tool 是 EBI 安装自带的一个 C-Bus 配置工具，可以很方便地配置和管理 EBI 和 DDC 之间的通信。

② 打开 C-Bus configuration Tool，并新建一个新的通信端口，如图 10-15 所示。在使用 Com 口加 485 转换器的情况下，选用 9600 比特率的传输速度，以保证通信的正常进行。在重启计算机以后，设置将会生效。注意，请记录添加的 C-Bus 端口名称。

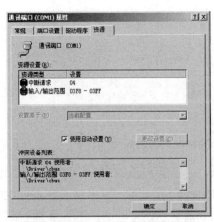

图 10-14　停止系统 Com 的配置

图 10-15　C-Bus 端口名称

③ 添加 Channel。配置完 C-Bus 后，在 Quick Builder 里面添加 Channel，可以将它理解成 EBI 与 DDC 之间的通信信道。启动 Quick Builder 后，选

择 Edit→Add item 命令，会出现如图 10-16 所示的对话框。

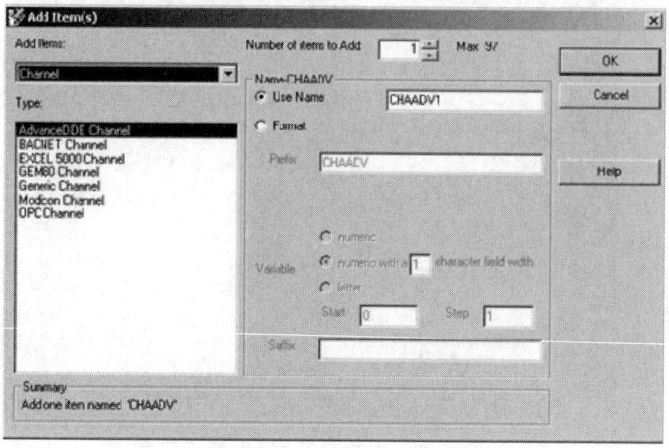

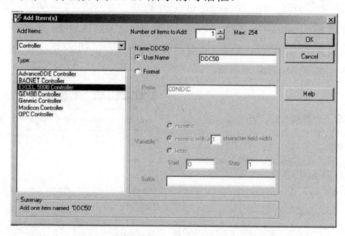

图 10-16　添加 Channel 的对话框

在一般情况下，只要修改 Channel 就可以了。在添加了 Channel 以后，需要在其 Port 属性的 Tab 页面中，选择 Port Type 为 LAN vendor。输入 Port Name，格式为[服务器地址:端口名称]，例如在以上的配置中输入 cbus，名称为 cbus1，服务器地址为 127.0.0.1，则输入 127.0.0.1:cbus1。

④ 添加 Controller。在定义完 Channel 后，可添加控制器。选择 Edit→Add items 命令，弹出如图 10-17 所示的对话框。

图 10-17　添加 Controller 的对话框

在弹出的对话框中选择 Controller，并在新出现的内容中选择 EXCEL 5000 Controller，选择的控制器类型是 Excel 50 控制器，它隶属于 Excel 5000 系统。一般来说，只需要修改默认的控制器名称就可以了。在添加了控制器后，在控制器页面选择刚才建立的控制器，然后修改其默认属性。例如 Address ID，请注意 Address ID 务必与 DDC 中设定的保持一致，否则无法通信。

⑤ 添加 Point。在 Quick Builder 中建立数据点。有两种方法：一种是像

前面提及的方法，直接在 Add Items 中添加；另一种是使用 CARE 导入精灵。

在定义完 Channel 后，可以添加控制器。选择 Edit→Add items 命令，在弹出的对话框中选择 Point，并且在新出现的内容中选择 Analog Point（AI、AO；如果是 DI 或 DO，则选择 Status Point）。一般来说，我们只需要修改数据点的名字即可，如图 10-18 所示。

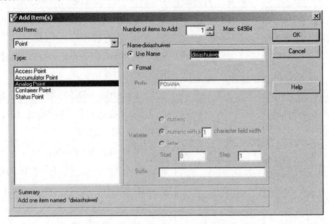

图 10-18　添加 Point 的对话框

在添加完点后，单击 Quick Builder 列表中的点，在 Main 页面的 PV Source Address 里面输入 DDC50 dixiashuiwei value，用来对应 DDC 里面的点，全部格式为[ControllerName PointName AccessPointType]，另外还需要对应 DDC 的点的其他信息，设置其他页面里面的信息。

⑥ 使用导入精灵。为保证楼智能控制的安全稳定性，Honeywell 配置了 Quick Builder CARE Import Wizard 工具，可以准确、快捷地把系统中每个 DDC 中定义的不同的点导入系统数据库。要使用 Quick Builder CARE Import Wizard，必须先准备每个 DDC 项目中的配置文档。

启动 Quick Builder CARE Import Wizard 时，首先见到如图 10-19 所示的界面。

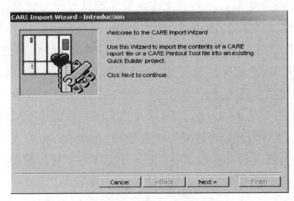

图 10-19　导入精灵界面

过程很简单，只需要一直单击 Next 按钮，就可以完成这个任务。下面给出 Quick Builder CARE Import Wizard 中每一页内容的简单说明，如表 10-2 所示。

表 10-2　Quick Builder CARE Import Wizard 中每一页的内容

填 写 内 容	出 现 页 面	说 　　 明
Select an EXCEL 5000 Controller	2	这里需要在 QB 里建立 DDC 的名称，用来对应指定的 DDC。注意：只有类型为 EXCEL 5000 Controller 的 DDC 才会被添加至列表中
File to Import	3	这里选择指定 DDC 所导出的配置文件
Enable and Configure Point Pairing	4	当该选项被选择以后，将进入数据点配对模式，不推荐选择
Select Output Options	6	当选择 import points directly into QB project 时，所有的点将直接导入 QB 的数据库中。当选择 Import points and create Point Build file 时，所有的点将导入 QB 中，并且生成 Point Build 文件。选择最后一项，则只生成 Point Build 文件

⑦ 其他对象介绍。除 Channel、Controller、Point 等基本元件（Item）外，QB 里面还有 Printer、Station、Server 这几个文件。这些元件的设置与 Channer 等设置时是大同小异的。

Printer 打印机元件：如果系统中有打印机，则必须在这里添加。要注意的是，打印机只能接在服务器上面，并且在添加时，打印机的名字必须与 Windows 里面设置的打印机的名字一样。

Station 工作站元件：要注意的是建立工作站时的连接类型，有 Static 或 Rotary 类型。

通过连接工作站到服务器上，且是长期连接在服务器上。在冗余的服务器体系中，当前操作员在静态工作站界面保持显示。这类连接推荐使用在工作站被操作员使用的情况下，选用 Static 类型；如果工作站通过局域网连接到服务器上，但不需要长期连接，这类服务器推荐用于工作站不被管理或不被长期占用的情况，选用 Rotary 类型。注意：无论是选用何种类型的工作站连接类型，能连接到服务器上的工作站的最大数量是由授权决定的。如果工作的类型是 Rotary，则最大的工作站数量等于同时在线的工作站数量。如果类型为 Rotary，则不需要填写 Update Rate。

Server 服务器元件：一般来说，Server 元件并不需要修改其他配置，只需要修改服务器地址即可。

⑧ 上传与下载。上传指从服务器把数据库中现有的资料上传到 QB 中，

用于修改资料或者保持 QB 与服务器上的资料一致；下载是指把当前 QB 的资料下载到服务器的数据库中，用于更新数据库上面的信息。在 QB 中，上传和下载甚至变成了一种享受，只需要点击一下，就可以简单地完成工作任务。选择 Tools→Upload/Download 命令，弹出如图 10-20 所示的下载界面。

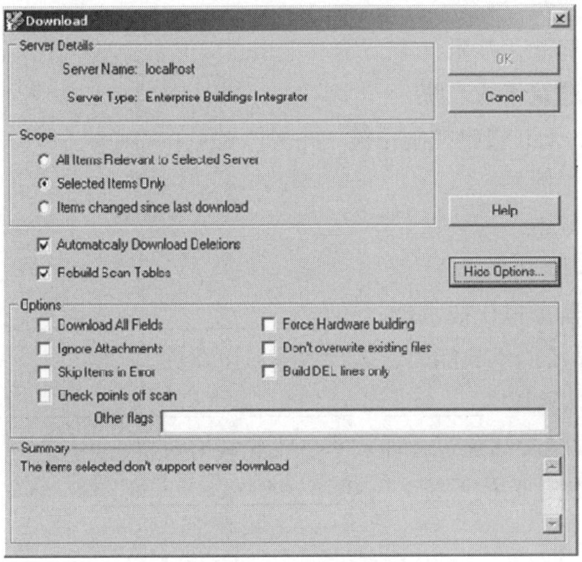

图 10-20　下载界面

选中 All Items Relevant to Selected Server 单选按钮，将所有的 item 下载到服务器上面。

选中 Selected Items Only 单选按钮，则只下载已经选定的项目。

选中 Items changed since last download 单选按钮，则只上传自上次下载以后有修改的项目。

上传界面如图 10-21 所示。

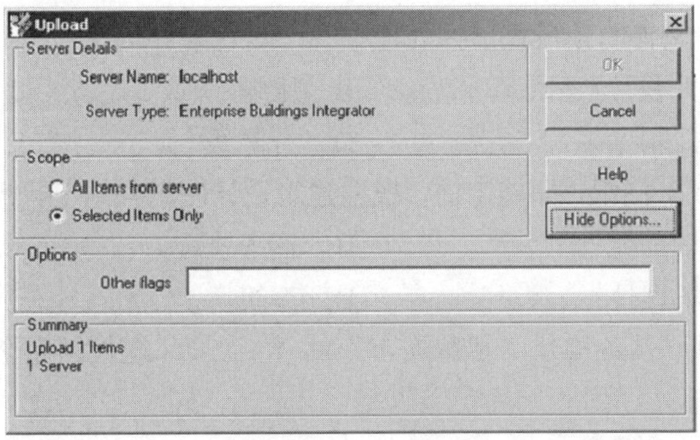

图 10-21　上传界面

Scope 选项请参考下载的说明。

习题

一、名词解释

1. 智能建筑

2. 建筑智能化技术

3. 智能建筑集成系统

4. Honeywell 楼宇控制系统

5. 智慧工地

6. 智慧城市

二、填空题

1. 服务器虚拟化技术是_____、_____、_____的核心技术，决定了应用系统的承载能力、运行效率、可靠性。

2. 智能建筑以"_____、_____、_____、_____、_____"为基础，能大幅提高建筑管理效率、能源利用效率。

3. 整合优化监控系统，包括_____、_____、_____及其他监控采集系统。

4. 建设完善运维数据_____，实现故障_____、_____等智能数据分析的功能。

5. 建筑设备管理系统包含_____、_____、_____。

6. 智能化运维项目的建设遵循_____、_____以及_____三大原则。

三、选择题

1. 智能建筑具有（   ）基本功能。

    A．楼宇智能化   B．通信网络智能化

    C．办公智能化   D．自动化

2. 建设完善的预报警事件处理中心，实现事件的（   ）等功能。

    A．关联   B．压缩

    C．抑制   D．升降级

3. （施工）图纸，即施工前，根据建筑设计图纸在地下预埋的（   ）。

    A．钢筋笼   B．连续轨迹

    C．填埋件   D．夯筑墩

4. 我国已具备构建"智慧城市"的（   ），迭代领先全球的硬核新技术。

    A．北斗量子通信   B．5G

    C．人工智能   D．区块链

5. 智能建筑具有（   ）基本功能。

  A．楼宇智能化   B．通信网络智能化

  C．办公智能化   D．感知智能化

四、判断题

1．5G 技术在 2020 年疫情期发挥了巨大作用，2020 年为 5G 商用元年。（　　）

2．中国作为"基建强国"的声誉早已名扬海内外。（　　）

3．建筑 3D 打印技术是基于自动化建筑构件、建筑模板的施工工艺。（　　）

4．5G 无线数据传输 3D 打印的数据信息，需要模板与支撑。（　　）

5．我国的智能 3D 打印建筑技术落后全球 10 年。（　　）

6．智能化集成系统（IIS）是一个手工操作平台。（　　）

7．智能化运维系统使用的对象为行业内的运维人员及运维管理人员。（　　）

8．智能化运维系统分为 3 个逻辑功能层：采集层、处理层和消费层。（　　）

9．数据库服务器 CPU 的平均使用率在 12%～20%。（　　）

10．区块链+建筑智能化，具有公平公正、不可篡改的特性。（　　）

五、简答题

1．智能建筑云架构系统包括哪些系统？

2．应用集成生产建设技术有哪些优点？

3．简述智能建筑市场的解决方案。

4．简述智能建筑控制与管理系统。

5．工程机械主要包含哪些机械？

6．3D 打印建筑有哪些特点？

7．简述 3D 打印建筑装备的基本组成及原理。

8．建筑智能化平台系统由哪几个系统构成？

9．简述信息设施系统（ITSI）具备的功能和作用。

10．机房工程 EEEP 由哪些系统构成？

参考文献

[1] 建筑智能化系统运行维护技术规范[M]. 智能建筑，2018（1）.

[2] 王治程. 智能家居[M]. 中国学术期刊（光盘版）. 电子有限公司，2015.

附录 A

AIRack 人工智能实验平台

随着人工智能技术的发展，为了填补百万级的人工智能人才缺口，越来越多高校申请并获批人工智能专业。截至 2020 年 3 月，215 所高校成功申报"人工智能"专业，130 所高校成功申报"智能科学与技术"专业，171 所高职院校成功申报"人工智能技术服务"专业，各大高校成为了人工智能人才培养的高地，却面临专业人工智能人才培养的挑战。

人工智能专业实践内容有哪些？能否做到与时俱进？如何将教材涉及知识点应用到工程实践中？真实项目实战经验和配套海量数据从何而来？如何确保毕业生具备解决问题的实操技能并真正满足企业用人所需？以上问题成为了人工智能专业建设不得不考虑的问题，特别是当人工智能成为通识课程时，上述问题的思考与解决，将直接决定人工智能课程的授课质量以及专业人才的职场竞争力。

其实，上述问题可统一归结为学生人工智能专业实战能力的培养。对此，各大高校开始应用校外实验实训平台开展辅助教学，比如广受欢迎的 AIRack 人工智能实验平台就是其中之一，该平台针对云创大数据多年的工程项目进行提炼，配套丰富的实验资源，特别适合作为高校人工智能通识课程的实训环境。目前，AIRack 人工智能实验平台已被空军工程大学、重庆工商大学、陕西师范大学、华侨大学等多所高校选用。

AIRack 人工智能实验平台提供了基于 OpenStack 调度 KVM 技术开发的多人在线实验环境。平台基于深度学习计算集群，支持主流深度学习框架，可快速部署训练环境，支持多人同时在线实验，并配套实验手册、实验代码、实验数据，同步解决人工智能实验配置难度大、实验入门难、缺乏实验数据等难题，可用于深度学习模型训练等教学与实践应用，如图 A-1～

图 A-4 所示。

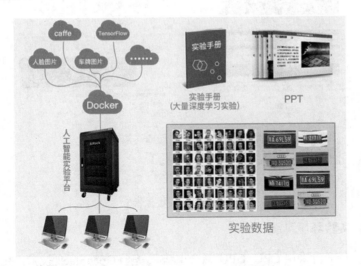

图 A-1　AIRack 人工智能实验平台架构

图 A-2　AIRack 人工智能实验平台

图 A-3　"平台资源"界面

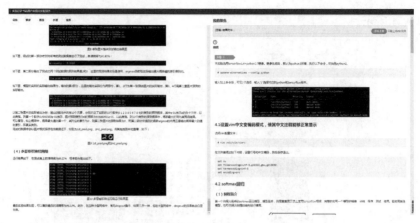

图 A-4　实验报告

1．实验环境可靠

（1）平台采用 CPU+GPU 混合架构，基于 OpenStack 技术，用户可一键创建运行的实验环境，十分稳定，即使服务器断电关机，虚拟机中的数据也不会丢失。

（2）同时支持多个人工智能实验在线训练，满足实验室规模使用需求。

（3）每个账户默认分配 1 个 VGPU，可以配置一定大小的 VGPU、CPU 和内存，满足人工智能算法模型在训练时对高性能计算的需求。

（4）基于 OpenStack 定制化构建管理平台，可实现虚拟机的创建、销毁和管理，用户实验虚拟机相互隔离、互不干扰。

2．实验内容丰富

目前，实验内容主要涵盖了 10 个模块，每个模块具体内容如下。

（1）Linux 操作系统：深度学习开发过程中要用到的 Linux 知识。

（2）Python 编程语言：Python 基础语法相关的实验。

（3）Caffe 程序设计：Caffe 框架的基础使用方法。

（4）TensorFlow 程序设计：TensorFlow 框架基础使用案例。

（5）Keras 程序设计：Keras 框架的基础使用方法。

（6）PyTorch 程序设计：Keras 框架的基础使用方法。

（7）机器学习：机器学习常用 Python 库的使用方法和机器学习算法的相关内容。

（8）深度学习图像处理：利用深度学习算法处理图像任务。

（9）深度学习自然语言处理：利用深度学习算法解决自然语言处理任务相关的内容。

（10）深度学习趣味拓展：深度学习扩展模块，该模块中有很多复杂有意思的实验。

　　目前平台实验总数达到了 127 个，并且还在持续更新中。每个实验呈现详细的实验目的、实验内容、实验原理和实验流程指导。其中，原理部分设计数据集、模型原理、代码参数等内容，以帮助用户了解实验需要的基础知识；步骤部分为详细的实验操作，参照手册，执行步骤中的命令，即可快速完成实验。实验所涉及的代码和数据集均可在平台上获取。

　　表 A-1 为 AIRack 人工智能实验平台实验列表。

表 A-1　AIRack 人工智能实验平台实验列表

板 块 分 类	序　　号	实 验 名 称
Linux 操作系统	1	Linux 基础——基本命令
	2	Linux 基础——文件操作
	3	Linux 基础——压缩与解压
	4	Linux 基础——软件安装与环境变量设置
	5	Linux 基础——训练模型常用命令
	6	Linux 基础——sed 命令
Python 编程语言	1	Python 基础——运算符
	2	Python 基础——Number
	3	Python 基础——字符串
	4	Python 基础——列表
	5	Python 基础——元组
	6	Python 基础——字典
	7	Python 基础——集合
	8	Python 基础——流程控制
	9	Python 基础——文件操作
	10	Python 基础——异常
	11	Python 基础——迭代器、生成器和装饰器
	12	Python IDE——Jupyter 的基础使用
Caffe 程序设计	1	Caffe——基础介绍
	2	Caffe——基于 LeNet 模型和 MNIST 数据集的手写数字识别
	3	Caffe——Python 调用训练好的模型实现分类
	4	Caffe——基于 LeNet 模型的验证码识别
	5	Caffe——基于 AlexNet 模型的图像分类
	6	Caffe——基于 GoogLeNet 模型和 ImageNet 数据集的图像分类
	7	Caffe——基于 VGGNet 模型和 CASIA WebFace 数据集的人脸识别
	8	Caffe——基于 DeepID 模型和 CASIA WebFace 数据集的人脸验证
	9	Caffe 衍生框架——基于 Faster R-CNN 模型和 Pascal VOC 数据集的目标检测

续表

板块分类	序　号	实验名称
Caffe 程序设计	10	Caffe 衍生框架——基于 FCN 模型和 Sift Flow 数据集的图像语义分割
	11	Caffe 衍生框架——基于 R-FCN 模型的物体检测
	12	Darknet——基于 YOLO2 模型和 Pascal VOC 数据集的目标检测
	13	Dlib——基于 ResNet 模型和 CASIA WebFace 数据集的人脸识别
TensorFlow 程序设计	1	TensorFlow——基础介绍
	2	TensorFlow——基于 BP 模型和 MNIST 数据集的手写数字识别
	3	TensorFlow——单层感知机和多层感知机的实现
	4	TensorFlow——基于玻尔兹曼机的编解码
	5	TensorFlow——基于 LeNet 模型和 MNIST 数据集的手写数字识别
	6	TensorFlow——基于 AlexNet 模型和 CIFAR-10 数据集的图像分类
	7	TensorFlow——基于 DNN 模型和 Iris data set 的鸢尾花品种识别
	8	TensorFlow——基于 LSTM 的时间序列预测
	9	TensorFlow——基于 LSTM 模型的股票预测
	10	TensorFlow——基于 RNN 模型和 MNIST 数据集的手写数字识别
	11	TensorFlow——基于 GAN 模型的 MNIST 手写数字生成
	12	TensorFlow——基于强化学习的"走迷宫"游戏
Keras 程序设计	1	Keras——Dropout
	2	Keras——学习率衰减
	3	Keras——模型增量更新
	4	Keras——模型评估
	5	Keras——模型训练可视化
	6	Keras——图像增强
	7	Keras——基于 CNN 模型和 MNIST 数据集的手写数字识别
	8	Keras——基于 CNN 模型和 CIFAR-10 数据集的分类
	9	Keras——基于 CNN 模型和鸢尾花数据集的分类
	10	Keras——基于 JSON 和 YAML 的模型序列化
	11	Keras——基于多层感知器的印第安人糖尿病诊断
	12	Keras——基于多变量时间序列的 PM2.5 预测
PyTorch 程序设计	1	PyTorch——基础介绍
	2	PyTorch——回归模型
	3	PyTorch——世界人口线性回归

续表

板块分类	序　号	实 验 名 称
PyTorch 程序设计	4	PyTorch——神经网络实现自动编码器
	5	PyTorch——基于 CNN 模型和 MNIST 数据集的手写数字识别
	6	PyTorch——基于 RNN 模型和 MNIST 数据集的手写数字识别
	7	PyTorch——基于 CNN 模型和 CIFAR10 数据集的分类
机器学习	1	机器学习常用 Python 库——OpenCV（Python）
	2	机器学习常用 Python 库——Numpy（一）
	3	机器学习常用 Python 库——Numpy（二）
	4	机器学习常用 Python 库——Matplotlib（一）
	5	机器学习常用 Python 库——Matplotlib（二）
	6	机器学习常用 Python 库——Pandas（二）
	7	机器学习常用 Python 库——Pandas（二）
	8	机器学习常用 Python 库——Scipy
	9	机器学习常用 Python 库——基于 PyTesseract 的 OCR 文字识别
	10	机器学习常用 Python 库——基于 dlib 的人脸定位
	11	机器学习常用 Python 库——基于 dlib 人脸检测
	12	机器学习常用 Python 库——基于 dlib 数字化妆
	13	机器学习常用 Python 库——基于 dlib 人脸比对
	14	机器学习常用 Python 库——基于 dlib 人脸聚类
	15	机器学习常用 Python 库——基于 dlib 微信头像戴帽子
	16	机器学习常用 Python 库——基于 dlib 图像去噪
	17	机器学习常用 Python 库——基于 dlib 图像修复
	18	机器学习——线性回归
	19	机器学习——决策树（一）
	20	机器学习——决策树（二）
	21	机器学习——手工打造神经网络
	22	机器学习——神经网络调优（一）
	23	机器学习——神经网络调优（二）
	24	机器学习——支持向量机 SVM
	25	机器学习——基于 SVM 和山鸢尾花数据集的分类
	26	机器学习——PCA 降维
	27	机器学习——朴素贝叶斯分类
	28	机器学习——随机森林分类
	29	机器学习——DBSCAN 聚类
	30	机器学习——K-means 聚类算法
	31	机器学习——KNN 分类算法
	32	机器学习——基于 KNN 算法的房价预测（TensorFlow）
	33	机器学习——Apriori 关联规则

续表

板块分类	序　号	实 验 名 称
深度学习图像处理	1	基于 MLP 的 Fashion MNIST 衣物分类
	2	基于 CNN 的 CIFAR10 图像分类
	3	基于 CNN 的花朵图像分类
	4	基于 AlexNet 模型的口罩识别
	5	基于 YOLOv3 模型的安全背心检测
	6	基于 U-Net 模型的医疗图像语义分割
	7	基于 FCN 模型的自然图像分割
深度学习自然语言处理	1	基于 jieba 的句子分词
	2	基于 jieba 的中文词性标注
	3	基于 jieba 的中文分词技术
	4	NLP 之 Word2vec
	5	基于 Word2vec 模型和 text8 语料集的实现词的向量表示
	6	利用中文维基百科数据训练一个词向量模型
	7	基于 LSTM 算法的评论情感分析
深度学习趣味拓展	1	基于 CapsNet 模型和 Fashion-MNIST 数据集的图像分类
	2	基于 Bi-LSTM 和涂鸦数据集的图像分类
	3	基于 CNN 模型的绘画风格迁移
	4	基于 Pix2Pix 模型和 Facades 数据集的图像翻译
	5	基于改进版 Encoder-Decode 结构的图像描述
	6	基于 CycleGAN 模型的风格变换
	7	基于 Pix2Pix 模型和 MS COCO 数据集实现图像超分辨率重建
	8	基于 SRGAN 模型和 RAISE 数据集实现图像超分辨率重建
	9	基于 ESPCN 模型实现图像超分辨率重建
	10	基于 FSRCNN 模型实现图像超分辨率重建
	11	基于 DCGAN 模型和 Celeb A 数据集的男女人脸转换
	12	基于 FaceNet 模型和 IMBD-WIKI 数据集的年龄性别识别
	13	基于 DCGAN 模型的换脸
	14	基于 C3D 模型和 UCF101 数据集的视频动作识别
	15	基于 CNN 模型和 TREC06C 邮件数据集的垃圾邮件识别
	16	基于 RNN 模型和康奈尔语料库的机器对话
	17	基于 LSTM 模型的相似文本生成
	18	基于 NMT 模型和 NiuTrans 语料库的中英文翻译

3. 教学相长

（1）实时监控与掌握教师角色与学生角色对人工智能环境资源使用情况及运行状态，帮助管理者实现信息管理和资源监控。

（2）学生在平台上实验并提交实验报告，教师在线查看每一个学生的实验进度，并对具体实验报告进行批阅。

（3）增加试题库与试卷库，提供在线考试功能，学生可通过试题库自查与巩固，教师通过平台在线试卷库考查学生对知识点的掌握情况（其中客观题实现机器评分），使教师完成备课+上课+自我学习，使学生完成上课+考试+自我学习，如图 A-5 和图 A-6 所示。

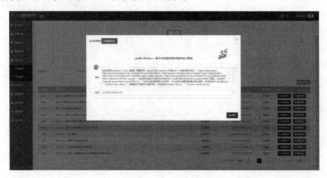

图 A-5　试题库

图 A-6　试卷库

4．一站式应用

（1）提供实验代码以及 MNIST、CIFAR-10、ImageNet、CASIA WebFace、Pascal VOC、Sift Flow、COCO 等训练数据集，实验数据做打包处理，为用户提供便捷、可靠的人工智能和深度学习应用。

（2）平台提供由清华大学博士、中国大数据应用联盟人工智能专家委员会主任刘鹏教授主编的《深度学习》《人工智能》等配套教材，内容涉及人脑神经系统与深度学习、深度学习主流模型以及深度学习在图像、语音、文本中的应用等丰富内容。

（3）提供 OpenVPN、Chrome、Xshell 5、WinSCP 等配套资源下载服务，如图 A-7 所示。

5．软硬件高规格

（1）硬件采用 GPU+CPU 混合架构，实现对数据的高性能并行处理。

图 A-7　配套书籍

（2）CPU 选用英特尔 Xeon Gold 6240R 处理器，搭配英伟达多系列 GPU。

（3）最大可提供每秒 176 万亿次的单精度计算能力。

（4）预装 CentOS 操作系统，集成 TensorFlow、Caffe、Keras、PyTorch 等行业主流深度学习框架。

从企业反馈而言，专业技能和项目经验既是学生的核心竞争力，也将成为其求职路上的"杀手锏"，而 AIRack 人工智能实验平台从实验环境、实验手册、实验数据、实验代码、教学支持等多方面为人工智能学习提供一站式服务，大幅降低人工智能课程学习门槛，可满足用户课程设计、课程上机实验、实习实训、科研训练等多方面需求，有助于大大提升用户的人工智能专业技能和实战经验，使其在职场中脱颖而出。

附录 B

AICloud 人工智能云平台

人工智能作为一个复合型、交叉型学科，内容涵盖广，学科跨度大，实战要求高，学习难度大。在学好理论知识的同时，如何将课堂所学知识应用于实践中，对不少学生来说是挑战。尤其是对一些还未完全入门或缺乏实战经验的学生"小白"来说，实践的难度可想而知。

比如，一些学生"小白"急需切身体验人脸识别、人体识别或是图像识别等人工智能效果，或是想开发人工智能应用，但还没有能力去设计相关模型。为了让学生体验和研发人工智能应用，云创大数据 AICloud 人工智能云平台（http://ai.cstor.cn）孕育而生。

AICloud 人工智能云平台是云创大数据自主研发的人工智能部署云平台，依托人工智能服务器和 cVideo 视频监控平台，面向深度学习场景，整合计算资源以及 AI 部署环境，实现计算资源统一分配调度、模型流程化快速部署，为 AI 部署构建敏捷高效的一体化云平台。通过平台定义的标准化输入输出接口，用户仅需几行代码就可以轻松完成 AI 模型部署，标准化输入获取输出结果，大大减少因为异构模型带来的部署和管理的困难，如图 B-1 所示为 AICloud 人工智能云平台。

AICloud 人工智能云平台支持 TensorFlow1.x 以及 2.x、Caffe 1、PyTorch 等主流框架的模型推理，同时内嵌多种已经训练好的模型可供调用。

AICloud 人工智能云平台能够构建物理分散、逻辑集中的 GPU 资源池，实现资源池统一管理，通过自动化、可视化、动态化的方式，以资源即服务的交付模式，向用户提供服务，并实现平台智能化的运维。平台采用分布式架构设计，部署在云创大数据自主研发的人工智能服务器上，形成一体机集群共同对外提供服务，每个节点都可以提供相应的管理服务，任何单一节点故障都不会引起整个平台的管理中断，平台具备开放性的标准化接口，如图 B-2 所示。

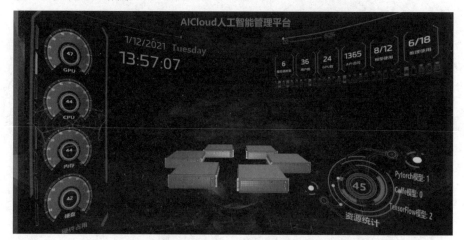

图 B-1　AICloud 人工智能云平台

图 B-2　AICloud 人工智能云平台管理界面

1．总体架构

AICloud 人工智能云平台主要包括统一接入服务、TensorFlow 推理服务、PyTorch 推理、Caffe 推理服务等模块，如图 B-3 所示。

2．技术优势

（1）模型快速部署上线

实现模型从开发环境到生产部署的快捷操作，省去复杂的部署过程，模型部署从几天缩短到几分钟。

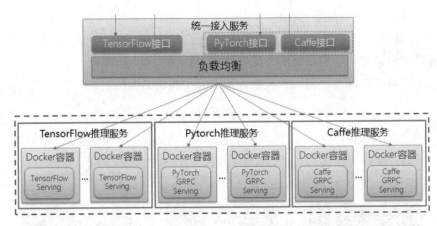

图 B-3　AICloud 人工智能云平台架构

（2）多种输入源支持

AICloud 人工智能云平台内嵌 cVideo 视频监控云平台，支持 GB/T28181 协议、Onvif 协议、RTSP、各大摄像头厂商 SDK 等多种视频源。

（3）分布式架构，服务资源统一、高效分配

分布式架构统一分配 GPU 资源，可根据模型的不同调整资源的配给，支持突发业务对资源快速扩展的需求，实现资源的弹性伸缩。

3．平台功能

（1）模型部署

① 模型弹性部署：网页直接上传模型文件，一键发布模型，同一模型下有不同版本的模型文件，看实现推理服务的在线升级、弹性 QPS 扩容。

② 加速执行推理任务：AICloud 人工智能云平台通过自研的 cDeep-Serving，不仅同时支持 PyTorch、Caffe，推理性能更是 TF Serving 的两倍以上。

（2）可视化运维

① 模型管理：每个用户都有专属的模型空间，同一模型可以有不同的版本，用户可以随意升级、切换，根据 QPS 的需求弹性的增加推理节点，方便用户同时调用。

② 设备管理：提供丰富的 Web 可视化图形界面，可直观展示服务器（GPU、CPU、内存、硬盘、网络等）的实时状态。

③ 智能预警：在设备运行中密切关注设备运行状态的各种数据，智能分析设备的运行趋势，及时发现并预警设备可能出现的故障问题，提醒管理人员及时排查维护，将故障排除在发生之前，避免突然出现故障导致宕机，保证系统能够连续、稳定提供服务。

（3）人工智能学习软件

AICloud 人工智能云平台内置多种已经训练好的模型文件，提供 REST 接口调用，方便用户直接实时推理的需求。

提供多种深度学习算法模型，如图 B-4 和图 B-5 所示。

图 B-4　AICloud 人工智能云平台技术能力

图 B-5　AICloud 人工智能云平台 AI 业务技能

①　人脸识别。

②　车牌识别。

③　人脸关键点检测。

④　火焰识别。

⑤　人体检测。

以上软件资源用户可一键启动，通过网页或 REST 接口调用，助力用户轻松进行深度学习的推理工作。

附录 C

云创学习工场——专注大数据、人工智能培训与认证

一到毕业季，无论是研究生、本科生还是专科毕业生，都面临着同样的就业困局。特别是面临疫情的冲击，就业更是"难上加难"。对于身处象牙塔里而缺乏规划的在校大学生而言，对已学的专业内容没有把握，同时缺乏动手能力，往往对未来感到十分迷茫。

对此，不少学员通过参加培训班的方式补足短板，但是校外培训普遍收费高昂，3 个月的短期培训，培训费用即可达到 2～3 万元，学生不得不拿出自己的"小金库"，同时消耗大量的时间成本。即使如此，学习效果仍然"见仁见智"，因为大部分培训内容较为传统，甚至处于与行业前沿内容脱节的状态，学完即过时。同时，由于受疫情的影响，集中上课也变得困难，学习效果大打折扣。

那么有没有一种方法，花钱不多，学习时间比较自由，还能获得真才实学呢？随着在线教育日渐成为行业主流，"小而精"的短频快课程未尝不是一种好的选择。比如在云创大数据开发的云创学习工场（http://edu.cstor.cn）平台上，学员可以同时兼顾课程学习、上机实验与考试认证，省时省力，真正克服学习难题，成为既懂原理，又懂业务的人工智能"种子选手"。同时，由于云创大数据备受业界关注与肯定，通过云创学习工场专业认证的学员，将更容易获得行业认可，成为各大互联网企业争抢的人才，如图 C-1 所示。

比如，就知识体系而言，学员在通过云创学习工场打"地基"的过程中，遵循了严谨的课程逻辑："热门课程"提供了"卷积神经网络 CNN""循环神经网络 RNN""人工智能图像处理""人工智能应用开发"等行业主流课程;"微专业"根据专业需求,由多门热门课程组成,目前提供"深度学习技术""自然语言处理""智能图像处理"等专业;通过两门"微专业"课程考核,即可获得人工智能工程师认证,通过三门"微专业"课程考核,即可获得大数据人工智能高级工程师认证,从而实现从"热门课程"到"微专业",再到"工程认证"的循序渐进,帮助学员构建完整的知识网络,如图 C-2 所示。

图 C-1　云创学习工场首页

图 C-2　云创学习工场"微专业"

其中,学员在云创学习工场学习的课程,均由具有多年实战经验的计算机专家+精通编程的课程导师刘鹏教授开发,多位具有丰富大数据、人工智能培训经验的资深讲师共同授课，讲师在经年累月的授课实战中不断打磨课程，同时结合行业需求与专业基础要求，对知识点进行精细化拆分，以通俗易懂的讲授风格，为学员授业解惑，学员可以切实克服人工智能学习中的"畏难"情绪，对人工智能学习重燃热情，如图 C-3 和图 C-4 所示。

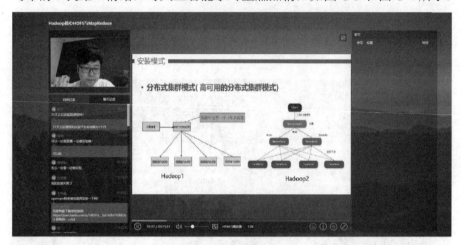

图 C-3　直播授课

图 C-4　在线授课

在云创学习工场，学员一键登录即可随时随地学习，学习时间灵活自由，并通过点播与直播进行碎片化学习，对知识点进行拆解式学习，师生线上互动，针对知识点进行个性化视频讲解、在线实验、专项练习、专题测试和在线答疑，及时消化学习重难点。同时，学习时长将在云创学习工场平台上进行实时更新，学员可以自我跟踪，并结合个人学习数据，通过清晰明了的知识图谱分析学习情况，而系统也将根据知识图谱为学员规划学习路径，自动引导其查漏补缺，实现个性化的学习，从而循序渐进地掌握专业能力，如图 C-5 所示。

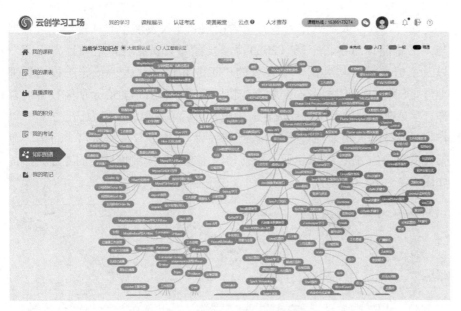

图 C-5 云创学习工场"知识图谱"

　　针对人工智能技术的更新，学员在云创学习工场"热门实验"板块可以享受便捷的大数据、人工智能实验环境，从而不断练习和巩固已学知识，消化前沿技术；而"工程实战"从真实项目实战提炼而来，在这个板块，学员可针对前沿应用，结合云创大数据多年来累计的真实项目案例与配套的海量实战数据，切实夯实基础知识，还原企业真实业务，提升实操能力，真正实现即学即用，在人工智能进阶之路上获得加分技能，始终比竞争者快一步，如图 C-6 所示。

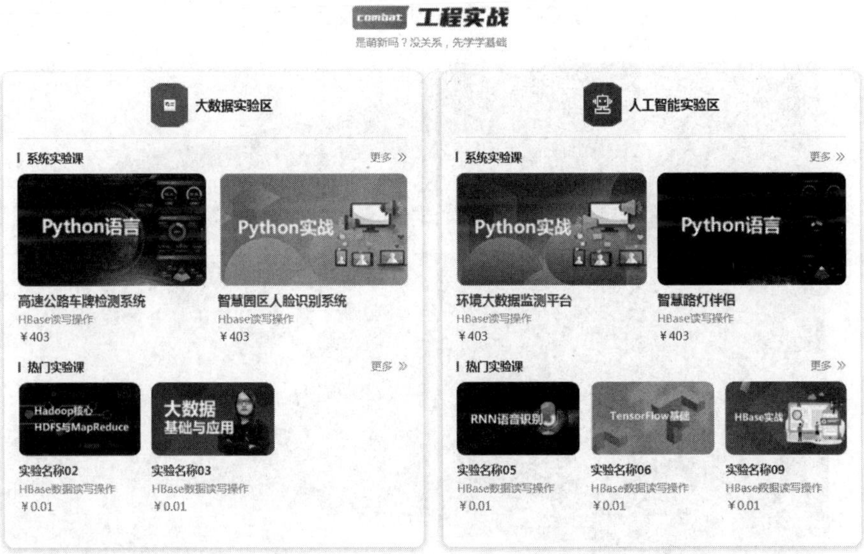

图 C-6 云创学习工场"工程实战"

此外，云创大数据作为教育部学校规划建设发展中心认定的"大数据与人工智能智慧学习工场（2020）"、教育部"职业教育培训评价组织"以及工信部教育与考试中心授权的"工业和信息化人才培养工程培训基地"，获批 185 个"教育部产学合作协同育人项目"，与 50 余所院校开展合作，学员在云创学习工场完成相应阶段学习后可获得职业能力认证加持，以作为专业技术人员职业能力考核的证明，将更能被行业所认可。目前，包括百度在内的 100 多家企业已提前预约挑选云创大数据培养的专业人才，如图 C-7～图 C-8 所示。

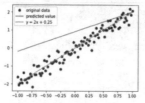
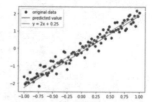

图 C-7　云创学习工场线上实验

图 C-8　大数据与人工智能智慧学习工场

　　面临严峻的就业形势，与其惶惶不安，不如顺势而为，加快学习的脚步，通过云创学习工场这一集课程学习、上机实验、考试认证于一体的学习平台，享受优质的云计算、大数据、人工智能线上课程和认证服务，实现学习的个性化和高效化，以尽可能少的投入，尽可能快地获得能力提升与工程认证，真正实现思维的体系化、能力的综合化、认知的跃迁化与技能通用化，切实提升职场竞争力，从而点亮在职场中的一个个"高光"时刻。